教育部"国家级精品课"教材
电子信息科学基础实验课程丛书

数字逻辑电路实验

数字逻辑电路实验课程组　编著

图书在版编目(CIP)数据

数字逻辑电路实验/数字逻辑电路实验课程组编著.—北京：北京大学出版社,2011.9
(电子信息科学基础实验课程丛书)
ISBN 978-7-301-19501-7

Ⅰ.①数… Ⅱ.①数… Ⅲ.①数字电路:逻辑电路－实验－高等学校－教材 Ⅳ.①TN79-33

中国版本图书馆 CIP 数据核字(2011)第 187053 号

书　　名：	**数字逻辑电路实验**
著作责任者：	数字逻辑电路实验课程组　编著
责 任 编 辑：	王　华
标 准 书 号：	ISBN 978-7-301-19501-7/TN・0077
出 版 发 行：	北京大学出版社
地　　　址：	北京市海淀区成府路 205 号　100871
网　　　址：	http://www.pup.cn　电子信箱：zpup@pup.pku.edu.cn
电　　　话：	邮购部 62752015　发行部 62750672　编辑部 62765014　出版部 62754962
印 刷 者：	涿州市星河印刷有限公司
经 销 者：	新华书店
	730mm×980mm　16 开本　17.75 印张　290 千字
	2008 年 2 月第 1 版　2011 年 9 月第 2 次印刷
定　　　价：	35.00 元

未经许可,不得以任何方式复制或抄袭本书之部分或全部内容。
版权所有,侵权必究
举报电话：(010)62752024　电子信箱：fd@pup.pku.edu.cn

内 容 简 介

　　本书是北京大学电子信息科学基础实验中心《电子信息科学基础实验课程丛书》之一。全书分为三部分，第一章是数字逻辑电路实验导论，第二章是数字逻辑电路实验部分，第三章是可编程逻辑器件 GAL 及 ABEL 语言。第一章有实验的有关规定，正确地撰写实验报告，数字电路实验基础知识；第二章精选了 14 个逻辑电路实验，包含实验目的、实验原理、实验内容、思考题等。第三章包含可编程逻辑器件概述，PAL、GAL 的基本电路、设计方法及 ABEL 语言编程。书末的附录有常用集成电路芯片的参数及性能介绍。

　　本书介绍了数字逻辑电路和可编程逻辑电路实验的基本知识，内容丰富，实用性强。通过本书精心安排的科学而系统的实验训练，培养学生的逻辑思维能力、分析和解决问题的能力、综合设计的能力，培养学生知识自我更新和不断创新的能力。本书可作为高等院校电子信息类本科生数字逻辑电路实验教材，也可作为教师和工程技术人员的参考书。

丛 书 序 言

本科教育是北京大学长远发展中最基础、最重要的工作之一,而实验教学是本科教育特别是一些基础学科教育的重要组成部分,是衡量学校教育质量的重要指标,是培养学生的实验能力以及实践与创新精神的重要过程,是培养高水平、创新型人才的重要手段,同时也是新的形势对高等教育教学的迫切要求。

我校根据改革开放以后国内高等教育形势、规模和人才需求结构的变化,借鉴国际上先进的教学理念并结合我国的实际情况,制定了"加强基础、淡化专业、因材施教、分流培养"的教学改革十六字方针。为了适应电子信息技术的发展,全面培养电子与信息科学类专业的高素质创新型人才,我校于 2000 年 9 月成立了北京大学电子信息科学基础实验中心,全面负责全校电子信息类基础实验课程的实施、改革和建设工作。

根据我校电子信息科学类专业本科生理论基础扎实、人数相对工科院校较少的特点,近年来,实验教学中心进行了具有研究、综合型大学特点的"电子信息科学基础实验课程体系"的建设。形成了模块化、多层次,具有理工相结合特色的实验课程体系,并将专业基础实验课程纳入到课程体系中来。实验课程既与相应理论课程相互呼应,同时又保持了自身的体系与特色。

在学校和信息科学技术学院领导的关心和支持下,实验教学中心组织在教学第一线的骨干教师,总结多年来实践教学和改革经验,并参考兄弟院校的实践教学改革成果,编写了电子信息科学基础实验课程丛书。该套丛书具有理工相结合特色,实验内容选择上注重深度,注重启发性、研究性和综合性,同时将EDA等技术有机地融入到实验课程中去,以便全面地培养学生的综合研究能力和创新意识。

电子信息科学基础实验课程丛书共 12 本,涵盖了北京大学电子信息科学基础实验课程体系的 4 个层次。

基础实验层次:

《电路基础实验》、《电子线路实验》、《数字逻辑电路实验》

综合设计层次:

《电子线路计算机辅助设计》、《微机原理与接口技术》、《可编程逻辑电路设计》

研究创新层次:

《电子系统设计》、《嵌入式系统开发原理与实验》

专业基础层次：

《通信电路实验》、《光电子实验》、《集成电路设计》、《数字信号处理实验》

本套丛书的筹划和编写得到了原电子学系主任王楚教授的关心和指导，信息科学技术学院陈徐宗副院长，实验教学中心顾问唐镇松教授、沈伯弘教授在整个编写过程中，都进行了严格把关和悉心指导。同时，北京大学教务部、北京大学出版社和信息科学技术学院的领导都给予了大力支持和帮助。在此，向他们致以崇高的敬意，并表示衷心的感谢。向所有关心、支持和帮助过本丛书编写、修改、出版、发行工作的各位同仁致以诚挚的谢意。

限于作者的水平和经验，丛书中的疏漏和不足，敬请专家和读者批评指正，不吝指教。

北京大学
电子信息科学基础实验中心
2008 年 9 月

前　言

"数字逻辑电路实验"课程,潜心研究国内外最先进的"数字逻辑电路"学科规范和知识体系,经过多年的教学改革,目前课程教学理念先进,教学大纲合理,教学内容富有特色;既发扬了北大传统理科优势,又注重理论与工程实践的结合。对培养学生分析和解决问题、创造性思考能力有很好的作用。

"数字逻辑电路实验"课程的改革1995年列为国家教委高等教育面向21世纪"信息与电子科学类教学内容和体系改革"项目。在王楚教授、沈伯弘教授的主持和亲自参加下,"数字逻辑电路实验"列为子项目,该项目于2001年获得国家级教学成果一等奖,1997年《电子线路课程建设》获国家级教学成果二等奖。《电子线路课程建设》包括"数字逻辑电路实验"课程建设。

王楚教授亲自指导并参加了"数字逻辑电路实验"课程的建设和改革工作。实验课程组完成了教学内容、课程系统、实验装置等方面的改革建设,提出了从基本门电路、小系统的设计和可编程逻辑电路三个层次的实验课程体系,设计并设置了相关的实验内容及实验装置。由王楚主持编写、刘新元参加编写完成了该课程11个实验的讲义和可编程逻辑器件GAL及PLD设计语言ABEL教学参考资料初稿,参加此项工作的还有陈志杰、侯培、吴建军等人。

近年来,大量教授、副教授充实本课程的教学队伍,完成了新老交替。课程组继续进行教学改革,构建了厚基础、高起点、具有数理背景和理工科相结合的新的知识体系。使得实验课程有了进一步的提升。

在学院的领导下,在电子学系唐镇松教授的指导下,对本课程教学内容进行了改革,增加的实验有:组合逻辑电路的应用、计数器和脉宽测量、m序列、数字锁相环、同步时序系统设计仿真、程序控制反馈移位寄存器仿真。重排的实验有:数模和模数转换。唐镇松教授提出了这些实验的方案,并指导课程组编排了相关实验。毛新宇编排了m序列、数字锁相环、计数器和脉宽测量,唐镇松编排了数模和模数转换实验,殷洪玺编排了组合逻辑电路的应用实验,张广骏编排了同步时序系统设计仿真、程序控制反馈移位寄存器仿真。最终形成了本书的14个实验。

本书由多年从事电子信息课程体系、课程内容及教学方法改革等工作的数字逻辑电路实验课程组的教师编写。在出版本书中,参加最后修订的有:吴建军修订第一章;刘新元修订第二章实验一、二、三、四和第三章;郭强修订实验五;

毛新宇、郭强修订实验六；毛新宇、刘璐修订实验十、实验十一；刘璐修订实验七、八、实验十二；吴建军修订实验九；程宇新修订实验十三和实验十四。郭强编写了附录并负责本课程实验装置的电路板制作及部分电路板设计。

唐镇松教授进行了全书第一章和第二章的审校，谢柏青教授进行了本书第三章的审校。

本书的编写得到了北京大学教材建设立项项目的支持，对此表示衷心的感谢。同时感谢北京大学教务部和北京大学出版社的大力支持。信息科学技术学院主管本科生教学的陈徐宗院长，电子信息科学基础实验中心的王志军主任也给予了大力支持，学院教学督导组谢柏青教授经常参加本课程组的教学研究活动，指导教学。他们也对本书提出了许多有益的建议。在此一并感谢。

本课程建设长达 20 多年，参加此课程建设和教学改革工作的老师很多，在此深表谢意。

由于作者的水平有限，时间仓促，书中难免出现不足和错误，敬请读者不吝赐教。

编　者
于北京大学
2008 年

目 录

第一章 数字逻辑电路实验导论 …………………………………………… (1)
1.1 序论 …………………………………………………………………… (1)
1.2 实验的有关规定 ……………………………………………………… (1)
1.2.1 实验要求 ……………………………………………………… (1)
1.2.2 实验操作要求 ………………………………………………… (2)
1.2.3 实验室管理要求 ……………………………………………… (2)
1.3 正确地撰写实验报告 ………………………………………………… (3)
1.3.1 实验报告的内容 ……………………………………………… (3)
1.3.2 实验报告的例子 ……………………………………………… (5)
1.4 数字电路实验基础知识 ……………………………………………… (8)
1.4.1 数字集成电路的分类及主要参数 …………………………… (8)
1.4.2 TTL 与 CMOS 数字集成电路使用注意事项 ……………… (10)

第二章 数字逻辑电路实验部分 …………………………………………… (12)
实验一 逻辑门电路测试之一 ……………………………………… (12)
实验二 逻辑门电路测试之二 ……………………………………… (18)
实验三 单稳态电路与无稳态电路 ………………………………… (22)
实验四 晶体振荡器 ………………………………………………… (28)
实验五 组合逻辑电路的应用 ……………………………………… (31)
实验六 计数器和脉宽测量 ………………………………………… (40)
实验七 同步时序系统设计 ………………………………………… (48)
实验八 单次触发的异步时序逻辑系统设计 ……………………… (64)
实验九 程序控制反馈移位寄存器 ………………………………… (65)
实验十 m 序列 ……………………………………………………… (71)
实验十一 数字锁相环 ……………………………………………… (78)
实验十二 模数和数模转换 ………………………………………… (82)

实验十三　同步时序系统设计仿真 ……………………………… (94)
　　实验十四　程序控制反馈移位寄存器仿真 …………………… (109)

第三章　可编程逻辑器件 GAL 及 ABEL 语言 …………………… (112)
3.1　概述 ………………………………………………………………… (112)
3.2　可编程逻辑器件概述 ……………………………………………… (113)
　　3.2.1　可编程逻辑器件简介 ………………………………………… (113)
　　3.2.2　实现编程的工艺 ……………………………………………… (115)
　　3.2.3　PLD 的开发过程 ……………………………………………… (118)
3.3　PAL 的基本电路 …………………………………………………… (119)
　　3.3.1　组合逻辑 PAL ………………………………………………… (119)
　　3.3.2　有寄存器的 PAL ……………………………………………… (124)
　　3.3.3　利用 PAL 设计电路的过程 …………………………………… (127)
　　3.3.4　器件的工业型号 ……………………………………………… (130)
　　3.3.5　PAL 的封装 …………………………………………………… (131)
3.4　GAL 的基本电路——带有结构编程的 PAL …………………… (132)
　　3.4.1　从 PAL 发展到 GAL——通用型 PAL ……………………… (132)
　　3.4.2　16V8 型和 20V8 型 GAL …………………………………… (137)
　　3.4.3　GAL 器件简介 ………………………………………………… (140)
3.5　GAL(PAL)的编程 ………………………………………………… (149)
　　3.5.1　可编程单元的代码 …………………………………………… (149)
　　3.5.2　熔丝图文件与 JEDEC 文件 ………………………………… (153)
　　3.5.3　GAL 的编程过程 ……………………………………………… (156)
　　3.5.4　在线可编程 GAL——ispGAL16Z8 ………………………… (158)
3.6　ABEL 软件简介 …………………………………………………… (160)
　　3.6.1　ABEL 软件的功能 …………………………………………… (160)
　　3.6.2　ABEL 软件的运行 …………………………………………… (162)
　　3.6.3　设计文件(源文件)的格式 …………………………………… (164)
　　3.6.4　设计文件举例及几种语句与符号 …………………………… (166)
3.7　DECLARATIONS(定义段)语句 ………………………………… (170)
　　3.7.1　器件定义语句 ………………………………………………… (170)
　　3.7.2　引脚定义语句 ………………………………………………… (171)
　　3.7.3　节点定义语句 ………………………………………………… (173)
　　3.7.4　常量定义语句 ………………………………………………… (175)

- 3.8 逻辑功能描述与仿真测试 …………………………………………… (175)
  - 3.8.1 逻辑方程 …………………………………………………… (175)
  - 3.8.2 真值表 ……………………………………………………… (177)
  - 3.8.3 测试矢量表 ………………………………………………… (181)
  - 3.8.4 仿真跟踪的级别 ……………………………………………… (186)
- 3.9 状态图设计语句 ……………………………………………………… (190)
  - 3.9.1 状态与转移条件的表述 ……………………………………… (190)
  - 3.9.2 状态转移语句格式与 Goto 语句 …………………………… (192)
  - 3.9.3 Case 语句和 If-Then-Else 语句 …………………………… (194)
  - 3.9.4 With-Endwith 语句 …………………………………………… (196)

参考书目 ……………………………………………………………………… (200)

附录 …………………………………………………………………………… (201)

第一章　数字逻辑电路实验导论

1.1　序　　论

在当代科学技术日新月异的发展趋势下,电子和计算机技术已被广泛应用于社会生活的诸多领域,它们所掀起的"数字化浪潮"方兴未艾。作为当今诸多高新数字电子技术的基石,数字逻辑电路知识及其实验是电子技术领域人才所必须掌握的基础知识之一。

数字逻辑电路是一门实践性很强的专业基础课程,其实验对电子类专业学生是一个非常重要的教学环节,要求培养学生在理论指导下进行科学实验的基本技能,提高学生解决实际问题的能力。随着近十年来数字电子技术的迅猛发展,各种中、大乃至超大规模数字逻辑集成电路在通信系统、控制系统、信号处理等方面日益展示出了强大的功能和处理能力,这对学生的综合分析和设计能力提出了更高的要求。因此在本实验教材的编排方面,汲取了以往教学中的经验,注意了 TTL 和 CMOS 集成电路并重,加强了常用中大规模集成电路的应用以及实验设计等内容。

本门课程的内容跨越了基本门电路(含脉冲电路)、小系统的设计、可编程逻辑电路等几个组成部分。课程学习的主要目的有:

(1) 了解基本数字电路的工作原理及常用电路组成;

(2) 系统掌握基本的逻辑分析和设计方法,并培养学生使之具备科学分析和测试等方面的能力,养成规范设计的工作习惯;

(3) 通过可编程电路实验初步具备现代逻辑电路组成的入门知识,掌握使用可编程器件组成系统的方法;

(4) 培养学生设计、实现小型数字逻辑电路系统的能力。

1.2　实验的有关规定

1.2.1　实验要求

(1) 实验前认真预习,完成预习报告,预习报告应包括实验设计和实验步

骤,没按要求完成预习报告的同学不能直接进行实验;

(2) 实验中应按照正确的操作规程使用仪器和设备,记录观测的数据和现象;

(3) 实验后应认真完成实验报告,并将实验报告包括预习报告和实验中记录的数据一起及时交给指导教师。

指导教师将根据同学实验前的预习情况,实验课上的表现,以及实验报告的完成情况来确定其成绩。

1.2.2 实验操作要求

在实验中必须关掉电源才能插、拔芯片或焊接元器件,不可带电插拔或焊接。注意爱护实验设备,上电后电烙铁要尽量远离示波器、信号发生器、万用表等各种仪器设备,严禁私自用加热后的电烙铁随意烫触电路板外的其他设备。当然如果确认发生电源接线接触不良等情况,可在征得负责教师同意的情况下,将接线从设备取下用电烙铁修理。

正确使用稳压电源、信号发生器等设备。本实验中各芯片的电源电压由稳压电源提供,根据所用逻辑器件的要求,选用电源电压一般使用+5V,应该调整稳压电源的输出电压并使用万用表确认达到这个数值后,才可将电源输出加到实验装置板上,**注意先接地线,再接+5V电压**;使用到的脉冲信号输入,通常由信号发生器提供,**注意为了保护芯片,输入信号幅度应该保证在0~+5V的范围内**,应注意信号发生器显示的输出信号振幅是在其负载与信号源输出电阻相匹配条件下标定的,在信号源的负载与其输出阻抗不一致时,输出信号幅度与指示值不符,每次实验都应该正确调整好信号发生器的幅值以及偏置以达到这样的要求,并且接入电路前使用示波器检查核对,同样要**注意先接地线,再接信号**。实验时应该先加电源电压,后加输入信号;结束实验时先断开输入信号,后断开电源电压。禁止把电源、信号加到实验电路板上后再调整各项参数。碰到异常现象,如打火、冒烟等,首先应立即切断电源,及时向教师报告。

实验结束后应有条不紊关闭各种仪器的电源,清理桌面,拔掉烙铁电源插头及将仪器面板上的控制旋钮放到正确的"准备"位置上。特别是万用表应将量程置于空挡,如无空挡则应置于直流电压量程的最高挡,不应该置于电阻挡,更不应该置于电流挡。机械万用表用完后,两个转盘必须放在"·"位置上。

如发现以上违规操作,特别是教师提醒警告后仍然明知故犯的,将扣除相关同学的实验课分数,造成设备损坏者将承担相关责任并被记录在案。

1.2.3 实验室管理要求

为尊重任课教师和其他同学,请参考分组安排准时到达实验室上课。如果发生迟到、未完成实验而早退等意外情况,应该向当堂教师做出合理解释说明,并自行努力补齐缺失的课程内容。考勤记录缺席严重的同学,要自负本课程不能通过的责任。

实验前检查实验台上的各类仪器设备是否完整齐备。如有缺失故障,应立即向实验室管理老师报告处理,严禁私自挪动、拿走实验室设备。

实验结束后打扫桌面,关闭所使用仪器设备电源,待老师检查认可后方能离开。

1.3 正确地撰写实验报告

要圆满地完成一项实验,必须把握好三大环节,即实验前的充分预习、实验中的正确操作及实验后完整报告的撰写。写好实验报告不仅是实验课程学习不可或缺的重要组成部分,还是今后写作技术报告或科技论文的基础。因此,每一位同学都必须认真对待。

1.3.1 实验报告的内容

实验报告应该包含哪些内容呢?一般而言,一份完善的实验报告应由实验题目、实验目的、实验原理、实验仪器和设备、实验方法和步骤、数据记录和分析、问题讨论这几部分构成。下面逐一加以说明介绍。

1. 实验题目

每份实验报告的题目包括:本次实验的题目,实验者的姓名,合作者的姓名(如果有的话),实验日期,提交报告的日期等内容。

2. 实验目的

实验目的的叙述要简洁明了、恰如其分。切忌用过于笼统的语言来描述它,更不要把它扩大到超出在一个实验中实现的可能,例如写"研究 LC 振荡器的特性"就不如写"研究 LC 振荡器的起振条件"更贴切。

3. 实验原理

实验原理主要简略描述该实验的主要原理,其中应包括电路原理图、主要公式等。可以结合理论课程的学习写出对实验背景的了解,不宜完全照搬实验讲义的内容。

4. 实验仪器和设备

列写清楚实验中所使用的仪器仪表设备和主要元器件的型号、规格,甚至制造厂家也是极其必要的。因为别人能据此对你的实验结果的可靠性和精确程度作出初步的判断,也可供想重做该项实验并得到相同结果的人参考。

目前实验中应用集成电路愈来愈多,国产的集成电路大都已有国际标准或国家标准,例如 TTL 电路中的 T000 系列、T1000 系列等,CMOS 电路中的 C0000 系列、CC0000 系列等。国外生产的集成电路,尽管类型和型号相同,如果生产厂家不同,则性能往往会有差异,这一点大家应加以注意。

5. 实验方法和步骤

实验方法和步骤要用实验者本人的语言简明扼要地描述,而非照抄实验讲义上的内容。

6. 实验结果

实验结果包括实验中实际测得的数据(有时也可能是波形)和根据测得的数据计算得到的数据两种。这里需要注意以下几个问题:

(1) 测得的数据要根据误差的要求,正确选取其有效数字的位数,而计算所得数据的精度(有效数字的位数)要与测得的数据的精度相吻合。

(2) 用测得的数据列表表示时,每张表格都应加上说明标题,表中所列的数据应附有单位,同一类型的量采用的单位应力求相同。计算所得的数据也可列在同一表格中,但要清楚地说明它是计算所得数据。

(3) 有时需要将测得的数据绘制成图形或曲线。那么,每根曲线的水平和垂直坐标轴都应标明所代表的量、采用的单位及刻度大小。每张图上的数据点应使用记号表示得十分清晰,每根曲线都应画得光滑、连续,而不是机械地用每个数据点连成的多段折线或多段弧线来表示。有时,如需将实验结果与理论曲线进行比较,则理论曲线也应画在同一张图上,所使用的单位和刻度也应相同。

(4) 任何一次实验的结果都存在误差。认真地对实验所得结果进行误差分析,不仅是提高实验质量的关键,还能提高对实验过程的洞察力以及培养分析问题和解决问题的能力。

分析实验误差应包括:误差的计算,误差变化规律的探寻,误差产生原因的分析以及对误差贡献大小不同因素的区分等。如果本次实验是验证某项理论,那么,就应把实测数据与理论计算结果进行对比分析,说明产生误差的原因及影响的大小。

7. 思考题及讨论

思考题及讨论包括两部分:

(1) 实验讲义中思考题的讨论;

(2) 实验结果或实验过程中奇异现象和结果的讨论。如果实验数据揭示出一种未曾预料到的结果,那么,应在讨论部分加以陈述,并力争对此种新现象作出初步的解释与判断。最后,实验者对该项实验的改进建议(诸如实验方案的修正,内容的增删,步骤的改进,精度的提高等)。

除了以上所阐明的那些内容要求外,一份优秀的实验报告,还应做到文理通顺,字迹工整,图形美观,页面整洁。

1.3.2 实验报告的例子

以下选录了一份写得比较完整的实验报告,供学习参考。

实验题目:全加器及其应用

实验日期:　　　　年　月　日　　实验者:

提交报告日期:　　年　月　日　　合作者:

[报告正文]

一、实验目的

1. 掌握全加器的逻辑功能;
2. 熟悉全加器的使用。

二、实验原理

全加器可以进行两个加数以及一个低位进位数三者相加的运算,它是计算机中最基本的运算单元电路。

一位全加器有三个输入端:被加数 A_n、加数 B_n、低一位向本位的进位数 C_{n-1}。有两个输出端:全加和、向高位的进位数 C_n。

74LS183 是中规模集成电路双全加器,内部由两个电路相同、相互独立的全加器组成,其全加器真值表如表 1.1 所示,逻辑符号如图 1.1 所示。

表 1.1　全加器真值表

输入			输出	
A_n	B_n	C_{n-1}	F_n	C_n
0	0	0	0	0
0	0	1	1	0
0	1	0	1	0
0	1	1	0	1
1	0	0	1	0
1	0	1	0	1
1	1	0	0	1
1	1	1	1	1

该全加器逻辑表达式为:

$$F_n = \overline{\overline{A_n}B_nC_{n-1} + A_n\overline{B_n}C_{n-1} + A_nB_n\overline{C_{n-1}} + \overline{A_n}\,\overline{B_n}\,\overline{C_{n-1}}}$$

$$C_n = \overline{\overline{A_n}\,\overline{B_n} + \overline{B_n}\,\overline{C_{n-1}} + \overline{C_{n-1}}\,\overline{A_n}}.$$

利用全加器,可组成全减器,实现代码间的相互转换。

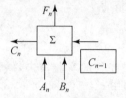

图 1.1 全加器逻辑符号图

三、实验仪器和设备

1. 直流稳压电源　　HP E3620A　　　　　　　1 台
2. 双踪示波器　　　HP 54603B　　　　　　　 1 台
3. 信号发生器　　　HP 33120A　　　　　　　 1 台
4. 万用表　　　　　MF 500　　　　　　　　　1 块
5. 实验电路板　　　　　　　　　　　　　　　1 块
6. 74LS86、74LS183 各两片,74LS00 一片,导线若干

四、实验方法和步骤

1. 4 位全加器的实现

我们使用的 74LS183 每片由两个相互独立的一位全加器组成,要实现 4 位全加,需要进行串行进位,其电路原理如图 1.2 所示,其中 C_0 配置为"0"。

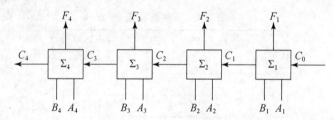

图 1.2　串行进位 4 位全加器电路原理图

根据芯片的管脚定义画出连线图,在电路板上实现电路连接并检测电路功能。

对如下数据进行设置计算:

　　1010＋0101,　0110＋0111,　1011＋1101,　0101＋1100

2. 4 位全减器的实现

在逻辑电路中没有单独的全减器,可以通过"被减数"加"减数的补码"使减数运算变为加法运算,因此在图 1.2 电路的基础上,使用异或门 74LS86 组成一个二进制数的原码、反码选择电路,电路如图 1.3 所示。

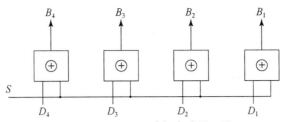

图 1.3 原码、反码选择电路原理图

其中 S 为片选信号，$S=0$ 时，电路输出为原码：
$$B_n = S \oplus D_n = 0 \oplus D_n = D_n$$
$S=1$ 时，电路输出为反码：
$$B_n = S \oplus D_n = 1 \oplus D_n = \overline{D_n}$$

同时，将 C_0 配置为"1"，这样就可以等效为补码，将选择电路的输出信号 B_n 接入到图 1.2 电路所示全加器的对应 B_n 输入端，在 S 端接逻辑高电平，就得到了一个全减器电路。根据芯片的管脚定义画出连线图，在实验电路板上实现电路连接并检测电路功能。

对如下数据进行设置计算：

1001－0111， 1011－0101， 0101－1010， 0111－1100。

3. 利用全加器进行 8421 码转换

通过全加器可以很容易将 8421 码转换为余 3 码。在图 1.2 电路中，将 $B_4B_3B_2B_1$ 四个输入端接上 0011 的固定编码，使得从 $A_4A_3A_2A_1$ 输入的 8421 码都加上十进制数 3，此时全加器的输出即为转换后的余 3 码。根据芯片的管脚定义画出连线图，在实验电路板上实现电路连接并检测电路功能。

五、实验结果

1. 4 位全加器的实现

电路连接完成后，通过在全加器输入端按照实验步骤的安排设置不同的逻辑电平，得到的输出如表 1.2 所示，其中 $\text{SUM}=A_4A_3A_2A_1+B_4B_3B_2B_1$，为十进制数的全加结果。

表 1.2　全加器的输出结果

$A_4A_3A_2A_1$	$B_4B_3B_2B_1$	C_4	$S_4S_3S_2S_1$	SUM
1010	0101	0	1111	15
0110	0111	0	1101	13
1011	1101	1	1000	24
0101	1100	1	0001	17

从表中结果可以看出所设计的电路已经可以很好地完成全加器的功能。

2. 4位全减器的实现

电路连接完成后,通过在全加器输入端按照实验步骤的安排设置不同的逻辑电平,得到的输出如表 1.3 所示,其中 DIFF=$A_4A_3A_2A_1-B_4B_3B_2B_1$,为十进制数的全减结果。此实现中当最高借位 $C_4=1$ 时,表示差 DIFF 为正,此时和输出即 $S_4S_3S_2S_1$ 为差 DIFF;当最高借位 $C_4=0$ 时,表示差 DIFF 为负,此时差 DIFF 为和输出 $S_4S_3S_2S_1$ 补码。

表 1.3 全减器的输出结果

$A_4A_3A_2A_1$	$B_4B_3B_2B_1$	C_4	$S_4S_3S_2S_1$	DIFF
1001	0111	1	0010	2
1011	0101	1	0110	6
0101	1010	0	1010	−5
0101	1100	0	1000	−7

从表中结果可以看出所设计的电路已经可以很好地完成全减器的功能。

3. 利用全加器进行8421码转换

电路连接完成后,通过在全加器输入端 $A_4A_3A_2A_1$ 依次从 0000 到 1001 设置所有的 8421 编码,得到的输出 $S_4S_3S_2S_1$ 如表 1.4 所示,可以看到得到转换后的余 3 码。

表 1.4 8421 码转换余 3 码的输出结果

$A_4A_3A_2A_1$	0000	0001	0010	0011	0100	0101	0110	0111	1000	1010
$S_4S_3S_2S_1$	0011	0100	0101	0110	0111	1000	1001	1010	1011	1100

从表中可以看出编码已经被成功转换,余 3 码的 0、1 分布比较均匀,有利于降低信号传输中的误码率。

六、思考题及讨论

1. 分析串行进位全加器的优缺点,有何改进办法?
2. 如何使用全加器将余 3 码转换为 8421 码?

1.4 数字电路实验基础知识

1.4.1 数字集成电路的分类及主要参数

1. 数字集成电路的分类

(1) 常用的数字集成逻辑电路。

① 晶体管—晶体管逻辑电路(Transistor-Transistor Logic,TTL),分为中速

TTL 或称标准 TTL；低功耗肖特基 TTL(Low-Power Schottky TTL,LSTTL)；先进低功耗肖特基 TTL(Advanced Low-Power Schottky TTL,ALSTTL)。

② 射级耦合数字逻辑电路(Emitter Coupled Logic,ECL)。

③ MOS 集成电路,分为 PMOS(P 沟道型 MOS 集成电路)；NMOS(N 沟道型 MOS 集成电路)；CMOS(互补型 MOS 集成电路),它包括：CMOS(标准 CMOS4000 系列)；HC(高速 CMOS 系列)；HCT(与 TTL 电平兼容的高速 CMOS 系列)等。

2. 数字集成电路的技术参数

(1) TTL 门电路的技术参数。

① 传输特性。各种类型的 TTL 门电路,其传输特性大同小异,如图 1.4 所示。

② 输入和输出的高、低电压。数字电路中的高、低电压常用高、低电平来描述,并规定在正逻辑体制中,用逻辑 1 和 0 分别表示高电平和低电平。不同类型的 TTL 器件,其 V_i—V_o 特性各不相同,因而其输入和输出高、低电平也各异(具体参数详见书后附录)。

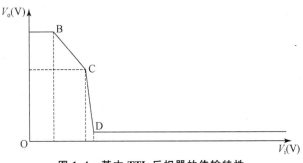

图 1.4 基本 TTL 反相器的传输特性

③ 噪声容限。噪声容限表示门电路的抗干扰能力。二值数字逻辑电路的优点在于它的输入信号允许一定的容差。高电平(逻辑 1)所对应的电压范围和低电平(逻辑 0)所对应的电压范围分别称之为高、低电平的噪声容限,用符号 V_{NH} 和 V_{NL} 表示。

④ 扇入与扇出数。TTL 门电路的扇入数取决于它的输入端的个数,例如一个 3 输入端的与非门,其扇入数 $N_i=3$；扇出数的情况则稍复杂,扇出数表明门电路能够带的同类器件的数量。不同类型的 TTL 器件的扇出数有所不同,具体见 TTL 器件的数据手册。

⑤ 传输延迟时间。传输延迟时间是表征门电路开关速度的参数,它意味着门电路在输入脉冲波形的作用下,其输出波形相对于输入波形延迟了多长时间。通常门电路由低电平转换到高电平或者由高电平转换到低电平所经历的时间分别用 t_{PLH} 和 t_{PHL} 表示。有时也采用平均传输延迟时间这一参数 $t_{pd}=(t_{PLH}+t_{PHL})/2$。

⑥ 功耗。功耗是门电路重要参数之一。功耗有静态和动态之分,所谓静态功耗指的是当电路没有状态转换时的功耗;动态功耗发生在状态转换的瞬间,因此动态功耗比较大,动态功耗与频率有关,频率越高动态功耗越大,而且还与电路中是否有电容性负载有关。

⑦ 延时—功耗积。理想的数字电路或系统,要求它既有高速度,同时功耗又低。实际中,要实现这种理想情况是很难的。高速数字电路往往要以付出较大的功耗为代价。因此可以用综合性指标延时—功耗积(DP)来衡量其性能

$$DP = t_{pd} \times P_D,$$

式中 $t_{pd}=(t_{PLH}+t_{PHL})/2$,$P_D$ 为门电路的功耗。DP 越小表明它的特性越接近理想情况。

(2) CMOS 逻辑集成电路的技术参数。CMOS 逻辑集成电路有许多优点,如它的功耗低、扇出数大、噪声容限大等。普通 CMOS 逻辑集成电路的速度较慢,但高速 CMOS 逻辑集成电路已经具有很快的转换速度,可与 TTL 器件相比拟。

(3) 触发器的主要参数。

① 直流参数。

直流电流 I_{CC},是指工作状态不变时器件的工作电流。

低电平输入电流 I_{IL},某输入接地,其他各输入、输出悬空时,从该输入端流向地的电流为低电平输入电流 I_{IL}。

高电平输入电流 I_{IH},将输入端分别接 V_{CC} 时,测得的电流就是其高电平输入电流 I_{IH}。

输出高电平 V_{OH} 和输出低电平 V_{OL},输出高电平时对地电压为 V_{OH},输出低电平时对地电压为 V_{OL}。

② 开关参数。

最高时钟频率 f_{max},就是触发器在计数状态下能正常工作的最高工作频率,是表明触发器工作速度的一个指标。

对时钟信号的延迟时间(t_{CPLH} 和 t_{CPHL}),从时钟脉冲的触发沿到触发器输出端由 0 变为 1 时为 t_{CPLH};从时钟脉冲的触发沿到触发器输出端由 1 变为 0 时为 t_{CPHL}。

对异步置 0(R_D)或置 1(S_D)端的延迟时间(t_{RLH}、t_{RHL} 或 t_{SLH}、t_{SHL}),从置 0 脉冲触发沿到输出端由 0 变为 1 时为 t_{RLH},到输出端由 1 变为 0 时为 t_{RHL};从置 1 脉冲触发沿到输出端由 0 变为 1 时为 t_{SLH},到输出端由 1 变为 0 时为 t_{SHL}。

1.4.2 TTL 与 CMOS 数字集成电路使用注意事项

1. TTL 类集成电路

(1) 电源电压范围+5 V ±5%。

工作环境温度　74 系列　0—+70℃
　　　　　　　54 系列　−55—+125℃

因为 TTL 电路工作时存在尖峰电流,需要集成电路良好接地,同时要求对其供电电源内阻要尽可能的小,并要接 10—100 μF 左右的电容。此外,在多个芯片组成的电路中每个集成电路在电源和地之间要加一个 0.01—0.1 μF 高频特性好的电容,以减小电源上的尖峰电压。

(2) 输入端。

① 输入端不能直接与高于 5.5 V 和低于 −0.5 V 的低内阻电源连接,否则将损坏芯片;

② 由 TTL 电路的输入等效电路可知:TTL 电路输入端悬空等效于接"1"电平,因此 TTL 与非门电路不用的输入端可以悬空;但对于 TTL 或非门电路则不能悬空,应该接逻辑"0"电平;

③ 如果在输入端串入电阻 R 再接地,R 值的大小直接影响输入 V_i 的逻辑电平值。

(3) 输出端。

① 由 TTL 电路的输出等效电路可知:除了集电极开路门(OC)和三态门以外,TTL 电路的输出端不允许并联使用,否则会导致电路损坏;

② 输出端不允许直接接到 5 V 电源或地端,否则会损坏电路。

2. CMOS 集成电路

(1) 电源。

① 正确连接电源:V_{DD} 应接电源正极,V_{SS} 应接电源负极,不得反接。不同的 CMOS 系列,电源电压不同,应根据器件手册,加正确的电压。

② 电路的总功耗是静态功耗与动态功耗之和,CMOS 电路的静态功耗很小,而动态功耗 P 与其频率 f、输出端的负载电容 C_L 和工作电源电压 V_{DD} 有关。

(2) 输入端。

① 对输入信号 V_i 的要求:$V_{SS} \leqslant V_i \leqslant V_{DD}$。为了防止 CMOS 寄生可控硅触发,使用时应满足上述条件。

② CMOS 集成电路不用的多余输入端应接 V_{DD} 或 V_{SS},决不能悬空,否则因易受干扰而造成输出状态不稳定,影响逻辑关系。

(3) 输出端。

CMOS 集成电路输出端不应直接和 V_{DD} 或 V_{SS} 相连,否则会因拉电流或灌电流过大而损坏器件。

(4) 插拔 CMOS 芯片时要注意先切断电源。

第二章 数字逻辑电路实验部分

实验一 逻辑门电路测试之一

一、实验目的

1. 了解门的基本特性,并注意其各参量在电路设计中的具体使用意义,为今后自行设计电路打下基础。

2. 具有相同逻辑功能但不同类型的逻辑器件其电参量会有较大差异(比如:TTL 与非门和 CMOS 与非门的电参量就很不同),这是在逻辑电路的设计中必须注意的问题。通过本练习要引导思考不同类型门电路的共性与个性,并在后续练习中加深认识。

3. 了解如何用示波器测量电路特性,并注意这种获取器件特性的手段及思路。

4. 注意实际门特性与理想门特性的差异。了解实验门电路存在的各种现象,分析结果,说明原因。

在准备及进行实验的过程中,必须认真阅读思考题,并对此实验结果思考分析以加深理解本实验的意图,达到实验的目的。

二、实验原理

掌握及测试门电路的参数是本实验的内容,因此首先介绍 DTL 器件主要静态参数(以与非门为例)。

1. 输入短路电流 I_{rd}

74LS00 与非门输入级不是由多发射极三极管组成,而是由抗饱和肖特基(Schottky)二极管组成与门,如图 E1.1 所示。在一个输入端接地,其他输入端开路时,流向接地端的电流叫输入短路电流,该参数给出在输入低电平时,门电路向信号源施放电流的最大值。因而反映了门电路对信号源的要求。

2. 输入交叉漏电流 I_{rj1}

对于 TTL 门电路在只有一个输入端接 V_{cc},其他输入端全接地时,流入该输入端的电流叫输入交叉漏电流。I_{rj1} 是在输入高电平时,门电路从信号源吸收的电流的最大值。因而也反映了门电路对信号源的要求,如图 E1.2 所示。

CMOS 器件不工作时,其输入端呈现为高阻特性,在常温下其值在 100 MΩ

量级,因而可不考虑输入电流值。

对于高速 CMOS 器件,其输入端电阻在常温下大体为 10 MΩ 量极。

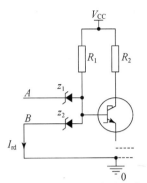

图 E1.1 与非门输入电路示意图

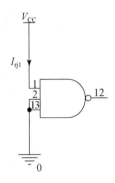

图 E1.2 与非门输入交叉漏电流示意图

3. 输入端上阈值电压 V_s 和下阈值电压 V_x

上阈值电压 V_s 是指当输出端联有 N_c(扇出系数)个同类门(额定负载)或模拟负载时,对于非门及与非门来说,使输出电压为逻辑低电平(约 0.35 V)时的最低输入电压,测试电路如图 E1.3 所示。

(元件参考值:R_{L1} 取 1.5 kΩ,R_{L2} 取 6.8 kΩ)

下阈值电压 V_x 是指输出端联有额定负载或模拟负载时,对于非门或与非门来说,使输出电压为逻辑高电平,约 2.7 V 左右时的最高输入电压值,如图 E1.4 所示。

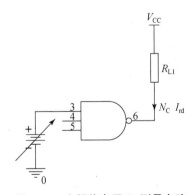

图 E1.3 上阈值电压 V_s 测量电路

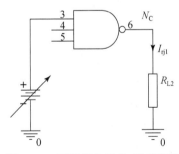

图 E1.4 下阈值电压 V_x 测量电路

4. 输出高电平 V_{OH} 和输出低电平 V_{OL}

V_{OH} 是在模拟负载条件下,且输入电压为小于等于逻辑低电平 0.8 V 时的输出电压。对于合格的门,V_{OH} 应不低于输出端的逻辑高电平 2.7 V。

V_{OL} 是在额定负载条件下,且输入电压为逻辑高电平时输出电压。对于合格的门，V_{OL}应不高于输出端的逻辑低电平 0.35 V。对于与非门 74LS00，拉电流能力大体为 0.4 mA，灌电流能力为 8 mA。

V_s，V_x，V_{OH}，V_{OL}是在额定负载条件下，门电路输入电压与输出电压之间的关系，它们是门电路传输特性曲线上特定点的坐标。

对于 CMOS 器件拉电流和灌电流能力大体不到 1 mA。而对高速 CMOS 器件，拉电流和灌电流能力大体为数毫安。

5. 上阈值电阻 R_s 和下阈值电阻 R_x

当门的输入端对地之间串接一电阻 R_i 时，随着 R_i 的增大，其上压降 V_i 也增大，如图 E1.5 所示。

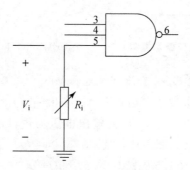

图 E1.5 阈值电阻测量电路

上阈值电阻 R_s 是指当门输出端电压 V_o 为逻辑低电平时所允许的 R_i 的最小阻值。下阈值电阻 R_x 是指当门输出端电压 V_o 为逻辑高电平时所允许的 R_i 的最大阻值。上、下阈值电阻反映了门电路输入端的负载特性。

6. 空载功耗与有载功耗

空载功耗是在不接外部负载时，集成电路单元消耗的电功率。它是估计集成电路内部损耗的参量。对于 TTL 与非门，通常是在输入端开路和短路时测量静态空载功耗。有载功耗是在接有外部负载时，集成电路消耗的电功率。

使用时应注意：有载功耗大于空载功耗，动态功耗大于静态功耗，且动态功耗随工作频率升高而增大。

三、实验内容

1. 测量 DTL 两输入端四个与非门 74LS00 的下列静态参数

要求测量前，拟定测量方案，写好测试步骤及计算出选用元件数值。74LS00 引脚图及主要特性可参见后面的附录部分。

(1) 测量芯片中两个与非门的所有输入端的 I_{rd}。测量方法是：在与非门的输入端与地之间串联一个小电阻，先测量小电阻上的电压，再换算出流经小电阻上的电流。

(元件参考值：小电阻试取 100 Ω)

(2) 测量与非门输入端的 V_s, V_x, V_{OH}, V_{OL}。

输入信号频率可取为 100 Hz,电压幅度是 0—5 V 的三角波信号。由输入端电压和输出端电压的波形对照,测出相应电压。应注意所用信号发生器输出信号幅值是在其负载阻抗与信号发生器输出阻抗(5 Ω)相匹配时的值。若门电路的输入阻抗远大于信号源的输出阻抗,因而馈送到门电路输入端的信号电压幅值大体为信号发生器指示值之倍。

(3) 测量 DTL 与非门输入端的 R_s 和 R_x,如图 E1.5 所示。

(4) 在输入端接逻辑高电平和逻辑低电平两种情况下,测量芯片的空载功耗与有载功耗,测量有载功耗时,输出端接相应的额定负载,注意要去除负载上的功耗。

(元件参考值：测量 TTL 器件功耗,R 取 20 Ω;测量 CMOS 或 HC 器件静态功耗,R 取 100 kΩ;测量 CMOS 和 HC 器件动态功耗,R 取 510 Ω)

(5) 测量动态有载功耗。选择方波信号频率为 1 kHz, 100 kHz, 1 MHz。负载为三个同类门(三个与非门)的并联,如图 E1.6 所示。

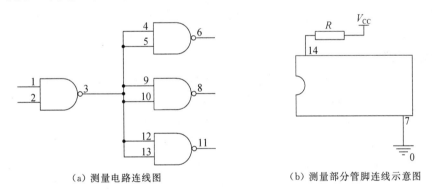

(a) 测量电路连线图　　　　　　(b) 测量部分管脚连线示意图

图 E1.6　动态有载功耗

(6) 测量与非门 CD4011 的上述第(4)、(5)项内容。CD4011 的引脚图及特性见附录。

(7) 测量与非门 74HC00 的上述第(4)、(5)项内容。74HC00 的引脚图及特性见附录。

2. 用示波器双通道观测与非门 CD4011 和 74LS00 输入输出电压传输特性

(1) 用 CMOS 与非门 CD4011 输入信号是频率为 100 Hz、100 kHz,输出电压为 0—5 V 的三角波信号。记录输入端电压和输出端电压的波形,测试电路如图 E1.7 所示,在输入端为图示的两种情况下测量门的输入阈值电压,观察电压传输特性曲线有何变化,注意阈值的变化,解释现象并说明原因。

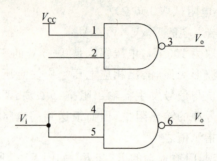

图 E1.7 与非门输入输出特性测试电路

(2) 用 DTL 与非门 74LS00,重新做(1)的内容,并与之加以比较。

4. 估测门的延迟时间

输入频率 100 kHz 的方波信号,记录输入端电压和输出端电压的波形,试估算 CMOS 与非门 CD4011 的平均延迟时间。

四、说明

本次实验中测试了常见的几种类型数字电路芯片(TTL、CMOS、HC),另外还有许多其他种类的数字电路芯片如 ECL、74S××、74F××等,它们分别有不同的特点,适用于不同要求的电路,详细资料可参考教科书或相关芯片手册。

【思考题】

1. DTL 与 CMOS 两种与非门芯片上、下阈值的大小,间隔及对称性有何不同?这些差异对电路抗扰性有何影响?

2. 若门电路的输入端要通过电阻接高电位或接地,使输入端常置"1"或常置"0",应如何选择电阻 R 的值?如图 E1.8 所示。

3. 门电路的静态参量提出了对信号源的什么要求?在组成一个或—与非逻辑电路中,若以图 E1.9 所示之二极管或门作为一级电路,此方案是否可行?

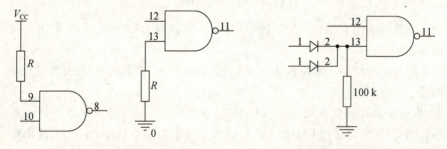

图 E1.8 思考题 2 所示电路　　　　**图 E1.9 思考题 3 所示电路**

4. 根据附录所给芯片内部电路图,试分析:若直接在 DTL 芯片一个门电路输入端加动态为 $-5\,V \sim +5\,V$ 的信号,会对芯片造成什么影响?这种做法是否可取？

*5. 根据附录所给芯片内部电路图,试分析：若在 CMOS 器件 4011 芯片一个门电路输入端加二分之一 V_{CC} 的直流电压,该门电路会处于什么工作状态？这种做法是否可取？

实验二　逻辑门电路测试之二

一、实验目的
1. 了解用环形振荡器法和脉冲形成法测量门的延迟时间。
2. 通过实验理解产生门的延迟时间的机制。由于观察波形的带宽超出了测量仪器示波器的带宽,因此要求用频谱分析的方法对测量结果进行修正,以得到接近实际的测量值。
3. 学会利用门延迟设计窄脉冲发生器。

二、实验原理
信号通过任何电路和器件均有延迟,延迟效应可比拟为延迟线,如图 E2.1 所示。

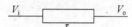

图 E2.1　延迟线等效电路

若延迟线是无损耗的传输线,延迟时间为 τ,则传输线的传递函数是: $e^{-j\omega\tau}$。若输入信号为简谐信号 $V_i = e^{-j\omega t}$,则输出信号为 $V_o = e^{-j(\omega t - \omega\tau)}$,即输出信号相对于输入信号有相移 Φ, $\Phi = -\omega\tau$。

对于高速器件,为了测量其延时,可由器件自身组成环形振荡器的办法,测量其频率,再换算出延时。

环形振荡器是由三级门闭环组成的振荡器,如图 E2.2 所示。其效果相当于一个反向放大器和三段链连的延迟线闭环组成的线路,若每级门的延迟时间

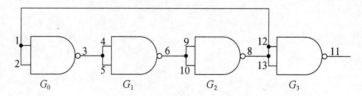

图 E2.2　环形振荡器原理图

为 τ_g,则三级门有 $3\tau_g$ 的延迟时间,信号通过延迟线的相移为 $-3\omega\tau_g$,因此环形振荡器相当于反向放大器与相移电路组成的相移振荡器,对于满足相移为 π 的奇数倍的频谱,皆满足自激振荡的相角条件。因此自激振荡的相角条件可表示为: $\varphi = -3\omega\tau_g = (2n+1)\pi$。由该式解得,振荡的角频率为 $\omega = \dfrac{\pi}{3\tau_g}, \dfrac{3\pi}{3\tau_g}, \dfrac{5\pi}{3\tau_g}$。其

基频为 $\omega = \dfrac{\pi}{3\tau_g}$,其他频率为谐波的频率。这种振荡器为多谐波振荡器,基频振荡周期为 $T = 6\tau_g$。

三、实验内容

1. 用环形振荡器测量门的延迟时间

要求用 DTL 门或 CMOS 门组成环形振荡器如图 E2.2 所示,通过隔离级 G_3 用示波器观察振荡波形。用两种型号的门观察延迟时间的目的,在于了解两种器件延迟时间的差异,这一内容可由同学自由组合两人合作,每人各做一种电路,互相交流结果完成。

为了了解外部电路对门的延迟时间的影响,建议在门的某一级输出端对地接一个小电容,观察振荡波形的变化(元件参考值:小电容试取 180 pF)。

2. 用脉冲形成法测量门的延迟时间

通常所说的脉冲形成法的测量电路如图 E2.3 所示。其中用三级门作延迟电路,相当于一个理想的非门与延迟时间为 $3\tau_g$ 的延迟线链连。若输入一个宽脉冲,则 G_3 输出的脉冲波形应为宽度为 $3\tau_g$ 的负脉冲,测量 G_3 的输出脉冲宽度可以估算出每个门的延迟时间。

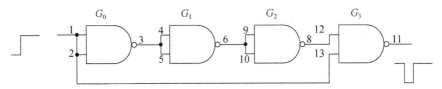

图 E2.3 脉冲形成法测量电路

要求:

(1) 用 DTL 门或 CMOS 门组成电路,用示波器观察脉宽。用频谱分析的方法修正测量结果。

应该注意:以上是用线性延迟线模型来比拟门的延迟时间,但逻辑门是工作在非线性状态,其实际延迟时间会因状态不同而异。要求学生查阅资料,从产生门的延迟时间的物理机制上对两种方法的测量结果进行分析比较。

(2) 观察电容对传输延迟时间的影响。如图 E2.4。以电容 C_2 作为 G_0 的负载($C_2 < 200$ pF),观察 C_2 对输出脉冲的影响,以加深对电容性负载影响的认

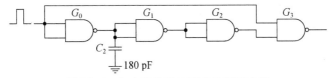

图 E2.4 加电容的脉冲形成法测量电路

识。应该注意：在本电路中 C_2 不能过大，为什么？

3. 直接输入输出法测量门的延迟时间

对于低速器件，比如 4000 系列 CMOS 门，延迟时间为几十纳秒，若信号源的边沿时间相比较可以忽略，且所用示波器带宽足够高时，则可以不用环形振荡器的方法测量门的延迟时间，而可以用输入输出法直接测量门的延迟时间，如图 E2.5 所示。

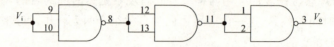

图 E2.5　直接测量法电路图

4. 设计一个窄脉冲形成电路

按图 E2.6 所示电路，正确地选择电阻和电容，组成一个产生脉宽为 $1\,\mu s$ 的窄脉冲形成电路。应该注意：对于 TTL 电路和 CMOS 电路，R 的取值有较大的差异。

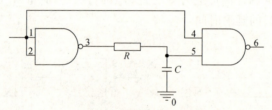

图 E2.6　窄脉冲形成电路

（对于 TTL 电路，R 取值范围应小于输入阈值电阻约为 $200\,\Omega \sim 3\,k\Omega$；对于 CMOS 电路，R 取值范围为 $10\,k\Omega \sim 5\,M\Omega$）

5. 比较两种环形振荡器（选做）

在图 E2.7a 与图 E2.7b 的两种环形振荡器中 R 与 C 均相同。分别观测两种振荡器的波形与频率，并分析这两种电路有何相同之处，有何不同之处。图中门电路可用 74LS00、CD4011 和 CMOS 六反门 CD4069 组成（元件参考值：R 试取 $3\,k\Omega$，C 试取 $330\,pF$）。

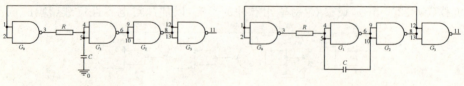

　　（a）环形振荡器之一　　　　　　　　（b）环形振荡器之二

图 E2.7　环形振荡器

【思考题】

1. 本实验的环形振荡器是由奇数级门组成的直耦反馈环路,那么由偶数级门组成的直耦反馈环路,是否也是环形振荡器?

2. 在测量环形振荡器的波形和频率时,若不用输出级 G_3,可能会有什么影响?

3. 在测量环形振荡器波形时,观察到信号波形不理想,试分析是什么原因?

实验三 单稳态电路与无稳态电路

一、实验目的

1. 门电路作为各种逻辑部件的基本组成单元,了解组成单稳态及无稳态电路的逻辑。认识单稳态、双稳态、无稳态三种电路之间的内在联系。
2. 练习用集成门组成单稳态及无稳态电路。
3. 练习用 D 触发器组成单稳态电路。
4. 练习用集成单稳态芯片组成单稳态电路。

二、实验原理

直耦强正反馈系统组成的环路为双稳态电路。其置位信号 Set,复位信号 Reset 为双稳态电路的两个控制端信号。在双稳态电路的基础上,若将 Set 信号的响应信号延迟一段时间后作为 Reset 信号回输给电路自身,双稳电路就变成了能自动复位的、只能有一个稳定态的单稳态电路。若进一步,再将 Reset 信号的响应信号延迟一段时间后作为 Set 信号回输给电路自身,则单稳电路就变成了能自动置位、复位却不能保持稳定在任一稳定状态上的无稳态电路,又叫多谐波振荡器。

图 E3.1 是一种双稳态电路。图 E3.2 是一种单稳态电路,其中 G_2,G_3 组成闩锁,通过阻容延迟电路反馈,成为单稳态电路。G_0,G_1 为触发脉冲形成电路。触发脉冲宽度应小于反馈电路的延迟时间,若触发脉冲宽度较小时,图 E3.2 中的虚线部分元件可省略。否则在反馈信号作用与 $\overline{R}$ 端时,$\overline{S}$ 端的触发信号仍有效,这种状态是被禁止的。

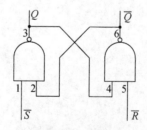

图 E3.1 双稳态电路

单稳态电路在触发之后进入暂稳态。它在暂稳态的持续时间可由延迟电路的延迟时间来度量。若不计门的延迟时间,则单稳态电路产生的脉冲宽度,可认为等于延迟电路的延迟时间。

单稳态电路被触发后,经延迟反馈触发复位。此后要待延迟电路恢复稳定之后,才宜再次触发。否则会因延迟电路未恢复初态而导致输出脉冲宽度不稳定。若有必要还要加禁止电路,使在延迟电路恢复时间内禁止触发信号输入。

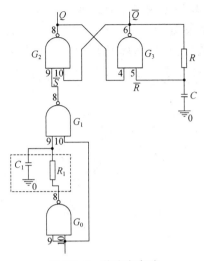

图 E3.2　单稳态电路

若将延迟线的回输信号再经过非门回输到 $\overline{S}$ 端,这相当于从 Q 端给 $\overline{S}$ 端以延迟反馈信号,因而成为无稳态电路,图 E3.3 就是一例。在该电路中,与非门 G_5 作为非门使用。若将 G_5 的闲置输入端视为常触发信号,则 G_5 也可视为单稳态触发信号的禁止电路。

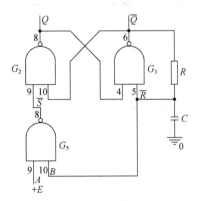

图 E3.3　无稳态电路

在图 E3.3 中的闩锁被置位后,$\overline{Q}$ 端由高电平跃变为低电平。经过时间 τ,低电位传至 $\overline{R}$ 端及 G_5 的输入端 B,使闩锁复位并封锁 G_5,$\overline{S}$ 端呈高电位。闩锁复位后,$\overline{Q}$ 端为高电位,要经过时间 τ,高电平才传到 B 端,使 G_5 开通,$\overline{S}$ 端为低电位。$+E$ 使闩锁再次置位。可见,该电路是自激多谐振荡器,也可被视为在延迟线恢复后,立即触发的单稳态电路。

若自 G_5 的 A 端输入正脉冲,则该电路是有禁止门的单稳态电路,图 E3.4 就是这种电路。在图 E3.4 中,为使触发脉冲有合适的极性,增设控制门 G_4。在 K 接地时,G_4 被封锁,触发信号不能通过 G_4,同时 A 端为高电平;该电路为自激多谐振荡器,也是无稳态电路,振荡周期为 2τ。在 K 接高电平时,A 端常为低电平,是单稳态电路。触发信号可通过 A 端驱动闩锁置位。但仅当延迟线恢复后,才能被再次触发。

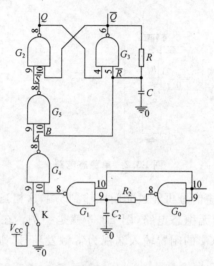

图 E3.4　有禁止门的单稳态电路

三、实验内容

1. 测试闩锁特性

用 TTL 与非门 74LS00 组成图 E3.1 所示电路。当 $\overline{R}$、$\overline{S}$ 端分别为 (0,1)、(1,0) 时测试 Q、$\overline{Q}$ 端的输出电平,并观察闩锁的工作是否正常。

表 E3.1　闩锁参考真值表

$\overline{R}$	$\overline{S}$	Q_{n+1}
0	0	状态不定
0	1	0
1	0	1
1	1	Q_n

2. 用阻容延迟电路组成单稳态电路与无稳态电路

在现代电子线路中,延迟线已成为常用的逻辑元件。它与阻容延迟电路相比较,具有较稳定、精确的延迟时间。通常对波形进行时间延迟的规范作法是利用延迟线元件。但由于延迟线相对较贵,且不易获得较大的时延,限制了延迟线的使用。因此本实验着重练习用阻容延迟电路实现单稳态电路与无稳态电路。

按图 E3.2 用 TTL 门电路组成一单稳态电路。按延迟时间 1 μs,来规定一个合适的暂稳时间。观察输出脉冲宽度,并通过观察 $\overline{R}$、$\overline{S}$、Q、$\overline{Q}$ 等端点的波形,检查该电路是否正常工作。

用双脉冲信号作上述电路的触发信号。调节双脉冲之间的时间间隔,观察对单稳态电路输出波形的影响,做定性描述。

按图 E3.3 组成无稳态电路。

(提示:电阻 R 组成门 G_3 的直流负反馈电路,有时会使门 G_3 不能进入稳定态,这时可用一个二极管代替电阻 R,另外延迟电路的输出信号 $\overline{R}$ 不直接送入 G_5 的 B 端,而是用三极管及电阻组成跟随器使 $\overline{R}$ 端电平低于输入下阈值电压 V_x 后再送入 B 端。)

(元件参考值:R_1 取 1 kΩ,C_1 取 100 pF)

3. TTL 门电路组成图 E3.4 所示电路(选做)

令 K 接地观察振荡波形与频率。令 K 接高电位,以双脉冲为输入信号,观察脉冲间隔对单稳态电路输出波形的影响,并与图 E3.2 电路进行比较,说明两电路有何异同。

4. D 触发器 CD4013 组成单稳态电路

实验电路如图 E3.5 所示。试分析电路工作原理,并设计暂稳时间为 10 μs 的单稳态电路。CK 信号是频率 50 kHz,幅度 5 V(变化范围 0~5 V)的方波信号。

CD4013 的引脚图如图 E3.6 所示。S 为 Set 置位端,R 为 Reset 复位端。更详细资料参考附录。

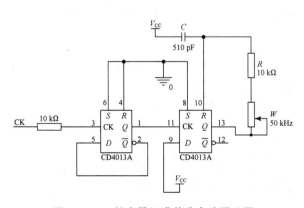

图 E3.5 D 触发器组成单稳电路原理图

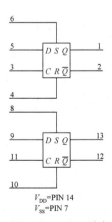

图 E3.6 CD4013 引脚图

5. 利用集成单稳芯片 74HC123 设计一个单稳态电路

要求暂稳态时间为 1 微秒,实验电路见图 E3.8(元件参考值:C_3 取 510 pF, R_{13} 取 47 kΩ 的电位器)。

集成单稳芯片 74HC123 是具有 Reset 端的高速 CMOS 单稳振荡器。它的框图及引脚分布如图 E3.7 所示。可以看到一个芯片内集成了两个互相独立的单稳模块,每一个模块都有复位端 R,当其为有效低电平时输出端 Q 保持为低电平输出;两个输入控制端可以灵活选择脉冲触发沿,A 端接低电平时,B 端上升沿产生单稳输出信号,反之,B 端接高电平时,A 端下降沿产生单稳输出信号;可以通过外接电阻 R_x 和外接电容 C_x 来调整输出脉冲宽度;至于输出可以从 Q 端得到正脉冲,也可以从 $\overline{Q}$ 端得到完全反相的负脉冲。关于 74HC123 更详细资料参见附录。

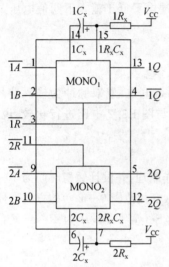

图 E3.7 74HC123 框图及引脚分布

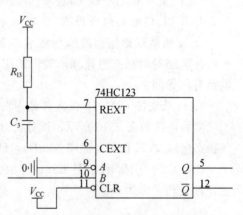

图 E3.8 用 74HC123 组成单稳态电路

6. 多谐波振荡器

用 CMOS 与非门 CD4011 组成图 E3.9 所示的多谐波振荡器,观察其波形与频率(元件参考值:R 取 20 kΩ,C 取 510 pF)

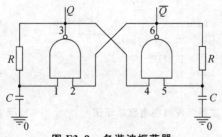

图 E3.9 多谐波振荡器

【思考题】

1. 比较本实验中的多谐波振荡器与实验二中的环形振荡器,两者有何相同之处?有何不同之处?

2. 如何用一个集成单稳态芯片组成一个无稳态电路?提出设计方案。

实验四　晶体振荡器

一、实验目的
1. 了解实用的晶体振荡器的组成与调试。
2. 注意观察实验中晶体振荡器的多模现象,判别多模振荡的频率及掌握解决办法。

二、实验原理
晶体振荡器是最常用的振荡器,在数字逻辑电路中,在所有逻辑系统中经常使用晶体振荡器作为初级源—时钟。因此研究晶体振荡器是非常有实际意义的。通常我们用门电路组成晶体振荡器。门电路组成晶体振荡器的工作原理与分立元件电路相同,逻辑门只作为放大器使用。但集成门常是低输出阻抗的放大器,这一点与三极管不同。

压电晶体有高 Q 值的特点,用它作为振荡器中的选频电路,可以获得较高的频率稳定性。晶体振荡器的基本形式有如下两种。

一种是将晶体作为串联谐振电路,与同相低输出阻抗放大器组成振荡器。其原理如图 E4.1 所示。图中 R、C 是并联负反馈稳定偏置电路,它使振荡器能以软激励建立振荡。为保证选频回路的 Q 值,放大器的输入阻抗不宜高。否则会使选频回路的 Q 值过低而影响频率稳定性。按此原理,图 E4.2 即为一例实际电路。在该电路中 G_3 为输出级,R_1^*、R_2 为并联负反馈偏置电路。使反向器不工作于稳态,按图 E4.2 所示电路可构成振荡器。(元件参考值:以 TTL 器件为例,R_1^* 选用 4.7 kΩ 电位器,R_2 取 2 kΩ,C 取 0.033 μF,晶体振荡器为 4.43 MHz)

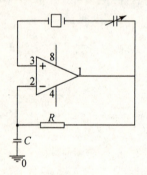

图 E4.1　串联型晶体振荡器原理图

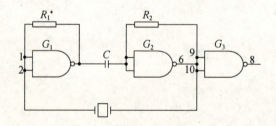

图 E4.2　串联型晶体振荡器电路图

第二种晶体振荡器是将晶体作为高 Q 电感,与反向放大的受控电流源(高输出阻抗放大器)组成三点式振荡器。图 E4.3 是这类电路的原理图。这种电路中的反向器应有较高的输入阻抗才不致于过分影响选频电路的 Q 值。

按上述原理,"反向放大器"可由一级非门及偏置电阻组成,偏置电阻 R_1 加入后,连同晶体即可构成振荡电路,实际电路组成如图 E4.4 所示。为得到较稳定的振荡波形,电路中加入电阻 R_0,如图 E4.4 所示,再与反馈网络相连。在图 E4.4 中 R_1 为偏置电阻。对于 CMOS 门 R_1 可高达 10 MΩ,(为什么?)由晶振频率的高低选定 R_0 的电阻,频率高 R_0 较小,频率低 R_0 较大。R_0 的作用在于降低施加于晶体上的尖峰电压幅度,有利于抑制多模现象,抑可改进电路的安全性。

(元件参考值:以 HC 器件为例,R_1 可取 5~10 MΩ,R_0 取 2.2 kΩ,C_1、C_2 取 20 pF,晶体振荡器为 4.43 MHz)

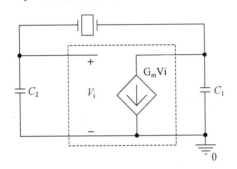

图 E4.3　高 Q 电感型晶体振荡器原理图

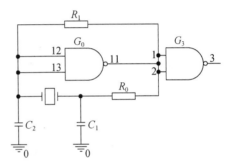

图 E4.4　高 Q 电感型晶体振荡器电路图

振荡器都可能出现多模现象。即电路在多个频率上都可满足振荡条件从而能形成自激振荡,就是说电路中有多个振荡模式存在。在电路中放大器级数多、管子多时尤其容易产生多模。多模分为高频多模和低频多模。高频多模往往由寄生电容,分布电容,管子的截止频率等高频时电路的相移造成。低频多模是由 R、C 耦合电路产生。在初始上电后,若多模中的某一模式起振条件较强,就产生了这个模式的振荡,由于参数起伏或电路中又产生了其他干扰,振荡就有可能跳到另一个模式上去。所以多模是电路中的不稳定现象,在电路设计中应注意避免多模,正确地得到所要求的频率。

三、实验内容

1. 组成晶体振荡器并观察其特性

用 TTL 和 HC 门各组成一个晶体振荡器,使晶体振荡于晶体的固有频率。观察电路中 G_3 门前后的振荡波形并测量振荡频率。

2. 观察晶体振荡器的频率稳定度

对于图 E4.2 所示之电路,用数字频率计观察改变 R_1 对振荡频率的影响,并与通用信号发生器的稳定度进行比较。

【思考题】

1. 与前述练习中的几种振荡器比较,说明各自的异同。
2. 说明你观察到的多模现象,形成原因及消除办法。
3. 晶体振荡器的输出波形不是简谐波,是否会影响频率稳定性?
4. 非门与通常的反向放大器比较,有何相同之处?有何不同之处?
5. 晶体本身是否可能有多种振荡模式?

实验五　组合逻辑电路的应用

一、实验目的

1. 掌握用小规模集成(small-scale integration，SSI)器件设计组合逻辑电路的方法。

2. 掌握译码器、数据选择器、数值比较器等 MSI 器件的使用方法。

3. 掌握用常见的中规模集成(medium-scale integration，MSI)器件设计组合逻辑电路的方法。

二、实验原理

1. 组合逻辑电路的设计

学习数字逻辑电路的理论和方法，其目的是为了应用，而逻辑设计是应用的基础。所谓逻辑设计就是根据给定的逻辑要求，设计出能实现其功能要求的逻辑网络。所设计的网络，一般来说，除了满足给定的功能要求外，还希望网络结构简单，工作速度满足要求，工作性能稳定可靠等。

通常，电路结构最简的设计方案并不一定是最优的设计方案，最优的设计要满足综合工程的要求。在学习数字逻辑电路理论课时，学习的逻辑函数化简的方法，实质上是为了追求网络中逻辑门的数目最少、门的输入端数目最少，这是在使用小规模集成电路的条件下最经济的指标，但是，在实际应用中、大规模集成电路进行逻辑电路设计时，追求门的数目最少将不再成为最优设计的指标，选用中、大规模集成芯片，虽然在其中某些门的利用上可能会有所浪费，但总的集成芯片数减少，对系统的体积、功耗、总成本和可靠性等都会有所改善。因此，可以说，对采用中、大规模集成芯片的设计，最优化指标已转化为追求集成电路芯片数最少、集成电路芯片的种类最少、集成电路间的连线数最少等。下面将给出分别用逻辑门和中规模逻辑电路设计的例子。

一般组合逻辑问题的设计过程如图 E5.1 所示，对于给定的实际逻辑问题的要求，首先列出真值表，由真值表得到逻辑表达式。如果逻辑问题简单，可直接得到逻辑表达式，可省去列真值表这一步。然后，对得到的逻辑表达式进行处理，这时要根据具体使用的逻辑电路分别进行不同的处理，如果是用小规模逻辑电路实现，则化简为最简的逻辑表达式；如果是用中规模逻辑电路实现，则要化为与所用器件的输出逻辑表达式相应的形式，最后根据逻辑表达式画出逻辑图，该逻辑图就是根据给定的功能设计出的组合逻辑网络。此外还要判别所设计的电路是否存在竞争冒险现象，并加以消除。

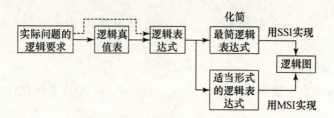

图 E5.1　组合逻辑电路设计示意图

例题 1　1 位全加器的设计。

（1）用异或门和与非门实现 1 位全加器。

设被加数为 A_i，加数为 B_i，低位来的进位信号为 C_{i-1}，由真值表得到全加器和 S_i 及进位输出 C_i 的逻辑函数式为

$$S_i = A_i \oplus B_i \oplus C_{i-1},$$
$$C_i = (A_i \oplus B_i)C_{i-1} + A_i B_i$$
$$= \overline{\overline{(A_i \oplus B_i)C_{i-1}} \cdot \overline{A_i B_i}},$$

实现电路如图 E5.2 所示。

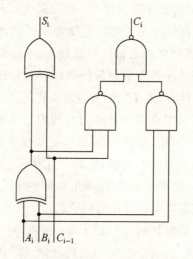

图 E5.2　全加器逻辑电路图之一

（2）用双 4 选 1 数据选择器实现 1 位全加器。

4 选 1 数据选择器的输出表达式为：

$$1W = \overline{A_1}\overline{A_0}D_0 + \overline{A_1}A_0 D_1 + A_1\overline{A_0}D_2 + A_1 A_0 D_3 。$$

由真值表，得到全加器的本位和输出 S_i 和向高位进位输出 C_i 的逻辑函数式为

$$S_i = \overline{A}_i\overline{B}_iC_{i-1} + \overline{A}_iB_i\overline{C}_{i-1} + A_i\overline{B}_i\overline{C}_{i-1} + A_iB_iC_{i-1},$$
$$C_i = \overline{A}_iB_iC_{i-1} + A_i\overline{B}_iC_{i-1} + A_iB_i。$$

将 S_i 和 C_i 与四选一数据选择器的逻辑表达式对比发现,只要令 $A_1=A_i$, $A_0=B_i$, $1D_0=1D_3=C_{i-1}$, $1D_1=1D_2=\overline{C}_{i-1}$, $2D_0=0$, $2D_1=2D_2=C_{i-1}$, $2D_3=1$, 即可实现,如图 E5.3 所示。

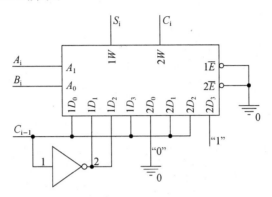

图 E5.3　全加器逻辑电路图之二

2. 译码器

常用的译码器分为变量译码器、码制变换译码器、显示译码器等。变量译码器将输入的二进制代码翻译成对应的输出。它有 n 个输入代表 n 位二进制码,2^n 个输出。常用的变量译码器有 2-4 译码器、3-8 译码器、4-16 译码器等。变量译码器可用函数表示为:

$$\overline{Y}_i = \overline{Gm_i}$$

G 为使能端(可以是一个或多个),m_i 为地址码最小项。

变量译码器可以实现地址译码器、脉冲分配器、数据分配器,加或门可以实现任意标准与或式。

例题 2　3-8 线译码器 74LS138 及其应用。

3-8 线译码器 74LS138 的控制端 $E=\overline{E}_1\overline{E}_2E_3$,输出

$$\overline{Y}_0 = \overline{E \cdot \overline{A}_2\,\overline{A}_1\,\overline{A}_0},$$
$$\overline{Y}_1 = \overline{E \cdot \overline{A}_2\,\overline{A}_1 A_0},$$
$$\overline{Y}_2 = \overline{E \cdot \overline{A}_2 A_1\,\overline{A}_0},$$
$$\vdots$$
$$\overline{Y}_7 = \overline{E \cdot A_2 A_1 A_0}。$$

当 $E_3=1$, $\overline{E}_2=0$, $\overline{E}_1=0$ 时,$E=1$,译码器处于工作状态,否则译码器处于禁止态,三个控制输入端叫"片选"端,利用它们可实现功能扩展。

(1) 用两片 74LS138 构成 4-16 线译码器。

利用片选端,可以用两片 74LS138 构成一个 4-16 线译码器,如图 E5.4 所示。

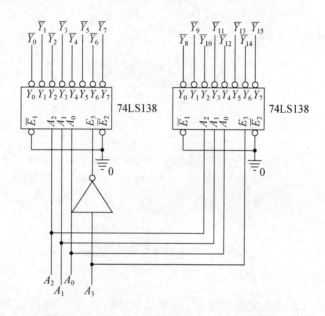

图 E5.4 用两片 74LS138 构成 4-16 线译码器

因为 n 变量完全译码器的输出包含了 n 变量所有的最小项,所以用 n 变量译码器加上或门(当译码器的输出为原函数时)或者与非门(当译码器的输出为反函数时),可实现任何形式的输入变量不大于 n 的组合逻辑函数。

(2) 译码器可作数据分配器使用。

带控制输入端的译码器又是一个完整的数据分配器。如 3-8 线译码器,如果把 E_3 端作为数据输入端,而将 $A_2A_1A_0$ 作为"地址"输入端,则当 $\overline{E}_1=\overline{E}_2=0$ 时,从 E_3 端送来的数据只能通过由 $A_2A_1A_0$ 指定的一条数据线送出去。如 $m_0=\overline{A}_2\overline{A}_1\overline{A}_0=1$ 时,$\overline{Y}_0=\overline{E}=\overline{E}_3$,$m_1=\overline{A}_2\overline{A}_1A_0=1$ 时,$\overline{Y}_1=\overline{E}=\overline{E}_3$,……,以反码的形式输出。如图 E5.5 所示。

3. 数据选择器

数据选择器又称为多路开关,有多个输入、一个输出,在控制端的作用下可从多路并行数据中选择一路数据作为输出。数据选择器可用函数表示为:

$$Y_i = \sum_{i=0}^{2^n-1} \overline{E} m_i D_i,$$

$\overline{E}$ 为使能端,m_i 为地址最小项,D_i 为数据输入。

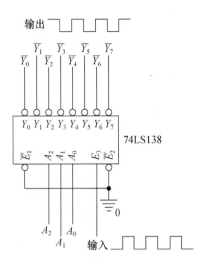

图 E5.5 74LS138 用作数据分配器

例题 3 8 选 1 数据选择器 74LS151 及其应用。

8 选 1 数据选择器 74LS151 的真值表如表 E5.1。

表 E5.1 8 选 1 数据选择器 74LS151 真值表

$\overline{E}$	A_2	A_1	A_0	W	$\overline{W}$
1	×	×	×	0	1
0	0	0	0	D_0	$\overline{D}_0$
0	0	0	1	D_1	$\overline{D}_1$
0	0	1	0	D_2	$\overline{D}_2$
0	0	1	1	D_3	$\overline{D}_3$
0	1	0	0	D_4	$\overline{D}_4$
0	1	0	1	D_5	$\overline{D}_5$
0	1	1	0	D_6	$\overline{D}_6$
0	1	1	1	D_7	$\overline{D}_7$

当 $\overline{E}=0$ 时，输出逻辑表达式为：

$$W = \overline{A}_2\overline{A}_1\overline{A}_0 D_0 + \overline{A}_2\overline{A}_1 A_0 D_1 + \overline{A}_2 A_1 \overline{A}_0 D_2 + \overline{A}_2 A_1 A_0 D_3$$
$$+ A_2\overline{A}_1\overline{A}_0 D_4 + A_2\overline{A}_1 A_0 D_5 + A_2 A_1 \overline{A}_0 D_6 + A_2 A_1 A_0 D_7,$$

用 74LS151 实现逻辑函数：

$$F(D,C,B,A) = \sum m(0,1,2,5,8,10,12,13)$$
$$= \overline{D}\cdot\overline{C}\cdot\overline{B}\cdot\overline{A} + \overline{D}C\cdot\overline{B}A + \overline{D}CB\overline{A} + D\overline{C}B\overline{A} + D\overline{C}\cdot\overline{B}\cdot\overline{A}$$
$$+ D\overline{C}B\overline{A} + DC\overline{B}\cdot\overline{A} + DC\overline{B}A$$
$$= \overline{D}\overline{C}\cdot\overline{B} + \overline{D}\overline{C}B\overline{A} + \overline{D}CB A + D\overline{C}\cdot\overline{B}\cdot\overline{A} + D\overline{C}B\overline{A} + DC\overline{B},$$

将此式与 74LS151 的输出逻辑表达式对比,发现只要令 $A_2=D, A_1=C, A_0=B, D_0=D_6=1, D_1=D_4=D_5=\bar{A}, D_2=A, D_3=D_7=0$,即可实现,如图 E5.6 所示。

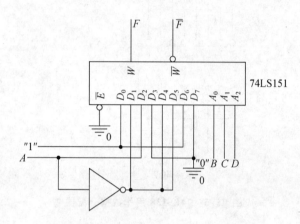

图 E5.6 用 74LS151 实现逻辑函数

用具有 n 位地址输入的数据选择器,可以产生任何一种输入变量不大于 $n+1$ 的组合逻辑函数。另外,数据选择器和变量译码器级联可以组成多路数据传输系统,连接方法为:让二者的地址 m_i 相同,及 $E=\overline{W}$,其中 E 为变量译码器的使能输入端,$\overline{W}$ 为数据选择器的反相输出端,则 $\overline{Y}_i=D_i$。

4. 数值比较器

数值比较器比较两数之间大于、小于或等于的关系,按数的传输方式,又有串行比较器和并行比较器,数据比较器可用于接口电路。

设四位数值比较器的输入为 A_3、A_2、A_1、A_0、B_3、B_2、B_1、B_0、$A>B$、$A<B$、$A=B$,输出为 $F_{A>B}$、$F_{A<B}$、$F_{A=B}$。则输出逻辑函数式为

$$F_{A>B} = A_3\bar{B}_3 + A_2\bar{B}_2(A_3B_3 + \bar{A}_3\bar{B}_3) + A_1\bar{B}_1(A_3B_3 + \bar{A}_3\bar{B}_3)(A_2B_2 + \bar{A}_2\bar{B}_2)$$
$$+ A_0\bar{B}_0(A_3B_3 + \bar{A}_3\bar{B}_3)(A_2B_2 + \bar{A}_2\bar{B}_2)(A_1B_1 + \bar{A}_1\bar{B}_1)$$
$$+ (A>B)(A_3B_3 + \bar{A}_3\bar{B}_3)(A_2B_2 + \bar{A}_2\bar{B}_2)(A_1B_1 + \bar{A}_1\bar{B}_1)(A_0B_0 + \bar{A}_0\bar{B}_0),$$

$$F_{A<B} = \bar{A}_3B_3 + \bar{A}_2B_2(A_3B_3 + \bar{A}_3\bar{B}_3) + \bar{A}_1B_1(A_3B_3 + \bar{A}_3\bar{B}_3)(A_2B_2 + \bar{A}_2\bar{B}_2)$$
$$+ \bar{A}_0B_0(A_3B_3 + \bar{A}_3\bar{B}_3)(A_2B_2 + \bar{A}_2\bar{B}_2)(A_1B_1 + \bar{A}_1\bar{B}_1)$$
$$+ (A<B)(A_3B_3 + \bar{A}_3\bar{B}_3)(A_2B_2 + \bar{A}_2\bar{B}_2)(A_1B_1 + \bar{A}_1\bar{B}_1)(A_0B_0 + \bar{A}_0\bar{B}_0),$$

$$F_{A=B} = (A=B)(A_3B_3 + \bar{A}_3\bar{B}_3)(A_2B_2 + \bar{A}_2\bar{B}_2)(A_1B_1 + \bar{A}_1\bar{B}_1)(A_0B_0 + \bar{A}_0\bar{B}_0)。$$

四位数值比较器如图 E5.7 所示。利用数值比较器,还可实现四舍五入电路。

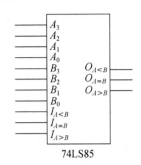

图 E5.7 四位数值比较器

三、实验内容

1. 全加器

参照原理,用异或门 74LS86 和与非门 74LS00 实现两位二进制全加器。参考表 E5.2,选择几种输入组合进行验证。

表 E5.2 两位二进制全加器真值表与十进制对照

A		B		A+B			十进制数加
A_1	A_0	B_1	B_0	C_1	S_1	S_0	
0	0	0	0	0	0	0	0+0=0
0	0	0	1	0	0	1	0+1=1
0	0	1	0	0	1	0	0+2=2
0	0	1	1	0	1	1	0+3=3
0	1	0	0	0	0	1	1+0=1
0	1	0	1	0	1	0	1+1=2
0	1	1	0	0	1	1	1+2=3
0	1	1	1	1	0	0	1+3=4
1	0	0	0	0	1	0	2+0=2
1	0	0	1	0	1	1	2+1=3
1	0	1	0	1	0	0	2+2=4
1	0	1	1	1	0	1	2+3=5
1	1	0	0	0	1	1	3+0=3
1	1	0	1	1	0	0	3+1=4
1	1	1	0	1	0	1	3+2=5
1	1	1	1	1	1	0	3+3=6

2. 分配器

用 3-8 译码器 74LS138 实现数据分配器,在输入端加入方波,通过不同的地址码设置,从不同输出端测试输出波形。

3. 分时传输系统

将数据选择器和数据分配器级联,可实现一个分时数字传输系统。请用 8 选 1 数据选择器 74LS151 和 3-8 译码器 74LS138 组成一个多路(1-8 路)信号分时传输系统。测试在 A_2、A_1 和 A_0 控制下输入 $D_7 \sim D_0$ 和输出 $Y_7 \sim Y_0$ 的对应波形关系。

4. 数值比较器

对于数值比较器 74LS85,选择几种输入组合观察比较结果,验证其逻辑功能。

5. 组成四舍五入电路

用数值比较器 74LS85 构成一个四舍五入电路,当输入二进制数的等值十进制数大于等于 5 时,输出 $F=1$,否则输出 $F=0$。连接此电路并检测其逻辑功能。

6.(选做)设计一个可控代码转换电路

如表 E5.3 所示当控制信号 $K=0$ 时,将 4 位二进制码(B 码)转换为 4 位格雷码(G 码);当控制信号 $K=1$ 时,将 4 位格雷码转换为 4 位二进制码。请用异或门 74LS86 和与非门 74LS00 实现,并测试验证电路的功能。[提示:设输入代码用 $DCBA$ 表示,输出代码用 $ZYXW$ 表示,则输出的逻辑表达式为:$Z=D,Y=D \oplus C$,
$X=\overline{K}(C \oplus B)+K(D \oplus C \oplus B)=\overline{\overline{K(C \oplus B)} \cdot \overline{K(D \oplus C \oplus B)}}$,
$W=\overline{K}(B \oplus A)+K(D \oplus C \oplus B \oplus A)=\overline{\overline{K(B \oplus A)} \cdot \overline{K(D \oplus C \oplus B \oplus A)}}$。]

表 E5.3 4 位二进制码与 4 位格雷码的对照表

十进制数	自然二进制数	格雷码
0	0000	0000
1	0001	0001
2	0010	0011
3	0011	0010
4	0100	0110
5	0101	0111
6	0110	0101
7	0111	0100
8	1000	1100
9	1001	1101
10	1010	1111
11	1011	1110
12	1100	1010
13	1101	1011
14	1110	1001
15	1111	1000

【思考题】

1. 在用集成电路设计组合逻辑电路时,什么是最佳设计方案?

2. 在数据选择器产品中,除有原码输出外,还有反码输出、三态输出,它们各用在什么场合?

3. 在分时传送系统中,若数据选择器输出由 $\overline{W}$ 反码输出改为 W 原码输出,应如何改变电路连接,才能保证系统的功能不变?

实验六 计数器和脉宽测量

一、实验目的

1. 通过学习典型可逆计数器和简单脉宽测量电路的原理来熟悉一些中小规模结构的数字集成芯片的原理和使用。
2. 掌握计数电路，初步掌握脉宽测量技术的设计和调试方法。
3. 初步认识具有一定功能的电路系统，掌握看图分析的方法。
4. 预计可能得到的现象，观察并分析实际结果。

二、实验原理

计数器和脉宽测量电路是数字技术中常用的电路。

计数器分为很多种，按进制分一般有二进制、十进制、十六进制以及六十进制等(实际应用中类似三、五、七、九等进制用的很少，倘若用到，一般以现成十进制或二进制计数器加反馈来得到)；按计数方向有加、减和可逆三种；还可按是否可预置、同步异步等来划分。为适应多方面的应用要求和设计的灵活，一个集成计数器可能有一些控制端，如复位端、预置端、计数允许端、加减选择端、二/十进制转换端等。计数器是数字逻辑电路中的基本功能单元，它提供在固定的时钟频率/振荡频率下基于该频率的不同的时间参数，该时间参数可用于时钟、编码码型、输出波形产生、程序控制等，在复杂的数字电路中它都是不可或缺的部分。小到时钟芯片、电视遥控器，大到CPU、巨型计算机，其中都必然用到计数器单元。

脉宽测量在实际中也经常用到，其原理是在所测脉冲的时间范围内对已知的标准脉冲计数，由计数的个数可以计算脉冲的时间宽度。由此可以看出计数时间的准确度与标准脉冲的分辨率直接相关，即标准脉冲的分辨率越高，则脉宽测量的准确度就越高。同时也会发现，由于标准脉冲的时间离散性，所测脉冲的前后沿与标准脉冲可能会对不齐，使得标准脉冲计数个数在所测脉冲的前后沿各有最大一个码元的误差，总误差最大就是两个码元。采用同步技术，可使前端对齐，但后端的最大一个码元的误差却不可能消除。脉宽测量仪的位数决定其测量的范围，在脉宽大于脉宽测量仪计数宽度时会发生溢出，这时即使有读数也是无效的。

本实验中用的是两位十进制计数器，用来测量按键的键合时间，其精确度较低，测量范围很窄，在按键时间较长时，很容易发生溢出。

1. 芯片介绍

本实验使用的是4000系列的芯片，下面分别介绍。

注：每家公司生产的可替换的芯片各个管脚的名称可能会不一样，EDA 工具对管脚所起的名称也不尽相同，这里保留了这些不同。

(1) 十进制可逆计数器 4510(Synchronous Up/Down BCD Counter)。

4510 的内部逻辑图参看芯片附页。$P_1 \sim P_4$ 是并行数据预置端；$Q_1 \sim Q_4$ 是输出端；PE 是异步置数端，高电平有效，有效时将 $P_1 \sim P_4$ 端数据置入内部计数器，同时封锁 CLK 输入；$\overline{CI}$ 是计数允许端，也称为低位进位端，该端在低电平时有效，有效时允许计数器计数；$\overline{CO}$ 是进位端，低电平有效，当加计数到最高(9D/1001BCD 码)或减计数到最低(0D/0000BCD 码)时，该端有效，$\overline{CO}$ 和 $\overline{CI}$ 串联，可实现多位计数器的连接；UP/DOWN 决定计数方向，该端输入高电平为加计数器，反之为减；CLK 是计数时钟输入；RESET 是异步复位端，高电平有效。

根据具体使用的要求该芯片如何工作，下面简要介绍。首先决定所使用的计数器用作加还是用作减计数器，相应的可决定 UP/DOWN 端的电平，如果既用于加、又用于减，则需要一定的控制逻辑；计数的时间范围可由 $\overline{CI}$ 来确定，如仅需要连续计数，也可将 $\overline{CI}$ 直接置低；若干个计数器连接时，可由 $\overline{CI}$ 和 $\overline{CO}$ 的连接实现进位或退位。

4510 的状态转换图如附录，其主环为 0～9 十个状态，其他状态可最终转入主环。

(2) BCD 到七段锁存/译码/驱动器 4511(BCD-to-Seven-Segment Latch/Decoder/Display Driver)。

顾名思义，该芯片具有锁存/译码/驱动的功能，可将四位 BCD 码转化为符合人读数习惯的七段数码，用于驱动共阴极七段 LED 数码管。

4511 输出的逻辑高接近于 V_{cc} 左右的电平，逻辑低近于 0 V 电平，在逻辑高电平时，每段最大输出电流为 25 mA。该芯片不可直接连接数码管，各段必须加限流电阻。LED 数码管发光时本身压降大约 2.5V(注意，不同于普通的二极管的 0.7 V)，由参数可得到，则限流电阻上的压降大约为 2.5 V，若假设发光管通过电流为 5 mA，则须要加上大约 500 Ω 的电阻。

4511 有几个控制端，LE 在低电平脉冲的后沿锁存数据；$\overline{LT}$ 低电平时所有的七段都是高，对应数码管为全亮状态；$\overline{BI}$ 低且 $\overline{LT}$ 高时所有七段输出都是低，对应数码管为全暗状态。

(3) 六非门 4069(Inverter)。

该芯片的逻辑很简单，所需注意的是作为 CMOS 芯片，其输入阻抗很高，大概在 1 GΩ 量级，所以空端必须接高电平或接低电平，否则各种噪声和空中的电磁信号或干扰会使得输入电平不断变化,从而导致输出也迅速变化,增大功耗,增加干扰,甚至可能烧毁芯片。

(4) 双 D 触发器 4013(Dual Type D Flip-Flop)。

4013 片内集成两个带有异步置位和清零端的 D 触发器,CLK 端上升沿锁存。

(5) 四个两输入端或非门 4001(Quad 2-Input NOR Gate)。

4001 片内集成四个两输入端的或非门。

2. 实验电路介绍

(1) 译码锁存显示电路。

如图 E6.1 所示,该部分由 4511 和 LED 数码管组成,之间有 1 kΩ 的限流电阻,限制各段发光时的电流大约 2.5 mA,4511 有测试端 $\overline{\text{LT}}$ 和 $\overline{\text{BI}}$,分别对应全亮和全暗,短路子连接后,可以测试亮暗功能。

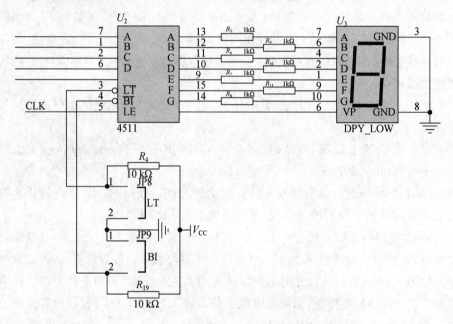

图 E6.1 译码锁存显示电路

(2) 计数器部分。

如图 E6.2 所示,由计数芯片 4510 为核心,外围有预置输入部分和功能选择部分。预置输入部分有四组高低电平选择,短路开关 JUMPER 断开时,由上拉电阻将本路电平拉高,JUMPER 短路时,则强制置低,由此置入计数器初值。

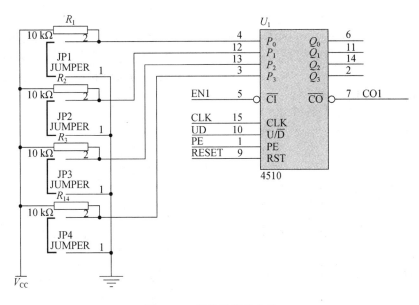

图 E6.2　计数器部分电路

(3) 功能选择部分。

如图 E6.3 所示,功能选择部分由加减选择、计数允许选择、置数选择和溢出处理几部分组成。

PE_NO 输出指示计数溢出,其逻辑表达式是

$$PE\_NO = CO_1 + CO_2,$$

PE_NO 有效的条件是 CO_1 和 CO_2 同时有效(即都为低时),表示两位计数器都达到计数最高值,即发生溢出。该信号经 D 触发器的锁存保留下来。

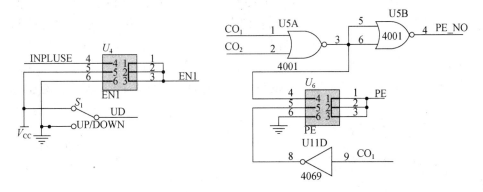

图 E6.3　功能选择部分电路

（4）脉冲形成电路。

如图 E6.4 所示，实际使用中，涉及到与外电路连接时，必然要考虑到接口的保护和信号的整形。当使用外部的信号作为 CLK 时，应考虑接口的阻抗适配和电平转换及波形整形。本实验中用图 E6.4 的电路实现接口转换，电路中后两级的 4069 用于整形。

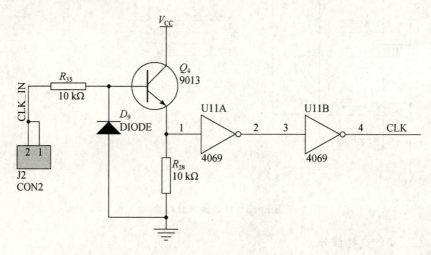

图 E6.4　脉冲形成电路

（5）按键接触脉冲整形电路。

本实验的脉冲源之一是按键所形成的脉冲。由于按键时手的抖动及按键内部接触部分的抖动，在按键时并非是完好的脉冲，而是有若干毛刺的信号，如图 E6.6 所示。在实际使用中，需要加按键消抖措施电路。对不同的需求、不同的使用环境、不同的资源，有很多种消抖措施，如数字逻辑中常用的采样判决，本实验使用的是一种比较简单的阻容消抖的电路，如图 E6.5 所示。通过电容的充放电来滤掉毛刺。由按键的波形图可以看到，实际所需要的只是按键稳定的平坦地带，按键前后沿的抖动希望滤掉。如果只是简单的阻容滤波，这样的抖动会变成 $V_{CC}/2$ 左右的波动电平。这里采用了非对称的滤波电路，来实现只有在按

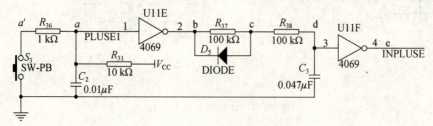

图 E6.5　按键接触脉冲整形电路

键有效键合时间才产生的输出脉冲。对 C_3 来说,充电时间参数为:
$$T_{冲}=K(R_{37}/\!/R_{D5反}+R_{38})*C_3,$$
K 为常数,考虑到:$R_{D5反}\gg R_{37}$,

简化为:$T_{冲}=K(R_{37}+R_{38})*C_3$,

放电时间参数:$T_{放}=K(R_{37}/\!/R_{D5反}+R_{38})*C_3$,

考虑到:$R_{D5正}\ll R_{37}$,

简化为:$T_{放}=KR_{38}*C_3$,

实际取 $R_{37}\gg R_{38}$,则 C_3 的充电时间远大于放电时间,实现不对称的冲放电,滤掉脉冲开始结尾的抖动。通常按键时间在几十毫秒量级,考虑消抖时间为 5 ms 左右,则取 R_{37} 为 100 kΩ,C_3 为 0.047 μF,而 R_{38} 仅为 100 Ω。

该部分电路各点波形如图 E6.6 所示。其中,a' 点波形与 a 点波型近似,统一以 a 点表示。

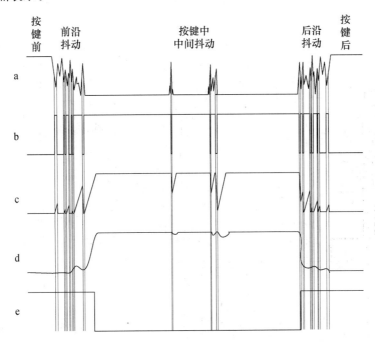

图 E6.6 按键接触脉冲整形电路各点波形图

本实验各部分子电路组成的总电路如图 E6.7 所示。

三、实验内容

1. 调试电路

以信号发生器为时钟源,输出正弦波形,调试时钟整形,分别调试两路计数显示电路。

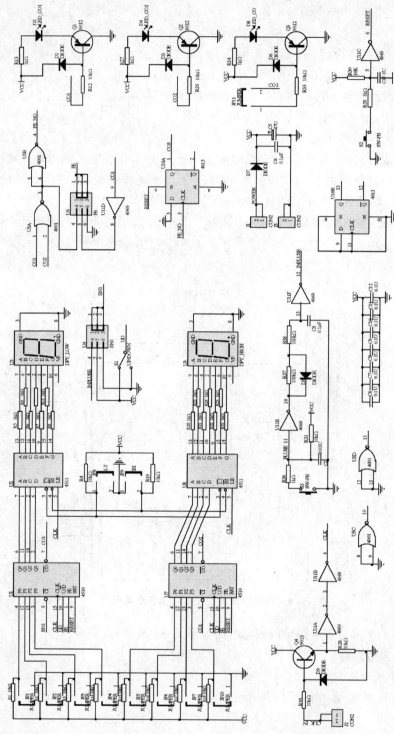

图E6.7 计数器和脉量宽测量电路原理图

2. 设计加减计数器

(1) 设计一路 $N(0<N<10)$ 进制加减计数器,选用 1 kHz 时钟信号,测量并记录计数器各点波形,注意观察各个触发器、计数器在不同沿到来时的响应,与预期相比,分析差异原因。

(建议:十进制加计数器,七进制减计数器。)

(2) 设计实现两路计数器级联的 100 进制连续加减计数器,输入低频时钟信号(如 2 Hz,1 Hz…),观察数码管显示,并注意溢出指示。

3. 设计脉宽测量仪

设计实现简单的脉宽测量仪,用以测量按键时间或外接脉冲宽度,溢出时有溢出指示。

4. 脉冲整形电路

在输入三角波或正弦波情况下观察以 Q_4 为核心的脉冲整形电路输入输出特点,解释原因。后面的非门除了 4069 外,还可用 40106,请比较两种门在这里作用的异同。

【思考题】

1. 试设计两位任意进制的加减计数器。

2. 电路中有许多节点需要置 1/置 0 的选择,图 E6.1、图 E6.2 中的选择方式与图 E6.3 中的选择方式不一样,试分析哪种更合理?

3. 实验内容 5 中,若只有 4069,在输入非方波的情况下,如何改进电路?

4. 实验中观察到溢出与计数并不同步,请解释原因,并给出解决方案。

5. 本实验中有溢出指示电路,如果发生多次溢出会有什么样的结果?

6. 在本实验的基础上,试论述实用的脉宽测量仪要有哪些改进,应注意些什么?

实验七 同步时序系统设计

一、实验目的
1. 掌握几种常见集成计数器的主要用途、特点及使用方法。
2. 建立对双向传输数据总线结构的初步认识,了解集成三态门的作用。
3. 对实际系统分割后的局部模块进行测试,理解系统时钟模块电路组成及特点。
4. 学习设计一个可以周期性工作的同步时序系统。
5. 练习对所设计系统实现功能的调试验证。

二、实验原理
1. 实验电路的总体框架结构

注意,图 E7.1 中芯片的框图标识旨在说明芯片特征和类型编号。实验里所用到的主要为摩托罗拉半导体公司出品的 CMOS 系列芯片,相应的厂商标识在使用 EDA 软件绘制电路原理图(如后面图 E7.3 到图 E7.7 的子模块具体电路原理图)、查阅资料(如附录中的芯片资料说明)以及实际的芯片标识中都可以

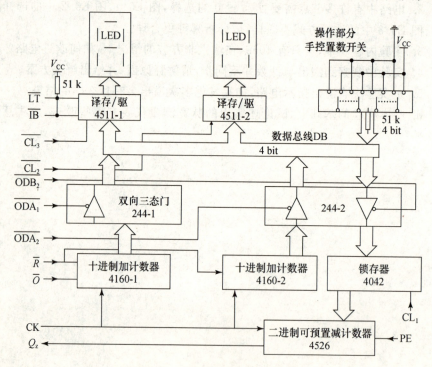

图 E7.1 "同步时序系统"系统框图

用到。而在教学中习惯采用通用标识进行说明,例如对一般 CMOS 芯片采用 CD****表示,高速 CMOS 芯片采用 74HC***表示,其中的 * 号由具体的芯片功能确定。三种不同的标识方法实际上是互相关联和等效的,下面的表 E7.1 给出了它们的对照关系供参考。

表 E7.1　系统主要芯片标识对照

框图标识	译存/驱 4511	双向三态门 244	十进制加计数器 4160	锁存器 4042	二进制可预制减计数器 4526
厂商标识	MC14511B	MC74HC244A	MC74HC160	MC14042B	MC14526B
通用标识	CD4511	74HC244	74HC160	CD4042	CD4526

图 E7.1 框图的中间部分使用了 4 位(bit)数据总线 DB,总线概念在《数字逻辑电路》"三态门和传输门"一节中有介绍,这里只强调一下其工作特点:在任何时刻只允许一个发送部件发送信号(亦称为数据置入);通过对接收端受控开关的控制,可以使某些指定的接收部件在指定的时刻接收信号(亦称为数据读出)。在满足上述特点的情况下,数据总线上可接多路输入和输出,输入(或输出)信号间是时分复用的关系。根据系统框图里数据总线 DB 周围的输入输出箭头可以看到数据出入的大致情况:

● 手控置数开关,它主要向数据总线 DB 置入数据;

● 两个双向三态门 74HC244,对数据总线 DB 进行双向操作,既从数据总线 DB 上读取数据送到 CD4042 的输入端,又将 74HC160 的计数结果置入数据总线 DB 中;

● 两个七段锁存译码器 CD4511,它们各自在合适的时刻将数据总线 DB 上的数字信号读出后,依次进行译码显示并且锁存保持。

根据本系统具体要实现的功能,将手控置数开关预置的一个 0000~1111 范围内二进制数,经计数转换后,在 LED 上以两位十进制数方式显示出来。如图 E7.1 所示,首先从右上方的四路手控置数开关开始,利用其设定一个范围在 0000 到 1111 间的二进制数,作为系统的原始输入置入数据总线 DB;其次受 $\overline{ODB_2}$ 信号控制的 74HC244 将数据总线 DB 的内容读入,再经过 CL_1 信号用 CD4042 锁存,放到框图下侧 CD4526 预置数输入端;随后以 CK 信号作时钟、由 PE 信号控制同步减法计数器 CD4526 开始原始二进制数据预置后的减计数过程,同时同步加法计数器 74HC160 也以 CK 信号作时钟、在 $\overline{R}$ 和 $\overline{O}$ 两个输入信号的控制之下由 0 开始进行计数,这种情况下两种计数器步调一致,即保持同步计数,计数完毕后 CD4526 产生输出信号 Q_z(即"O"输出),74HC160 的输出则正好是要转化的两位十进制数结果,由 $\overline{ODA_1}$ 和 $\overline{ODA_2}$ 信号可以控制个、十位结果前后分别置入数据总线 DB 上；最后的工作由 CD4511 完成，$\overline{CL_2}$、$\overline{CL_3}$ 信号各自控制对应 CD4511 从数据总线 DB 上读出十进制计数结果并锁存，再通过芯片的译码及电平转换后驱动框图上方的数码管 LED，最终显示出正确的高低两位十进制数。

以上为一个完整的计数过程描述，请注意数据总线上相关输入、输出数据间的联系和它们的置入、读出次序。若要维持系统工作的连续性和随着手控置数开关的改变及时更新显示结果，就必须保证系统的控制信号能够不断地被循环产生。本实验采用 CD4520（厂商标识 MC14520B）组成的时钟子模块电路提供了满足这种要求的条件，具体电路可参见图 E7.3，它的输入是整个系统里唯一来自外部的数字时钟信号，而输出则包含一路连续数字时钟信号和三路可调计数结果信号，可调信号的输出由 EN_2、R_2 信号来进行调整。对于 EN_2、R_2 信号的设置，除了可以应用 CD4520 自己的计数输出信号实现反馈逻辑组合外，还应该考虑利用到系统框图中唯一的输出 Q_z 信号（该信号与 CD4526 的"O"输出信号连接，是等效的关系）。当 CD4520 可以循环工作后，就能够利用时钟子模块的可调计数输出信号进行组合逻辑设计，从而得到系统框图中的各路输入控制信号，这部分的内容要求学习者根据目标信号的功能特点来设计实现。

2. 本实验系统逻辑电路

通过前面的介绍，可以了解到本实验整个系统的大致原理。依托主要的计数器芯片和译码芯片及它们的相互作用，能够对图 E7.1 的系统框图进行子模块电路划分，可以得到如图 E7.2 的"同步时序系统"模块框图。为便于理解模块框图的内容，对相关图例作简要说明：

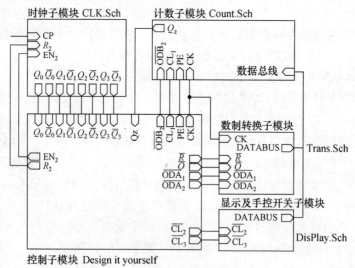

图 E7.2 "同步时序系统"模块框图

- 每一个矩形框代表一个子模块电路，例如左上角的"时钟子模块"，后面的 CLK.Sch 表示相应的原理图纸文件名；
- 矩形框中的 ▭▷ 是图纸入口（Sheet Entry），表示各个子模块中的输入输出端口，它旁边是图纸入口名称，如果指向矩形框外部表示是输出端口，反之则表示是输入端口，如果是 ◁▭▷ 则表示为双向端口；

在后面的子模块具体电路原理图中我们还会遇到与图纸入口类似的端口（Port），不同的是端口名称和标识在矩形框内部，这里约定端口符号 ▭▷ 的尖端同原理图中的导线（Wire）相连时，表示为输入信号，反之则是输出信号，当然若端口符号为两头尖时代表既有输入又有输出。

比较前面的系统框图和模块框图可以看到，系统框图中的内容被划分为模块框图右侧的三个子模块：显示及手控开关子模块（CD4511 为核心，包括手控操作开关部件）、计数子模块（CD4526 为核心）、数据转换子模块（74HC160 为核心）。另一方面又增加了前面已提及的时钟子模块（CD4520 为核心），还有决定时钟子模块和前面三个子模块关系的控制子模块，此部分显然就是本实验给出的设计任务。绘制模块框图的目的是为了突出子模块原理图间的联系，结合后面具体的子模块原理图可以看到图 E7.2 中的端口和各子模块原理图中的图纸入口是一一对应的。下面的内容即是以子模块电路划分，围绕着各自的核心芯片进一步分析介绍电路的实际构成。

（1）时钟子模块电路。

本子模块电路主要由一片双二进制加计数器 CD4520、一片八反相器 CD4069 及若干电阻组成，电路原理图如图 E7.3 所示。

每片 CD4520 中有两个可互相独立工作的二进制加计数器，其计数功能可参见表 E7.2 描述的逻辑真值表。

表 E7.2　CD4520 真值表

CLK	EN	R	功能
X	X	1	清 0 复位
↑	1	0	加计数
0	↓	0	加计数
↓	X	0	保持
X	↑	0	保持
↑	0	0	保持
1	↓	0	保持

表中几个图例介绍如下（今后真值表若非特别说明，均同如下约定）：

- 1表示逻辑高电平，0表示逻辑低电平，X表示逻辑高低电平均可。
- ↑表示由低电平到高电平的上升沿，↓表示由高电平到低电平的下降沿。

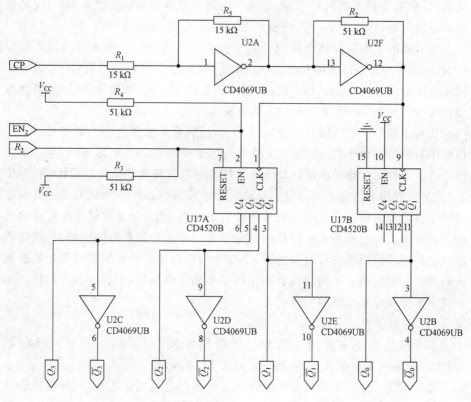

图 E7.3　时钟子模块电路原理图

从真值表中可以看出，CD4520 的每个计数器都有 R、CLK、EN 三个输入端：R 是复位端，当它接有效高电平时为复位状态，此时 $Q_0 \sim Q_3$ 输出均为低电平；EN 是使能端，R 端无效、它为低电平时计数器保持前一时刻的输出状态；CLK 是输入时钟，在 R 为无效低电平、EN 为有效高电平时，计数器处于正常计数状态，每逢 CLK 的上升沿就进行加计数，以上是该计数器最通用接法。还有另外一种接法，当 R 端无效，CLK 保持为低电平时，可以利用 EN 的下降沿进行加计数工作。

在本实验电路里，为了提供分时及控制信号所需的时钟组合，对 U17 中的两个加计数器作了不同安排。外部参考时钟信号 CP 是一个幅度在 0～5 V 的周期方波信号，它首先通过两级反门，在这里输入信号被缓冲和整形。如图 E7.3 所示，U17A、U17B 的时钟输入端 CLK 均连接经过缓冲整形后的时钟脉冲信号。U17B 被连接成一般的二进制加计数器形式，它提供分频后的 Q_0 脉冲信号始终连续不断地被输出；U17A 的 R 端、EN 端电平没有接完全固定的电平，在应用中 $Q_1 \sim Q_3$ 三个输出端既可以选择输出正常的分频信号，也可选择复位到全零输出信号，还能够选择保持前一时刻的状态输出信号，选择是由 EN_2、R_2 两个输入实现的。对 $Q_0 \sim Q_3$ 四路输出信号，还同时通过四个非门产生它们的反相信号 $\overline{Q_0} \sim \overline{Q_3}$，合理利用这一特点可以有效简化控制模块电路设计。在实验中需要注意，尽管 U17A、U17B 所表示的两个计数器 CLK 输入端使用相同的时钟输入，但它们的计数输出结果并不一定同相位，换句话说：即使 U17B 的 R、EN 管脚被接成同 U17A 一样的电平，同为最低输出位的 Q_0 和 Q_1 两路信号间的关系既可能是同频同相，也可能是同频反相。

（2）显示及手控开关子模块电路。

本模块有下面两部分：手控钮子开关部件和译码锁存显示电路，它们均同数据总线紧密相关。手控钮子开关部件是系统的可变输入设置部分，由四个手控钮子开关模拟四位二进制数字信号的高低电平输入；译码锁存显示电路由两片 CD4511 和两个七段共阴极半导体发光管及十四个限流电阻组成，主要显示转换后的两位十进制数，原理如图 E7.4 所示。

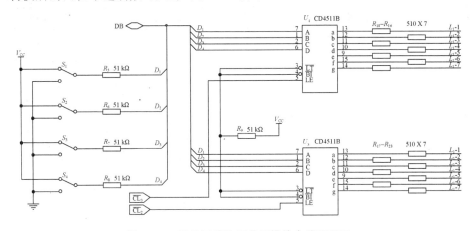

图 E7.4　显示及手控开关子模块电路原理图

手动钮子开关有两种闭合选择，通过它可以预置四路高低电平 BCD 码输出，随后发送到数据总线 DB 上，这些数据组成的十六进制数就是以后计数、译码显示的基础。

4 线-7 段锁存译码/驱动器 CD4511 的输出电流为 25 mA，可直接驱动发光二极管和其他显示器

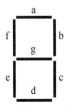

图 E7.5　LED 的显示位置

件,其逻辑真值表如表 E7.3 所示。LED 数码管对应 CD4511 的显示位置如图 E7.5 所示。

从真值表中可以看出,CD4511 的两个静态测试端$\overline{BI}$和$\overline{LT}$,可直接设定七段码全暗和全亮的状态,一般用于鉴别 CD4511 和 LED 管的好坏,注意它们的优先级顺序。锁存控制信号 LE 为低时 ABCD 四个输入端的数据被即时译成七段码输出,而根据真值表末行的描述,输入 LE 的上升沿可以将上跳前输入端的 BCD 码锁存起来。

图 E7.4 中的拨码开关输出、两个 CD4511 的输入均同数据总线 DB 相连。学习者应知道开关的输出何时被置入数据总线 DB。而系统功能完全实现后,两个 CD4511 要从数据总线 DB 上读出信号,它们显然不应是拨码开关的直接输出,此时由$\overline{CL2}$(接 U_3 的 LE 输入端)、$\overline{CL3}$(接 U_4 的 LE 输入端)来控制两个十进制数的译码锁存。

表 E7.3　CD4511 真值表

输入信号				输出信号							显示数字
LE	$\overline{BI}$	$\overline{LT}$	DCBA	a	b	c	d	e	f	g	
X	X	0	XXXX	1	1	1	1	1	1	1	8
X	0	1	XXXX	0	0	0	0	0	0	0	全暗
0	1	1	0000	1	1	1	1	1	1	0	0
0	1	1	0001	0	1	1	0	0	0	0	1
0	1	1	0010	1	1	0	1	1	0	1	2
0	1	1	0011	1	1	1	1	0	0	1	3
0	1	1	0100	0	1	1	0	0	1	1	4
0	1	1	0101	1	0	1	1	0	1	1	5
0	1	1	0110	0	0	1	1	1	1	1	6
0	1	1	0111	1	1	1	0	0	0	0	7
0	1	1	1000	1	1	1	1	1	1	1	8
0	1	1	1001	1	1	1	0	0	1	1	9
0	1	1	1010～1111	0	0	0	0	0	0	0	全暗
1	1	1	XXXX	取决于 LE 上跳前输入的 BCD 码							

(3) 接收数据并计数子模块电路。

此子模块电路由双向 CMOS 三态门 74HC244、数据锁存器 CD4042 和二进制可预置减计数器 CD4526 各一片组成,其电路原理图如图 E7.6 所示。

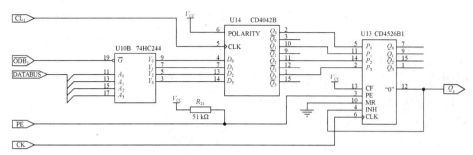

图 E7.6 接收数据并计数子模块电路原理图

对 74HC244 而言,它内部有两组互相独立的 4 位三态门缓冲器,主要控制端为 $\overline{G}$,当 $\overline{G}$ 为有效低电平时,输出端 $Y_0 \sim Y_3$ 的数据同输入端 $A_0 \sim A_3$ 保持一致;当 $\overline{G}$ 为高电平时,$Y_0 \sim Y_3$ 呈现高阻状态输出。

CD4042 是四位 D 触发器组成的锁存器。其真值表如表 E7.4 所示,两个输入端 CLK、POLARITY 决定了输出状态。当 CLK、POLARITY 电平一致时,锁存器输出数据 $Q_3 Q_2 Q_1 Q_0$ 同 $D_3 D_2 D_1 D_0$ 一致;当 CLK、POLARITY 电平不同时,锁存器输出数据 $Q_3 Q_2 Q_1 Q_0$ 锁存保持。本电路中 POLARITY 接高电平,CL_1 为高电平时数据通过,CL_1 由高电平变低电平时数据被锁存。

表 E7.4 CD4042 真值表

CLK	POLARITY	$Q_3 Q_2 Q_1 Q_0$
0	0	$D_3 D_2 D_1 D_0$
1	0	锁存
1	1	$D_3 D_2 D_1 D_0$
0	1	锁存

CD4526 是四位二进制可预置减法计数器。$P_0 \sim P_3$ 是四个预置数输入端,PE 为写入预置数驱动信号(高电平有效),MR 为手动复位信号输入端(高电平有效),CLK 为时钟输入端(上升沿有效),INH 为时钟约束信号,CF 为进位输出允许信号,其真值表如表 E7.5 所示。

表 E7.5 CD4526 真值表

CLK	INH	PE	MR	功能
↑	0	0	0	减1计数
X	1	0	0	不计数
1	↓	0	0	减1计数
0	X	0	0	不计数
X	X	1	0	预置数
X	X	X	1	复位

CF	$Q_3 Q_2 Q_1 Q_0$	"O"
0	任意值	0
1	全为 0	1
1	不全为 0	0

上面的真值表分两部分,左边第一部分描述了 CLK、INH、PE、MR 对计数方式的影响:MR 为有效高电平时,芯片的所有输出被复位为 0(包括芯片的"O"输出信号);MR 无效、PE 为有效高电平时计数器将 $P_0 \sim P_3$ 的输入信号预置到 $Q_0 \sim Q_3$ 的输出端;在 MR、PE 均无效的情况下,当 INH 为低电平时,计数器按照时钟 CLK 的上升沿进行减计数,INH 为高电平时计数停止;在 MR、PE 均无效的情况下,还可以令 CLK 为控制信号,它为高电平时以 INH 的下降沿进行计数,CLK 为低电平时计数停止。右边第二部分描述了一个可以作为进位标志的"O"输出信号的产生情况,只有在 MR 为无效低电平、CF 为有效高电平的情况下,当计数器减归 0 时,"O"输出信号才会变为高电平,其余时间均为低电平。

在本实验中,CD4526 的控制端 MR 接无效低电平,CF 接有效高电平,使"O"输出信号可以在计数器减归 0 后变为高电平,并且将"O"输出信号反馈回到输入控制端 INH,保证计数器完成一次预置减计数后可以暂时停止继续工作。

本子模块电路接续着前一模块电路里手控开关部件的工作,手控开关设置的十六进制数被置入数据总线 DB 后,选通信号 $\overline{ODB_2}$ 取有效低电平使之通过三态门 74HC244,到达数据锁存器 CD4042 输入端,由这里的锁存控制信号 CL_1 进行锁存,锁存后的数据被送到 CD4526 的预置数输入端 $P_0 \sim P_3$,上述操作可称为数据接收步骤;到达 CD4526 输入端 $P_0 \sim P_3$ 的数据可被输入控制信号 PE 的一个有效高电平脉冲预置为本减计数器的初始计数值(注意此时同 INH 输入控制端连接的"O"输出信号一般为低电平),预置完毕的时刻 $Q_0 \sim Q_3$ 输出端应该就是手控开关最早设置的二进制原始输入,随着输入控制端 PE 变为低电平,CD4526 开始随着输入时钟 CLK 的上升沿进行减 1 计数,当计数器一次计数过程完毕,$Q_0 \sim Q_3$ 输出端到达减归零状态时,"O"输出信号变为高电平,注意它马上被反馈回输入控制端 INH,参考真值表可知这将使得计数器停止减计数,这种状态要保持到下一次输入控制信号 PE 的有效高电平脉冲的到来,这个脉冲再次实现有效预置,从而开始了新的计数循环,这部分操作被称为二进制减计数步骤。两个步骤间是唇齿相依的关系,数据接收步骤保证二进制减计数步骤中计数预置数的正确,在一次二进制减计数步骤结束后需要由数据接收步骤来重新获得手控开关的原始输入,然后才能进入下一轮计数步骤。

本子模块电路输入控制信号较多,根据起作用的次序有 $\overline{ODB_2}$、CL_1、PE、CLK 四种,请注意它们间相互关系及有效时刻的匹配;另一方面只有从 CD4526 的"O"输出管脚产生一个系统输出控制信号 Q_2,此信号是判断整个同步时序系统计数完毕的关键标志。

（4）数据二—十进制转换子模块电路。

本子模块电路由两片 CMOS 十进制加计数器 74HC160 和两片 CMOS 三态门 74HC244 组成,电路原理图见图 E7.7。

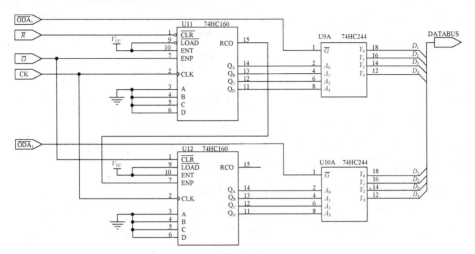

图 E7.7　数据二—十进制转换子模块电路原理图

74HC160 为高速 CMOS 十进制可预置加计数器,可以异步清零,它的真值表如表 E7.6 所示。从中可看出:当复位控制端 $\overline{\text{CLR}}$ 为有效低电平时,计数器被复位,所有输出为 0;置数加载控制端 $\overline{\text{LOAD}}$ 为有效低电平时,在时钟 CLK 上升沿作用下,预置数输入端 ABCD 的数据被置入 $Q_A Q_B Q_C Q_D$ 四个输出端,起到同步置数功能;计数功能的实现还受到两个计数使能控制信号 ENP 和 ENT 影响,它们之间的区别是 ENT 还能够控制进位信号 RCO 的输出,只有 ENP 和 ENT 均为有效高电平时,计数器才在 CLK 上升沿的作用下进行加计数,当计数输出 $Q_A Q_B Q_C Q_D$ 达到十进制最大值 1001 时,进位输出端 RCO 输出一个高电平脉冲,其脉冲宽度近似等于 QD 的高电平部分。

表 E7.6　74HC160 真值表

CLK	$\overline{\text{CLR}}$	$\overline{\text{LOAD}}$	ENP	ENT	功能
↑	1	0	X	X	预置数加载
↑	1	1	0	X	禁止计数
↑	1	1	X	0	禁止计数和进位
↑	1	1	1	1	计数
X	0	X	X	X	复位

在本系统中两个 74HC160 级联,它们的 $\overline{\text{LOAD}}$ 端均接无效高电平,不使用

预置数功能,只作为普通的十进制计数器使用;ENT 端接有效高电平,允许进位信号输出;两个 74HC160 的复位端 $\overline{CLR}$、时钟 CK 接到相同的外部输入端口 $\overline{R}$、CK,保证它们可以同步复位、计数;剩下的一个控制端 ENP 分别安排,编号 U_{11} 的 74HC160 接入外部输入 $\overline{O}$,能够使低位需要时及时停止计数,U11 的进位输出 RCO 被接到 U_{12} 的 ENP 输入,只有 U11 计数超过 9 时 U12 才可以计数。显然这是一个级联的两位十进制同步计数器,U11 的输出为个位,U12 的输出为十位。

两个计数器计数到所需数值后,由 $\overline{O}$ 端给出无效低电平信号使它们停止计数,接下来输出端的个位、十位各 4 位(bit)数据分别被送到 U9A、U10A 两片 74HC244 三态门缓冲器输入端,这种芯片的功能在前面的计数子模块电路中已经介绍分析过,$\overline{ODA_1}$、$\overline{ODA_2}$ 两个系统输入信号分别连接两个 74HC244 的 $\overline{G}$ 控制端,各自控制两组三态门的开关,当 $\overline{G}$ 为有效低电平时,对应输入端的 4 位数据被放到数据总线 DB 上。这里要强调的是本模块电路的两组三态门的输出目标均为数据总线 DB,因此 $\overline{ODA_1}$、$\overline{ODA_2}$ 绝不可同时处于低电平有效状态,错误操作的结果轻则数据总线 DB 上产生错误信号,重则烧毁 74HC244 芯片,至于个位、十位数据放到总线上的先后顺序则可以根据需要灵活选择。

(5) 控制子模块电路。

本部分电路应该自行设计完成,下面再总结强调一下设计要求。

本同步系统的工作过程可分为计数过程和数据交换过程,两种过程以减计数器 CD4526 的输出"O"信号为 0 或 1 来划分。

进入计数过程时,时钟子模块中 CD4520 的输出 Q_1,Q_2,Q_3 停止变化,计数子模块的 CD4526 减计数,数制转换子模块电路的 74HC160 加计数,它们的计数动作应该同时开始和停止,即保持同步,具体的实现应参照各自的控制信号。

数据交换过程开始后,CD4526 和 74HC160 均应该停止继续计数,时钟子模块中 CD4520 则应该恢复 $Q_1Q_2Q_3$ 的计数输出,这个过程又包括三个步骤:

● 个位显示步骤,数制转换子模块中个位 74HC160 的计数结果由对应的 74HC244 锁存到数据总线 DB 上,再由显示子模块的 CD4511 锁存显示出来;

● 十位显示步骤,同个位显示类似,只是对应不同的 74HC160 和 CD4511;

● 取数预置步骤,实际上就是计数子模块的数据接收步骤,可参考前面的描述。

以上步骤都涉及到两个以上子模块电路控制信号的协调运作,它们的控制可以考虑用 $Q_1Q_2Q_3$ 的组合逻辑来实现,在数据交换过程中 $Q_1Q_2Q_3$ 应该是连续的计数状态输出。

综上所述,系统正常工作时,数据总线 DB 上的数据流向应该是:手控纽子开关→计数子模块电路(数制转换子模块电路,二者同步计数)→显示子模块电路,为保证数据总线 DB 上的信号被正确置入和读出,必须安排好各个模块电路的输入控制信号。这些控制信号实际上就是控制模块里对应的输出信号,可划分为下面几组：

- 计数子模块电路有四个：$\overline{ODB_2}$、$\overline{CL_1}$、PE、CK；
- 数制转换子模块电路有四个：CK、$\overline{R}$、$\overline{O}$、$\overline{ODA_1}$、$\overline{ODA_2}$；
- 显示子模块电路有两个：$\overline{CL_2}$、$\overline{CL_3}$；
- 时钟子模块电路的两个输入信号：R_2、EN_2。

统计起来,(注意计数子模块电路和数制转换子模块电路的时钟信号 CK 相同),总共需要设计 12 个不同输入控制信号。为了产生它们,有下面一些输入信号可供选用：

- 外部参考时钟信号：CP；
- 基本钟子模块电路的 CD4520 的八个反馈输出：

$$Q_0、Q_1、Q_2、Q_3、\overline{Q_0}、\overline{Q_1}、\overline{Q_2}、\overline{Q_3};$$

- 计数子模块电路中取自 CD4526 的"O"管脚的输出信号：Q_z。

这些信号中 CP、Q_0、$\overline{Q_0}$ 三个输入在系统工作过程中始终连续并且波形简单,其他 7 个输入信号都可能随着整个系统预置数的不同而不同,尤其是 Q_z 信号,它由低变高时表示计数过程的结束,它对于下面两种情况的判定至关重要：

- 在计数过程中,CD4520 应该暂停了 $Q_1 Q_2 Q_3$ 的计数动作,它们的计数循环在 CD4526 和 74HC160 计数完毕后恢复；
- 74HC160 的个位、十位计数结果是否可以被置入数据总线上并各自显示出来。

设计条件方面,在实验电路板的左下角方位提供了 5 个 DIP14 的通用芯片插座,推荐选用表 E7.7 中给出的 CMOS 小规模集成电路芯片,这些型号包括了常见的逻辑门。另外还可用 6 非门 CD4069。芯片的引脚分布均可在后面的"附录"中找到。

表 E7.7 CMOS 小规模集成门电路型号

	与门	或门	与非门	或非门
2 输入	CD4081B	CD4071B	CD4011B	CD4001B
3 输入	CD4073B	CD4075B	CD4023B	CD4025B

在设计时要特别注意以下几点：

- CL_1、$\overline{CL_2}$、$\overline{CL_3}$ 信号用以控制锁存器和显示子模块电路的置数,它们与 $\overline{ODA_1}$,$\overline{ODA_2}$,$\overline{ODB_2}$ 的有效时间要配合好,在前三者有效时,后三者要确保相应

的被置数不变,使得最终送到目标的数据正确无误。可通过逻辑设计或延时的办法实现。

● $\overline{ODA_1}$、$\overline{ODA_2}$的两个有效电平状态务必要有一定的时间间隔,绝不可同时有效,否则会造成数据错误,严重时甚至损坏器件和电路板。

● 排除冒险、竞争等不利情况。

三、实验内容

1. 子模块电路的熟悉与测试

依次对原有的每个子模块电路的组成进行逻辑功能的测试,进一步理解子模块电路的组成。测试时,要求确认组成子模块电路中的每个芯片是否可以有效工作,尽量利用到各个子模块电路的控制端,检查每个计数器芯片的计数波形。认真学习教材的"实验原理"部分的介绍,仔细观察电路板的布局,随后拟定测试方案,按照方案对实际电路模块进行测试,如果发现问题及时解决。下面列举一些检测要点:

● 基本钟子模块电路中 CD4520 中计数器的计数、清零和使能功能;

● 显示子模块电路中用$\overline{CL_2}$和$\overline{CL_3}$控制端测试 CD4511 锁存译码驱动功能及数码管显示;

● 接收数据并计数子模块电路中 CD4526 是否可以正常输出"O"信号;

● 数据二—十进制变换子模块电路中 74HC160 的计数输出。

完成好这一步的测试,方具备进行系统控制模块电路设计的条件。

2. 同步时序系统中控制模块的设计

整个实验的设计流程图可参见图 E7.8。进行设计前应充分理解设计要求、实现原理及已知条件,在设计过程中应利用波形图代入、软件仿真的方法进行检验,最大可能排除设计问题。成功设计要点如下:

(1) 波形设计。可以假设在手控纽子开关设置一个数字"15",考虑随着计数过程和置数显示过程及其相关步骤的转换,正确工作时四位数据总线 DB 上应该出现什么信号。参考图 E7.1 的系统框图和图 E7.2 的模块框图,进行时序设计并画出输入输出信号的对应时序波形图,其中应该既包括有外部参考时钟 CP、CD4520 的计数结果信号 $Q_0 \sim Q_3$、计数子模块电路的反馈 Q_z 等控制模块的输入波形(鉴于$\overline{Q_0} \sim \overline{Q_3}$恒为对应 $Q_0 \sim Q_3$ 的反相信号,设计时可以从略),又包括经过推导所画出控制模块电路的 12 路输出信号波形(具体信号特点可参考前面"实验原理"部分"控制子模块电路部分"的介绍)。在准备上述波形组成系统时序图时注意使用统一的时间参考坐标,对应好相关波形的相位关系,控制模块的输入 Q_z 以及输出 EN_2、R_2 等信号可能存在相互制约、相互影响的关系,在设计时应该结合前一时刻相关计数器的状态进行认真分析考虑。

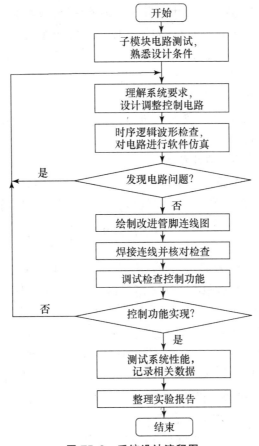

图 E7.8 系统设计流程图

（2）有了正确的输入输出波形时序图，就可以参照 CD4520 计数状态转换的顺序，写出 12 路输出的逻辑函数。此时应该严格按照前面实验原理部分的要求实现，同时根据电路特点可化简逻辑函数，应做到整个电路化简，而不仅是局部化简。注意充分利用门电路的剩余端，比如设计中如果仅用到一个反门，而与非门芯片 CD4011B 又正好有一个二输入与非门闲置，就可以将其两输入端并起作为反门使用，从而节约一个 CD4069。

（3）在完成前面的控制模块基本设计后，细致认真的检查排错是实验里必不可少的环节。首先可以将 $Q_1 \sim Q_3$ 所有可能的状态都列举出来，代入逻辑函数中，对比波形时序图是否会产生正确的输出，有没有竞争冒险的情况；其次可以利用 EDA 工具进行仿真实现，相关的实验步骤在本教材的"同步时序系统设计仿真"部分有较详尽的描述。在检查设计中如果发现问题，务必从波形时序图开始调整改进设计，注意相关的信号均需要更新改正。

（4）画布线装配图，注意标出各芯片管脚编号，连线时要参考实际电路板上芯片的空间位置和实际管脚分布，如果在电路板背面连线还需要绘制电路板背面镜像连线图，完整准确的连线图与设计原理图相得益彰，对电路的检查、测试可以达到事半功倍的效果。

3. 系统的综合实现及调试检测

通过了前面的设计准备，就可以进行系统的综合实现。在调试检测电路板时可参考如下的策略和步骤：

（1）组装控制电路时应注意规范焊接，管脚间导线要分布均匀，导线之间不可短路。焊接时根据电路板背面镜像连线图在电路板背面连线，在将逻辑门芯片插入管座之前，可在电路板正面的管座上依照电路原理图将对应芯片的管脚连接，用万用表电阻档检查测量是否有短路、断路的情况。焊接时必须断开电源和输入信号。

（2）在整个设计中，计数子模块和时钟子模块是整个系统设计成败的关键，焊接时可优先考虑连通这两个模块电路的输入输出信号，随后插入相关芯片，依次加入电源和外部时钟信号，验证 CD4520 的 $Q_1 \sim Q_3$ 是否可以连续不断的循环变换输出。如果有异常应该立即检查电路连接和设计，找出问题所在并解决。如此可降低电路检查的难度，及时定位错误，提高调试效率。

（3）为保护 74HC244 起见，可将 $\overline{ODA_1}$、$\overline{ODA_2}$ 控制信号输入端安排在最后连接，连上之前应该利用示波器确认即将连入的这两路信号在有效低电平时没有冲突，无误后才可以断电焊上它们。

（4）电路连接后如果发现问题，应该认真观察相关波形，查找分析错误原因，必要时修改设计，增加调整逻辑组合来解决。

最终的实验结果要求如下：

- 令手控置数开关输入从 0 到 15，观察 LED 能否正确显示出相应的十进制数码；
- 用示波器检查时序关系。要画出控制模块的输入输出信号波形图，将其同原始设计的波形时序图进行比较，对有重要调整的应该指出说明；
- 测量系统能正常工作的频率范围，特别要注意上限频率。

【思考题】

1. 实验电路中除了重点介绍的计数器等集成电路芯片外，在模块电路原理图中还可以看到一些电阻，试举出至少两种电阻在电路模块中的具体作用。在电路原理图中，数字逻辑集成芯片的电源和接地引脚一般都是默认连接而不显示的，此外还有芯片旁边的一些电容没有在原理图中给出，观察电路板上实际电容值并分析其在电路中作用。

2. 本实验系统进行同步计数时,工作频率上限主要由哪些电路模块决定的？为避免数据总线上可能传送数据间的互相干扰,采用了何种措施？

3. 现在只能对 0~15 的预置数进行处理显示,如果要将本系统扩展到可以在 0~99 间置数显示,除了拨码开关系统电路要添加相应的开关外,还有哪几部分电路需要添加增补？基本要求是给出定性分析说明,扩展要求是给出系统增补部分的电路原理图。

实验八 单次触发的异步时序逻辑系统设计

一、实验目的
1. 练习异步时序逻辑电路的设计方法。
2. 初步了解可编程逻辑器件的使用方法。

二、实验原理
本实验是在实验七的基础上,采用手动按键触发,每触发一次,完成取数、计数、送显示等一个全过程,然后处于等待状态。在非等待状态期间,若有新的按键触发,系统不予响应。本练习要求设计这一异步时序逻辑系统的控制电路。

按键开关状态为:按下时送出高电平,松手时送出低电平。

三、实验内容
1. 用中、小规模集成电路设计控制电路

(1) 设置逻辑变量及逻辑状态。

(2) 按状态图画出时序并写出化简后的逻辑函数。

(3) 画出控制电路的布线装配图(注明各芯片管脚号)并组装电路。

(4) 对控制电路进行准静态测试,看其是否按设计要求进行正确的状态跳转。

(5) 连好控制电路与系统之间的连线,观察手控开关置入 0—15 能否正确显示出来。

(6) 测量系统能正常工作的频率范围。

2. 选做

用 GAL(PALCE)完成前面的内容。有关 GAL 的介绍说明参见第三章内容。

实验九　程序控制反馈移位寄存器

一、实验目的

1. 了解程序控制反馈移位寄存器的工作原理。
2. 掌握带自启动的反馈移位寄存器电路的设计方法。
3. 学习可编程逻辑器件 GAL 的应用。

二、实验原理

1. 系统构成框架

一般简单的反馈移位寄存器可以由串行移位寄存器和组合逻辑电路组成。如图 E9.1 所示，串行移位寄存器的四路输出信号 $Q_0 - Q_3$ 作为组合逻辑电路的输入，在那里产生控制信号反馈到串行移位寄存器的输入控制端，根据组合逻辑电路所实现的逻辑函数不同，可以使移位寄存器最终产生不同的码序列，即组成不同码型的反馈移位寄存器。

前面提到的串行移位寄存器是由四级 D 触发器组成的。参见图 E9.2，图中四级 D 触发器的 Q 端送入组合电路，组合逻辑电路仅将逻辑信号回输给 D_0。

图 E9.1　反馈移位寄存器原理图　　图 E9.2　移位寄存器组成框图

本实验要求能依次产生四种码型的码序列输出，码序列的顺序编号用两位二进制数表示。顺序号代码由两级二进制计数器产生。该计数器也可以叫做程序计数器。通过手控触发，依次产生四种顺序号代码。顺序号代码送入组合电路，根据顺序号代码的不同，要求组合电路与或矩阵实现相应的逻辑函数功能，控制产生不同的反馈回输信号 D_0，保证反馈移位寄存器可以正确输出对应的码型。

2. 码序列与反馈电路的逻辑函数

本次实验要求能够产生如下四种基本码型，码型描述如表 E9.1—表 E9.4 所示的四个状态转换表。

表 E9.1　移位寄存器码型 1 的状态转换表

N	0	1	2	3
Q_3	0	0	0	1
Q_2	0	0	1	0
Q_1	0	1	0	0
Q_0	1	0	0	0

表 E9.2　移位寄存器码型 2 的状态转换表

N	0	1	2	3	4	5	6	7
Q_3	0	0	0	0	1	1	1	1
Q_2	0	0	0	1	1	1	1	0
Q_1	0	0	1	1	1	1	0	0
Q_0	0	1	1	1	1	0	0	0

表 E9.3　移位寄存器码型 3 的状态转换表

N	0	1	2	3	4	5	6	7
Q_3	0	0	1	0	1	1	0	1
Q_2	0	1	0	1	1	0	1	0
Q_1	1	0	1	1	0	1	0	0
Q_0	0	1	1	0	1	0	0	1

表 E9.4　移位寄存器码型 4 的状态转换表

N	0	1	2	3	4	5	6	7	8	9	10	11	12	13	14
Q_3	0	0	0	1	1	1	1	0	1	0	1	1	0	0	1
Q_2	0	0	1	1	1	1	0	1	0	1	1	0	0	1	0
Q_1	0	1	1	1	1	0	1	0	1	1	0	0	1	0	0
Q_0	1	1	1	1	0	1	0	1	1	0	0	1	0	0	0

上述状态转换表给出了码型的状态转换次序,按周期依次循环发生。例如对码型 1 共有四种输出状态,于是就形成 4 拍的码型循环,$Q_3Q_2Q_1Q_0$ 的会按 0001→0010→0100→1000 的次序出现,然后又从 0001 重新开始继续循环。显

然以上的码型里的各种输出状态都可以由移位寄存器按顺序产生,要达到码型要求,就必须设计出恰当的组合逻辑反馈电路,也就是要确定出反馈电路的逻辑函数。下面以表 E9.4 所示的码型 4 为例来介绍设计反馈电路逻辑函数的思路和方法。

这里使用的移位寄存器使用统一的时钟脉冲源,后级的 D 输入端只连接前级的 Q 输出端,所以整个移位寄存器的输出码序列只可由第一级的 D_0 输入端的反馈决定,D_0 决定后下一时刻的状态输出也就明确了。约定 N 时刻的移位寄存器输出为 $(Q_3Q_2Q_1Q_0)_N$,D_0 输入为 $(D_0)_N$,下一时刻(即 $N+1$ 时刻)的移位寄存器输出为 $(Q_3Q_2Q_1Q_0)_{N+1}$,则三者之间的关系可以表示如下:

$$(D_0)_N = F((Q_3Q_2Q_1Q_0)_N) \tag{9-1}$$

$$(Q_3Q_2Q_1Q_0)_{N+1} = (Q_2Q_1Q_0)_N(D_0)_N \tag{9-2}$$

(等效于 $(Q_3)_{N+1} = (Q_2)_N, (Q_2)_{N+1} = (Q_1)_N,$
$(Q_1)_{N+1} = (Q_0)_N, (Q_0)_{N+1} = (D_0)_N)$

参考表 E9.4 的顺序关系,可以得到如下的设计真值表(见表 E9.5)。

表 E9.5 移位寄存器码型 4 反馈逻辑函数设计真值表

$(Q_3Q_2Q_1Q_0)_N$	$(Q_3Q_2Q_1Q_0)_{N+1}$	$(D_0)_N$
0 0 0 0	不定	不定
0 0 0 1	0 0 1 1	1
0 0 1 0	0 1 0 0	0
0 0 1 1	0 1 1 1	1
0 1 0 0	1 0 0 0	0
0 1 0 1	1 0 1 1	1
0 1 1 0	1 1 0 0	0
0 1 1 1	1 1 1 1	1
1 0 0 0	0 0 0 1	1
1 0 0 1	0 0 1 0	0
1 0 1 0	0 1 0 1	1
1 0 1 1	0 1 1 0	0
1 1 0 0	1 0 0 1	1
1 1 0 1	1 0 1 0	0
1 1 1 0	1 1 0 1	1
1 1 1 1	1 1 1 0	0

以上真值表中 $(Q_3Q_2Q_1Q_0)_N$ 同 $(Q_3Q_2Q_1Q_0)_{N+1}$ 列中内容由表 E9.4 决定,$(D_0)_N$ 列中的内容根据式(9-2)以及 $(Q_3Q_2Q_1Q_0)_{N+1}$ 的值反推得到,对如上的真值表利用卡诺图(或其他方法)进行化简,可以得到式(9-1)的具体逻辑表达式

$$D_0 = \overline{Q_3}Q_0 + Q_3\overline{Q_0} \qquad (9\text{-}3)$$

注意这里由于$(D_0)_N$和$(Q_3Q_2Q_1Q_0)_N$都是同一时刻的变量,省去它们的下标N。

得到表达式(9-3)后,将$(Q_3Q_2Q_1Q_0)_N$代入从 0000－1111 的所有可能取值进行验证,会发现从 0001－1111 的 15 个取值都会得到正常结果,但$(Q_3Q_2Q_1Q_0)_N$取值为 0000 时,$(D_0)_N$为 0,使得$(Q_3Q_2Q_1Q_0)_{N+1}$仍然为 0000,如果移位寄存器初始值为这个状态会发生状态死锁,无法产生需要的码型。为了系统的正确工作,应该令$(Q_3Q_2Q_1Q_0)_N$取值为 0000 时,$(D_0)_N$为 1,修改表 E9.4 对应列的内容,再利用卡诺图对(9-3)式进行改进,得到结果如下:

$$D_0 = \overline{Q_3}Q_0 + Q_3\,\overline{Q_0} + \overline{Q_3}\,\overline{Q_2}\,\overline{Q_1}\,\overline{Q_0} \qquad (9\text{-}4)$$

经过这次修正后,移位寄存器的所有输出状态都已经被考虑,逻辑状态转移图见图 E9.3 所示。

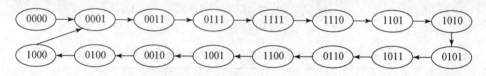

图 E9.3　$Q_3Q_2Q_1Q_0$ 的状态转移图

3. 可编程器件的使用

本实验的串行移位寄存器、组合逻辑电路等主要部分使用可编程逻辑器件 GAL 来实现。关于这种器件的原理使用可以参考第三章可编程逻辑器件 GAL 及 ABEL 语言部分的内容。该部分要求课下自学,掌握如何利用 GAL 来实现简单的逻辑电路,并能够根据要求完成可编程逻辑器件 GAL 的程序设计及器件编程。注意实验中所采用的 GAL 器件型号为 GAL20V8B,编写 ABEL 文件时器件定义为"P20V8R"。

4. 电路结构介绍

实验中应用的电路原理如图 E9.4 所示。

如图 E9.4 所示,根据电路的不同位置,可将在原理图中虚线框外部称为芯片外围电路,虚线框里面为芯片内部电路。根据电路实现的功能,可划分为按键触发、程序计数器、状态指示、时钟整形、移位计数器以及组合逻辑电路。其中按键触发、状态指示、时钟整形等电路为芯片外围电路;移位计数器和组合逻辑电路要求在 GAL 芯片中实现,属于芯片内部电路;程序计数器自行选择,既可以如原理图那样设计到 GAL 芯片中,也可以在外围电路里利用一片 CD4520 来完成计数功能,前一种做法能够简化外部电路的连线,后一种做法可以降低 GAL 设计的难度。

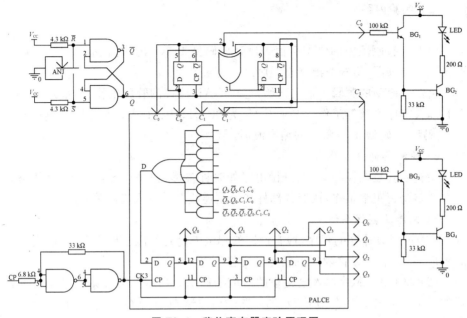

图 E9.4　移位寄存器实验原理图

在原理图的上部,程序计数器是两级 D 触发器组成的同步计数器。触发电路为与非型闩锁,其 $\overline{R}$ 端与 $\overline{S}$ 端皆通过电阻连于高电平。按键使 $\overline{R}$ 常置于低电平,即闩锁常置于复位状态。按动按键使 $\overline{S}$ 为低电平,闩锁被置位,同时为程序计数器提供驱动信号。程序计数器的 C_0、C_1 两个输出控制端通过驱动级驱动指示灯(发光管),向操作者显示当前的顺序号代码。同时 C_0、C_1、$\overline{C_0}$、$\overline{C_1}$ 四个输出信号被送到中间的组合逻辑电路处实现码型选择的功能。

原理图的下半部分是移位计数模块,左下角的时钟输入整形外围电路使用了一个由两级反门组成的施密特触发器电路实现波形的整形和缓冲,它为移位计数器提供统一的时钟信号。移位计数器可以由四个 D 触发器的串行连接表示。

系统的关键是确定原理图中部的逻辑组合电路,它主要由与矩阵及或矩阵组成。仍然以码型 4 为例,要求在序号代码 C_1C_0 为 11 状态时移位计数器输出码型 4 的波形,它的反馈电路逻辑表达式已经得到如式 9-4 所示,可分为三个多项式之和,再由 C_1C_0 的 11 状态选择,于是在 GAL 芯片中占有或矩阵的 3 个输入端,它们分别输入 $Q_3\overline{Q_0}C_1C_0$、$\overline{Q_3}Q_0C_1C_0$、$\overline{Q_3}\overline{Q_2}\overline{Q_1}\overline{Q_0}C_1C_0$ 三个多项式。同样的,在确定了其他码型的逻辑表达式和对应序号代码后,可以添加对应的多项式,图中的或矩阵共给出了八个输入端,在合理化简安排后应该足以满足所要求 4 个码型的实现。

三、实验内容

1. 设计电路

根据实验原理中的码型真值表设计出码型 1、2、3 的最简逻辑表达式,画出逻辑状态转移图,检查输出状态顺序。

由四个码型的逻辑表达式开始,进行 GAL 器件的管脚安排、内部逻辑功能分布以及程序设计等工作。要求 C_1C_0 为 00、01、10、11 状态时分别对应输出码型 1、码型 2、码型 3、码型 4 的输出波形。

2. 检测各部分电路

检查实验装置板的 GAL 外围电路如时钟整形、程序计数器和 LED 状态表示等电路是否正常工作,认清各部件和控制连线及其输入输出关系。

3. 编译及调试系统

(1) 编译设计好的程序,检查设定的测试矢量是否能正确实现,在确定无误后领取 GAL 芯片并将程序下载烧录到芯片中。

(2) 将 GAL 芯片插入电路板的对应插座上。用示波器观察记录移位寄存器的时钟 CK、输入控制信号 D_0 和 4 路输出波形 $Q_3Q_2Q_1Q_0$,检查是否与设计要求码型相符。观察时应注意正确选用示波器同步设置。

本实验报告要求有 GAL 芯片管脚分配及内部电路安排、ABEL 设计文件源程序、四个码型的波形图。

【思考题】

1. 图 E9.4 左上角的闩锁和左下角的施密特电路是否可设计在 GAL 中?

2. 移位寄存器在本实验中起了什么作用?它同前面使用的一些集成计数器在功能上有哪些异同点?

实验十 m 序列

一、实验目的
1. 初步了解 m 序列的原理和产生。
2. 根据查表结果设计比较简单的 m 序列。
3. 初步掌握对数字电路的仿真。

二、实验原理

m 序列(最长线性反馈移位寄存器序列)是一种伪随机序列,或称伪随机码。伪随机码,又称为 PN 码,是具有近似于随机噪声性能的码序列。噪声具有完全随机性,真正的随机信号和噪声不能重复再现和产生。实际中可能既需要有随机的特性,又要能够比较简单地实现重复再生,有一定的周期性,m 序列是满足这一要求的常见的伪随机码,在通信中得到广泛的应用,例如扰码(减少信息序列的电平偏移和有利接收机时钟的提取再生)、信息加密、抗干扰、扩大信道传输信息量等。

数学上,严格的 m 序列证明需要用到近世代数中群、环、域的理论,这里仅给出结论,具体请参阅有关参考书。

通信理论表明,多个信道同时通信情况下,信息传输时,信道之间的差别性越大越好,这样任意两个信号不容易发生混淆,即互相间不易干扰。这种差别体现在频率上,就是频分多址通信方式(Frequency Division Multiple Access,FDMA),广播电视等用的就是这种方式;体现在时间间隔上,就是时分多址通信方式(Time Division Multiple Access,TDMA),电话程控交换机、GSM 通信体制、目前的光纤通信等用的就是这种方式;体现在编码上,就是码分多址(Code Division Multiple Access,CDMA),如目前的 CDMA 手机。对码分多址方式,最理想的传输信息的信号形式是类似噪声的随机信号,这样任何两个信号的互相干扰会最小。

现实中的信号如果完全随机,则无法进行接收,故采用具有近似于噪声的信号,即伪随机码。

下面对伪随机码的讨论中信号的取值基于数字逻辑电路最常用的二值域。

对于二值域$(-1,+1)$上周期为 N 的码序列:$\{a\}=(a_0,a_1,a_2,\cdots,a_{N-1})$,定义自相关函数:$R_a(j) = \dfrac{1}{N}\sum_{i=0}^{N} a_i a_{i-j}$。

以"1""0"来具体化二值域的元素,则周期为 N 的伪随机码满足以下条件:

(1) 一个码序列周期中,"1"和"0"的码元数相等,或相差极小;

(2) 一个码序列周期中,连续出现"1"和"0"的码元长度定义为"游程",一个周期内游程总数假定为 U,则长度为 1 的游程有 $\frac{U}{2}$,长度为 2 的游程有 $\frac{U}{4}$,长度为 3 的游程有 $\frac{U}{8}$,一般说长度为 n 的游程有 $\frac{U}{2^n}$。其中,"1"和"0"的游程数目相同;

(3) 码序列的自相关函数满足:$R_a(\tau) = \begin{cases} 1, & \tau = 0 \\ -\frac{1}{p}, & \tau \neq 0 \end{cases}$,其中,$p > 1$

当 p 的值很大时,码序列的自相关函数近似于噪声。

m 序列是由多级移位寄存器或其他延迟元件通过线性反馈产生的最长的码序列。在二进制 n 级移位寄存器发生器中,所能产生的最大长度的码序列的位数为 $2^n - 1$。相同级数下,不同的反馈逻辑以及移位寄存器不同的初始状态会得到不同的周期长度。下面以 4 级移位寄存器为例,观察不同反馈逻辑,不同初态的影响(以下加法表示模二加法)。

反馈逻辑 1:$a_4 = a_2 \oplus a_0$,逻辑图如图 E10.1 所示。

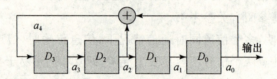

图 E10.1 四级移位寄存器——反馈逻辑 1

初始状态假定为 0001,则得到表 E10.1,周期为 6。

表 E10.1 反馈逻辑 1 下初始态 0001 四级移位寄存器状态变化表

节拍	a_3	a_2	a_1	a_0	反馈 a_4
0	0	0	0	1	1
1	1	0	0	0	0
2	0	1	0	0	1
3	0	0	1	0	0
4	0	0	0	1	1
5	0	0	1	0	0
6	0	0	0	1	1

初始状态假定为 1111,可以得到表 E10.2,周期为 6。

表 E10.2　反馈逻辑 1 下初始态 1111 四级移位寄存器状态变化表

节拍	a_3	a_2	a_1	a_0	反馈 a_4
0	1	1	1	1	0
1	0	1	1	1	0
2	0	0	1	1	1
3	1	0	0	1	1
4	1	1	0	0	1
5	1	1	1	0	1
6	1	1	1	1	0

初始状态假定为 1011,可以得到表 E10.3,周期为 3。

表 E10.3　反馈逻辑 1 下初始态 1011 四级移位寄存器状态变化表

节拍	a_3	a_2	a_1	a_0	反馈 a_4
0	1	0	1	1	1
1	1	1	0	1	0
2	0	1	1	0	1
3	1	0	1	1	1

初始状态假定为 0000,反馈结果只能在 0000 中循环,周期为 1。

反馈逻辑 2:$a_4 = a_1 \oplus a_0$。逻辑图如图 E10.2 所示。

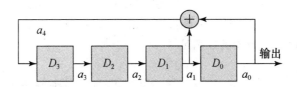

图 E10.2　四级移位寄存器——反馈逻辑 2

初始态为 0000 时,则只能在 0000 循环。
假定初始态为:0001,可以得到表 E10.4,周期为 15。

表 E10.4　反馈逻辑 2 下初始态 0001 四级移位寄存器状态变化表

节拍	a_3	a_2	a_1	a_0	反馈 a_4
0	0	0	0	1	1
1	1	0	0	0	0
2	0	1	0	0	0
3	0	0	1	0	1
4	1	0	0	1	1
5	1	1	0	0	0
6	0	1	1	0	1
7	1	0	1	1	0
8	0	1	0	1	1
9	1	0	1	0	1
10	1	1	0	1	1
11	1	1	1	0	0
12	1	1	1	1	0
13	0	1	1	1	0
14	0	0	1	1	0
15	0	0	0	1	1

研究表 E10.4 发现，初态为 0001，反馈逻辑 2 的循环，经过反馈移位后，寄存器的各个节拍中包含了除了 0000 的所有可能状态。它满足：

(1) 一个码序列周期中，"1"和"0"的码元数相差仅为 1；

(2) 4 级的反馈移位寄存器的一个周期内游程总数为 $U=2^{n-1}=2^{4-1}=8$，则长度为 1 的游程有 $\frac{U}{2}=\frac{8}{2}=4$，单"1"和单"0"各有两个；长度为 2 的游程有 2 个，连"1"和连"0"各有 1 个；长度为 3 的连"0"游程有 1 个；长度为 4 的连"1"游程有 1 个，其中，"1"和"0"的游程数目相同；

(3) 码序列的自相关函数满足

$$R_a(\tau) = \begin{cases} 1, & \tau = 0 \\ -\dfrac{1}{N}, & \tau \neq 0 \end{cases} \quad 其中, N = 2^n - 1, 本例 N = 15,$$

以上的码序列就被称为 m 序列。一个 n 阶 m 序列的特征多项式必须是 n 次本原多项式。一个 n 阶本原多项式满足以下条件：

(1) $F(x)$ 是既约的，即不能再进行因式分解；

(2) $F(x)$ 可整除 $x^m - 1, m = 2^n - 1$；

(3) $F(x)$ 除不尽 $x^q-1, q<m$。

下面来研究 4 级移位寄存器所能产生的 m 序列。其周期为：$m=2^4-1=15$。将多项式 $x^{15}-1$ 因式分解：

$x^{15}-1=(x^4+x^3+x^2+x+1)(x^4+x+1)(x^4+x^3+1)(x^2+x+1)(x+1)$，

其中，$(x^4+x^3+x^2+x+1)$、(x^2+x+1)、$(x+1)$ 分别可整除 x^5-1、x^3-1、x^2-1，不是本原多项式，上面的例子即是 (x^4+x^3+1) 的实例。

表 E10.5 给出了 2 到 8 阶的本原多项式结构。

表 E10.5 2 到 8 阶本原多项式结构表

阶数 n	$f(x)$ （不包含互反多项式，如 (x^4+x^3+1) 与 (x^4+x+1)）
2	[1,2]
3	[1,3]
4	[1,4]
5	[2,5][2,3,4,5][1,2,4,5]
6	[1,6][1,2,5,6][2,3,5,6]
7	[1,2,3,7][2,3,4,7][1,2,4,5,6,7][2,5,6,7] [2,4,6,7][1,3,6,7][1,2,3,4,5,7][3,7][1,7]
8	[2,3,4,8][3,5,6,8][1,2,5,6,7,8][1,3,5,8] [2,5,6,8][1,5,6,8][1,2,3,4,6,8][1,6,7,8]

表中 4 阶多项式给出结构 [1,4] 代表 (x^4+x+1)，其互反多项式 (x^4+x^3+1) 即如表 E10.5 中阶数 4 所示。

实际应用中，考虑到可能出现寄存器全为零的情况，所以必须要有相应措施以跳出全零状态，因此要有全零检测电路，检测到就要跳出全零循环，如图 E10.3 所示。

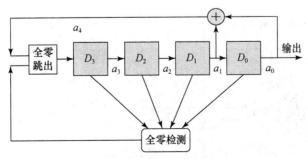

图 E10.3 全零检测逻辑图

按图 E10.3 的模块结构,搭出电路如图 E10.4 所示。

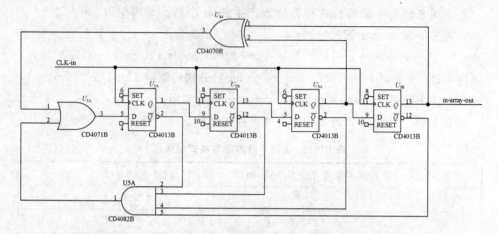

图 E10.4　具有全零检测功能的 m 序列电路图

三、实验内容

利用 OrCAD 仿真设计软件,时钟输入端加上 1 MHz 以下的时钟信号,自选一组表 E10.5 中所给反馈多项式的系数,设计 5 级以上的 m 序列码发生器(注意:随着级数增多,观察输出困难加大),并设计全零检测跳出功能,进行逻辑仿真。

观察并画出输出端输出的 m 序列,与理论输出相比较。

【思考题】
1. 计算 m 序列的功率谱(提示:利用傅立叶变换的知识)。
2. 如图 E10.5 所示在实际使用一个反馈逻辑时,有什么选择考虑?

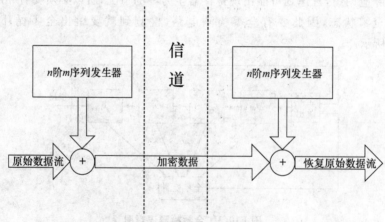

图 E10.5　m 序列加密解密原理图

3. 如图 E10.5 所示,对于大于二阶的反馈移位寄存器都有若干个反馈逻辑,这些反馈逻辑输出之间有什么关系?这些反馈逻辑有什么特点?

4. 试查阅还有那些具有伪随机特性的序列,各自有什么特点?

5. 试着按照一种表外的系数连接反馈逻辑,观察其生成的码序列。(选做)

6. 观察同一阶 m 序列发生器几种不同反馈逻辑之间的关系,计算其互相关函数。(选做)

7. 按图 E10.5 逻辑,采用两组相同 m 序列发生器,对任意码序列进行加密解密处理。并思考:收端如何与发端实现码序列的同步?如果收端不知道发端的逻辑,可有什么破译手段?(选做)

实验十一　数字锁相环

一、实验目的
1. 了解数字锁相环的组成及工作原理。
2. 掌握一种典型数字锁相环的实现方法。
3. 分析与测量数字锁相环的频率锁定范围及相位跟踪误差。

二、实验原理
电子技术的发展,通信、雷达、测量等许多领域,要求有高质量的信号源,目前一般采用锁相方法实现。锁相技术是使系统内部振荡器的相位跟踪系统外部信号的相位。

1. 锁相环的基本结构

基本的锁相系统是一个反馈系统,它是由相位比较器(鉴相器)、低通滤波器(环路滤波器)和电压控制振荡器组成,如图 E11.1 所示。

图 E11.1　基本锁相环电路

鉴相器是比较相位的部件,将输入的参考信号 X_i 和电压控制振荡器的输出信号 X_1 进行比较,其输出反映了两个输入信号的相位差。

低通滤波器的作用是滤除误差信号中的高频成分和噪声,以保证锁相环所要求的性能,增加系统的稳定性。但在数字系统中,干扰的影响往往不必考虑,而滤波器的带宽会带来捕捉过程变慢和捕捉范围变小的影响,所以在数字锁相环中,这个部件可以不用考虑。

电压控制振荡器受控于鉴相器输出的误差信号,迫使其输出信号 X_1 与鉴相器的输入参考信号 X_i 锁相。当电压控制振荡器与输入参考信号的频率趋于不一致时,这种不一致首先在鉴相器中作为相位被检测出来,于是鉴相器输出的误差信号又会控制电压控制振荡器的频率,使之与参考信号保持一致。

2. 数字锁相环

图 E11.2 给出了一种简单而典型的数字锁相环的原理图。其中晶体振荡器是一个 4.434 MHz 的晶振组成的振荡电路,可变分频器的正常分频比为 M,但在外信号 X_c 的作用下分频比可改为 $M+1$ 或 $M-1$。

图 E11.2　数字锁相环

对于可变分频器，当分频比由 M 变为 $M+1$ 时，一个 X_1 周期比原来多了一个 X_0 周期，相当于相位延迟了约 $2\pi/M$。反之，当分频比由 M 变为 $M-1$ 时，相位超前了 $2\pi/M$。数字锁相环就是通过这种相位调整的反馈来达到锁相的目的。

由于相位调整量只有 $\pm 2\pi/M$ 两种取值，所以用一位二进制数表示就够了：鉴相器输出'1'时，表示 X_1 比 X_i 相位落后，分频比应变为 $M-1$；鉴相器输出'0'时，表示 X_1 比 X_i 相位超前，分频比应变为 $M+1$。

如果 X_i 和 X_1 的频率完全相同时，达到锁相状态后，分频器依次做相位增加、减少的调整，而且增加和减少的次数相等。当 X_i 的频率略高于 X_1 的固有频率（晶振 M 分频后的频率），锁相后分频器做相位增加的次数要比减少的次数多。当锁相后，如果每次分频器都是做相位增加的调整，这时 X_i 达到了锁相环正常工作频率的上界：

$$f_H = \frac{f_0}{M-1}$$

其中 f_0 是晶体振荡器的频率。反之，如果锁相后每次分频器都是做相位减少的调整，这时 X_i 达到了锁相环正常工作频率的下界：

$$f_L = \frac{f_0}{M+1}$$

只要 X_i 的频率介于 f_L、f_H 之间，X_1 就能和 X_i 锁相。数字锁相环正常工作时，X_i 和 X_1 的相位差总是小于分频器的相位调整量 $2\pi/M$。要减少相位误差，提高锁定精度，必须提高分频比 M 及晶振的工作频率。

由上面两式可以计算数字锁相环的正常工作频带

$$\Delta f = f_H - f_L = \frac{2f_0}{M^2-1}$$

可以看出，提高锁定精度要牺牲数字锁相环的锁相范围。

数字锁相环适用于数字信号的锁定，其信号波形是脉冲，干扰与相位突变的影响不必考虑。尽管数字锁相环的某些性能不如模拟锁相环，但是其简单可靠，仍在数字通信系统中得到广泛的应用。

3. 实验电路

实验电路主要分为数字锁相环电路和晶体振荡器电路，电路如图 E11.3 所示。

X_0 是 4.434 MHz 的方波，来自右上角的晶振电路。输入信号 X_i 接信号发生器。SW 是个开关,用来控制是 256 分频(X_1 接 Q_D)还是 64 分频(X_1 接 Q_B)。

鉴相器由 D 触发器 U1A 构成。它以 X_1' 作为时钟脉冲,对 D 端的 X_1 信号进行抽样,即在 X_1' 的上升沿抽样。若在抽样时刻,X_1 位于上升沿之前的低电平,则反相输出高电平'1',表示 X_1 落后于 X_1'。反之,如果抽样时,X_1 位于高电平,则反相输出低电平'0',表示 X_1 超前于 X_1'。

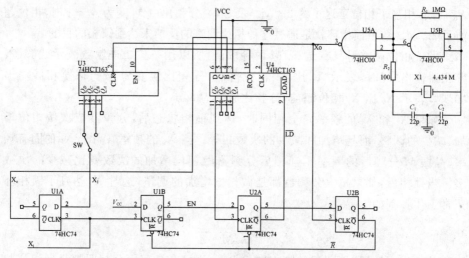

图 E11.3 数字锁相环实验电路

可变分频器由两个四位二进制分频器(U_3 和 U_4)组成。正常情况下作 M 分频,当鉴相器完成第一次抽样时,使 U1B 的 Q 端置'1',启动分频比调整电路后,当分频器的第一级(U_4)达到状态 $Q_D Q_C Q_B Q_A = 1000$ 时,通过 U2A 启动置入电路,即使 $\overline{LD}$ 有效,在 X_0 的触发下对分频器的第一级作同步置入。完成置入的同时,U2B 的反相输出使 $\overline{R}$ 有效,将前两个 D 触发器复位,即关闭分频调整电路。由此可见,每次抽样后,都会启动一次置入电路,完成置入后关闭置入电路,直到下一次抽样时为止。置入前分频器的状态是 $Q_D Q_C Q_B Q_A = 1000$,在下一个脉冲作同步置入后它的状态是 $Q_D Q_C Q_B Q_A = 10X_0$,其中 X 为鉴相器的输出,即 1000 或 1010;但在正常工作状态下,这时状态应该为 1001。如果鉴相器输出为'0',则比正常计数多了一个 1000,从而实现了 $M+1$ 分频;反之,如果鉴相器输出为'1',则比正常计数少了一个 1001,从而实现了 $M-1$ 分频。锁定后,X_1' 与 X_1 频率应相等,但输出的 X_1 相对于 X_1' 的相位会有抖动。

三、实验内容

1. 检查仪器及电路

(1) 检查实验中使用的仪器:直流电压源(输出电压为+5 V),示波器,信号发生器。

(2) 对照原理图检查实验所用的数字锁相环试验电路。注意电路中的分频比(M)有两种选择:256 或 64。将实验板接通电源,用示波器检查环路内晶体振荡器与可变分频器工作是否正常,并用频率计测量相应的频率。

2. 测试电路

(1) 将分频比设为 256,信号发生器输出为 0~5 V 的方波,频率为 4.434 MHz/256=17 320 Hz。

(2) 用示波器监测数字锁相环的参考信号 X_i 和输出信号 X_1。微调 X_i 频率,观察 X_1 和 X_i 是否锁相。测量该数字锁相环正常工作的频率范围 f_H 和 f_L,并与理论值相比较。

(3) 使 X_i 的频率为 f_H、f_L 和 $(f_H+f_L)/2$,分别测量环路的相位跟踪误差。

(4) 记录环路正常工作时 X_i、X_1、X_c、EN、$\overline{LD}$、$\overline{R}$ 的波形以及 U_4 的 $Q_D Q_C Q_B Q_A$ 的波形,并对以上的数据和现象进行分析。

3. 改变条件重测电路

(1) 将分频比设为 256,信号发生器的频率调整为 4.434 MHz/64=69 281 Hz,重作 2 中的(2)~(4),并作记录。

(2) 将分频比设为 64,信号发生器的频率调整为 4.434 MHz/64=69 281 Hz,重作 2 中的(2)~(4),并作记录。

(3) 将分频比设为 64,信号发生器的频率调整为 4.434 MHz/256=17 320 Hz,重作 2 中的(2)~(4),并作记录。

【思考题】

1. 数字锁相环输出信号 X_1 的工作频率的提高会受到哪些因素的影响?

2. 实验电路中,用一级 D 触发器组成鉴相器,两个输入端口的信号能否互换?如要互换,电路要做哪些修改?

3. 若 X_i 的频率和 X_1 的固有频率之比为 $n:m$(n,m 为正整数),数字锁相环能否正常工作?此时系统的正常工作频率范围和相位跟踪误差与 n 和 m 的关系如何?

4. 假设数字锁相环工作正常,分频比为 M,不知道 X_i 的频率,而示波器的频率测量精度又不够,如何计算 X_1 的确切频率?已知 X_o 的频率为 f_0 和 X_c 的占空比为 p。

5. 另外设计一种鉴相器来代替实验中推荐的鉴相器,并比较两种鉴相器的特点。

6. 实际应用电路中有一种频率合成器,该电路可以在已有一个固定频率的时钟信号的基础上,给出一系列与该频率有关的频率。如已有 f_0,频率合成器可以给出 $n*f_0/m$(n,m 为正整数)。请尝试设计频率合成器。

实验十二 模数和数模转换

一、实验目的
1. 了解模数转换芯片和数模转换芯片的性能和工作时序。
2. 了解数模和模数转换电路的接口方法,注意保证时序正确,消除竞争。
3. 了解一些常用芯片,如三态门、计数器、锁存器、基准源 LM336 的使用方法。
4. 看懂较复杂的电路图,搞清时序关系。

二、实验原理

本实验电路板实现了模拟信号(Analog Data)到数字信号(Digtal Data)转换(A/D)和数字信号到模拟信号转换(D/A)功能。随讲义附有较复杂的电路图,恰当的读图分析方式有助于快速掌握电路原理。本电路可以分为控制单元(分立控制和 CPU-I_{19} 控制)和受控单元(A/D 和 D/A 等)。其中信号分为控制类信号和数据类信号。控制类信号一般是控制器或者监控器的输入和输出,例如 A/D、D/A 的各个控制端口的信号或者状态指示信号;数据类信号是受控单元处理的对象,例如本实验中 A/D 的模拟输入信号,A/D 的量化输出数据等。

分析时,可以从受控单元 A/D 和 D/A 核心器件入手。对 AD0832 的数据信号分析,可以从模拟输入开始到量化输出锁存结束。对 AD0832 的控制信号,要从控制管脚逐一溯源分析,不重不漏。边分析边按信号流方向(参考器件管脚 I/O 属性)画模块框图。画框图的目的是为了提纲挈领,突出表达主要功能、主信号流,须适当忽略次要部分。大部分功能框图和电路之间对应明显,电路容易理解。D/A 部分依此类推进行分析。控制部分包含 CPU 控制和分立器件控制两种可选模式。学生应根据电路原理图自行绘制较详细的功能框图。参考本讲义的局部电路解释部分,结合附录中的器件手册,可分析理解本实验的电路原理功能。为了便于学习,本讲义还给出了简要框图图 E12.1,以供参考。

经分析可见,控制信号产生单元用普通分立元件实现,也同时用单片机 CPU 实现。它们都可以单独完成对 D/A,A/D 过程的完整控制。但是 A/D 和 D/A 器件各只有一个,所以要从这两个单元产生的控制信号中选择一组去控制 A/D 或者 D/A 的动作。这个选择是通过跳线器 S_4 实现。在进行控制的时候,经常需要对受控对象进行"监视",所以控制单元也多是监控单元。在本实验中,要对 A/D 转换的完成信号(EOC)进行观察,所以分立元件监控单元和 CPU 监控单元都需要有 EOC 信号输入。所谓控制是给被控单元 A/D 或者 D/A 施加控制信号。本电路控制类信号比较复杂,但数据类信号简单,流向明显。除了 A/D、D/A 和其他控制电路外,还有电源电路,A/D、D/A 电压基准电路等。

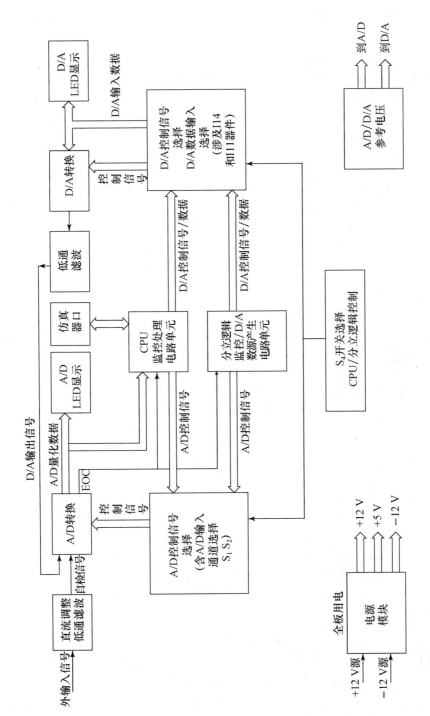

图 E12.1 A/D 和 D/A 实验板框图

下面对各个局部电路进行说明。

1. 模数转换电路

本实验中使用的模数转换芯片为 ADC0809。它是八位逐次逼近式 A/D 转换器,是一种单片 COMS 器件,包括八位的模数转换器、8 通道多路选择转换和与微处理器兼容的控制逻辑。

ADC0809 的内部结构如图 E12.2 所示。片内带有锁存功能的 8 路模拟多路开关,可对 8 路 0~5 V 的输入模拟电压信号分时进行转换,片内具有多路开关的地址译码和锁存电路、比较器、256R 电阻 T 型网络、树状电子开关、逐次逼近寄存器与图中的 S.A.R 应一致、控制与时序电路等。输出具有 TTL 电平的三态锁存缓冲器,可直接连到单片机数据总线上。

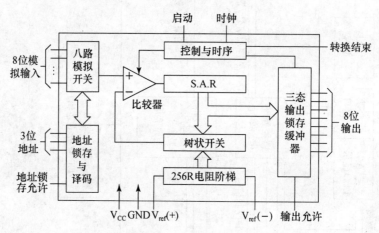

图 E12.2 ADC0809 结构图

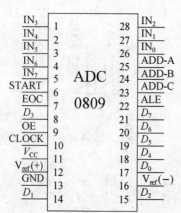

图 E12.3 ADC0809 引脚图

ADC0809 的转换过程需要 64 个时钟周期,因此转换速度取决于芯片的时钟频率。时钟频率范围:10~1280 kHz,当 CLK=500 kHz 时,转换周期为 128 μs。它的转换精度为 ±LSB/2,单电源 +5 V 供电,当使用电源电压作为参考电压时输入允许模拟电压范围为 0~4.98 V。

ADC0809 的芯片引脚如图 E12.3 所示。引脚功能介绍如下。

$IN_0 \sim IN_7$:8 路模拟信号输入端口。

$D_0 \sim D_7$:8 位数字量化结果输出端口。

START,ALE:START 为启动控制输入端口,ALE 为地址锁存控制信号端口。这两个信号端可连接在一起,当通过软件输入一个正脉冲,便立即启动模/数转换。

EOC,OE：EOC 为转换结束信号脉冲输出端,OE 为输出允许控制端。EOC 端的电平由低到高表示模数转换结束。OE 端输入的电平由低变高,可打开三态输出锁存器,将转换结果的数字量输出到数据总线上。

$V_{ref}(+), V_{ref}(-), V_{CC}, GND: V_{ref}(+)$ 和 $V_{ref}(-)$ 为参考电压输入端,可以决定量化台阶电压,V_{CC} 为主电源输入端,GND 为接地端。

CLK：时钟输入端,控制量化过程节拍。

ADD-A,ADD-B,ADD-C：8 路模拟输入的三位地址选择端,以选择对应的输入通道。其对应关系按二进制表示,ADD-C 是高位,ADD-A 是低位。

模数转换及显示部分电路见图 E12.4。开关 S_1 和 S_2 分别接 ADC0809 的 ADD-A 和 ADD-B 端用于选择模数转换的输入通道,S_1 为低位,S_2 为高位。由于 ADC0809 的 ADD-C 端接地,所以只能选择通道 IN_0 到 IN_3。IN_0 输入为基准源的分压信号,可以在检测 A/D 是否正常时用它；IN_1 输入信号为本实验板 D/A 转换部分的输出结果；IN_2 输入为外部输入信号经过放大、平移后的信号；IN_3 接地。在每一个输入端都加了一个 51 kΩ 的电阻,用于异常过压保护。并且由于 ADC0809 的输入阻抗在 1 MΩ 以上,所以该电阻对输入信号影响很小。

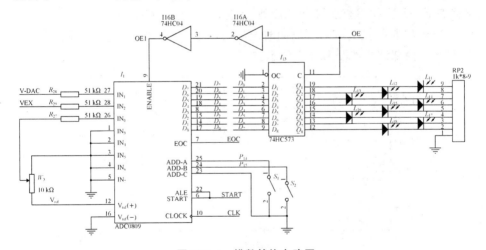

图 E12.4 模数转换电路图

外部输入信号经过一级加法器实现了电平移位,在经过一级放大器之后再进入 ADC0809 的输入端,这样保证了输入信号有合适的电位范围,同时也进行了阻抗隔离。外部输入信号在进行模数转换前都应先经过处理,在后面的总电路图可看到,A/D 前还串联了低通滤波处理,同时完成信号反相。

本实验中,ADC0809 的 ALE 和 START 信号接在一起由控制电路控制。AD 转换结束后输出 EOC 到控制电路产生 OE 脉冲信号(74HC573 的 C 端输入信号)。再由 OE1(ADC0809 的 OE 端输入信号)和 OE 信号使 A/D 输出并使 8 位数据锁存器 74HC573 读取模数转换结果。OE 到 OE1 信号间两非门延迟保证了 74HC573 读取数据时(OE 信号下降沿),ADC0809 一直有稳定的输出数据。这样就避免了由竞争导致的取数错误。时序如图 E12.5 所示。

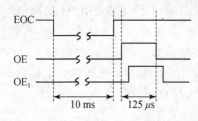

图 E12.5 模数转换时序图

ADC0809 的输出数据锁存在 74HC573 里,由 8 个发光二极管按照二进制显示,同时也可以输出给单片机处理。

本实验中基准电压取用 2.55 V 由高精度基准电压芯片 LM336-2.5 产生,故 A/D 转换输入电压范围为 0~2.55 V。

2. 数模转换电路

本实验中所用的数模转换芯片是 DAC0832,它是由输入数据寄存器、DAC 寄存器和 D/A 转换器所组成的 CMOS 器件,其特点是片内有两级独立的 8 位寄存器,因而具有两级缓冲功能,可以将被转换的数据存在 DAC 寄存器中,同时又采集下一组数据,这就可以根据需要快速修改 DAC0832 的输出,更重要的是在多个转换器同时工作时,可以同时送出模拟量,以实现多于 8 位的数模转换。DAC0832 内部结构如图 E12.6 所示。

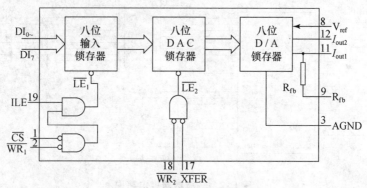

图 E12.6 DAC0832 逻辑结构图

DAC0832 管脚如图 E12.7 所示,各引线功能如下:

$DI_{0\sim7}$:数据输入线。

ILE:数据允许锁存信号,高电平有效。

$\overline{CS}$:输入寄存器选择信号,低电平有效。$\overline{WR_1}$ 为输入寄存器的写选通信号。

输入寄存器的锁存信号 $\overline{LE_1}$ 由 ILE、$\overline{CS}$、$\overline{WR_1}$ 的逻辑组合产生。当 $\overline{LE_1}$ 为高电平时，输入锁存器的状态随数据输入线的状态变化，$\overline{LE_1}$ 的负跳变将数据线上的信息锁入输入寄存器。

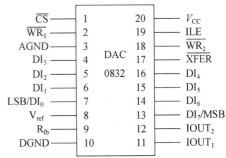

图 E12.7　DAC0832 管脚图

$\overline{XFER}$：数据传送信号，低电平有效。$\overline{WR_2}$ 为 DAC 寄存器的写选通信号。DAC 寄存器的锁存信号 $\overline{LE_2}$，由 $\overline{XFER}$、$\overline{WR_2}$ 的逻辑组合产生。当 $\overline{LE_2}$ 为高电平时，DAC 寄存器的输出和输入寄存器的状态一致，$\overline{LE_2}$ 负跳变，输入寄存器的内容打入 DAC 寄存器。

V_{ref}：基准电源输入引脚。

R_{fb}：反馈信号输入引脚，反馈电阻在芯片内部，DAC0832 的反馈电阻为 15 kΩ。

$IOUT_1$、$IOUT_2$：电流输出引脚。电流 $IOUT_1$ 与 $IOUT_2$ 的和为常数，$IOUT_2$、$IOUT_1$ 随 DAC 寄存器的内容线性变化。

V_{CC}：电源输入引脚。

AGND：模拟信号地。

DGND：数字信号地。

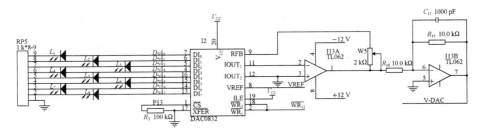

图 E12.8　数模转换电路图

数模转换电路原理图如图 E12.8 所示。本实验中 DAC0832 的输入信号可以由单片机产生，也可以由数字逻辑电路产生，进行手动控制。当开关 S_4（见总电路图图 E12.1）接通时为单片机控制，断开时为手动置数。输入的数据通过 8 个发光二极管按照二进制显示。$\overline{XFER}$ 接地，$\overline{WR_2}$ 与 $\overline{WR_1}$ 都连接在 $\overline{WR_{12}}$，因此，当 $\overline{WR_{12}}$ 为低电平时，输入数据直接进行转换和输出，输入锁存器不起作用。与模数转换时一样，为防止由于竞争而引起读数出错，应先输入数据，后把 $\overline{WR_{12}}$ 信号使能，总电路图中 R_8 与 C_5 组成的延时电路就是起这个作用。

DAC0832 的输出是电流信号。在应用系统中通常需要的是电压信号,电流信号到电压信号的转换可由下式计算

$$V_0 = -V_{ref} \cdot \frac{R+R_0}{R} \cdot \frac{D}{2^n},$$

式中 R_0 为外接反馈电阻,本实验中取用 2 k 的电位器,起微调作用。R 为 D/A 转换器内部反馈电阻,DAC0832 的 $R=15\ \text{k}\Omega$,D 为要转换的数字量,n 为二进制数的位数。在放大器不加外接反馈电阻时,输出电压是最大值可用下式表示

$$V_{0\max} = -V_{ref} \frac{R+R_0}{R} \cdot \frac{255}{2^8},$$

放大器输出电压最大值与基准电压 V_{ref} 成正比,而且与基准电压 V_{ref} 的极性相反。在本实验中,又加了一级反相放大器使输出电压为正。数模转换的外接放大器应该选用低漂移的运算放大器,如 OP07。但由于本实验对长期稳定度要求不高,而且考虑到成本问题,所以选用了 TL062。为了使数模转换的输出可以进行模数转换,应使输出电压在 0~2.55 V 范围内。

3. 其他部分电路

(1) 时钟电路。

本实验中用到的时钟部分电路如图 E12.9 所示。频率与 $1/RC$ 成正比,并且受门电路阈值电平影响,约为 400 kHz。图中 R_4 有改善输出波形和保护非门的作用。图中各点波形如图 E12.10 所示。

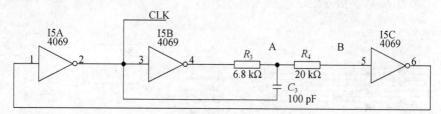

图 E12.9 时钟部分电路图

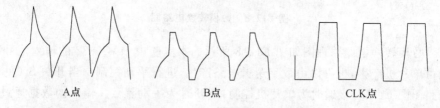

图 E12.10 时钟部分各点波形图

(2) 控制电路。

控制部分电路见总电路图,如图 E12.13 所示。

本实验既可以使用单片机编程控制,也可以手动控制,由开关 S_4 控制。当开关 S_4 接通时由单片机控制。单片机的 P1.3 和 $\overline{WR}$ 控制数模转换开始,P1.4 和 P1.5 选择模数转换的通道,P1.6 和 $\overline{WR}$ 控制数模转换的数据输入,P1.7 和 $\overline{WR}$ 控制模数转换开始,P1.7 和 $\overline{RD}$ 信号控制模数转换数据输出。均为低电平有效。

当开关 S_4 断开时由手动控制。当开关 S_6 接通时电路处于单次测量状态。开关 S_7 按一次,将通过单稳态电路 4528 产生一个脉冲 CK,使模数转换开始,再由模数转换结束信号 EOC 经过 4528 产生一个脉冲使模数转换结果输出,完成模数转换。同时,CK 信号通过计数器 4520 累加,使数模转换的输入数据逐次增加,而数模转换的各个控制端口一直处于使能状态,故可对该数据完成数模转换。当开关 S_6 断开时,电路处于连续工作状态。CK 信号由连续方波通过 4526 分频产生。调节开关 S_5 可以控制分频次数。开关 S_3 用于切换方波频率。这样,数模转换的输入数据连续递增,模数转换也连续进行。

具体电路见总电路图,如图 E12.13 所示。其中用到的一些器件简单介绍如下:

- Ⅰ. 三态门 74HC125。
- Ⅱ. 八 D 锁存器 74HC573。
- Ⅲ. 八缓冲器/线驱动器 74HC541(不能锁存)。
- Ⅳ. 双 4 位二进制同步加计数器 CD4520(具体介绍见前面实验)。
- Ⅴ. 可预置 4 位减计数器 CD4526(具体介绍见前面实验)。
- Ⅵ. 双单稳态多频振荡器 CD4528。

CD4528 的真值表如表 E12.1 所示,更详细资料见附录。

表 E12.1 CD4528 真值表

输入	CLR	1	1	1	1	1	1	↑或↓	0
	A	↑	0	↑或↓	1	非↑	0	X	X
	B	1	↓	0	↑或↓	1	非↓	X	X
输出	Q	正脉冲	正脉冲	无脉冲被触发输出					0
	$\overline{Q}$	负脉冲	负脉冲	无脉冲被触发输出					1

(3) 基准源电路。

本实验采用的基准源芯片为 LM336-2.5 低温度系数基准稳压二极管。它的精度为 $\pm 1\%$。在输出 2.5 V 电压时,温度漂移 3.5 mV,老化漂移 20 ppm/khr。

电路中用了两个二极管 D_1 和 D_2,减小温度漂移,电位器 W_1 可以微调输出电压。具体电路见图 E12.11。

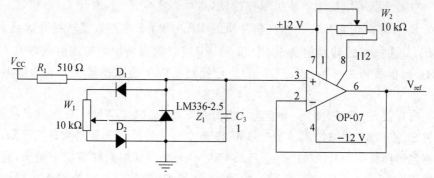

图 E12.11　基准源电路图

低漂移运放 OP07 用于减小基准源的内阻。

（4）电源电路。

本实验采用的电源芯片为 7805，输出电压 5 V，允许输出电流为 1 A，输出噪声电压有效值 50 μV。

电路中用电容滤波，二极管和保险管保护，避免因接错电源或短路而引起芯片损坏。

三、实验内容

1. 基本调试及检测

（1）调节 W_1 改变基准电压，使基准电压为 2.55 V。

（2）用示波器测量时钟部分电路各点的波形。

2. 模数转换检测

（1）手动单次测量。把开关 S_4 断开，S_6 接通，按动 S_7 单次进行模数转换。用 S_1 和 S_2 选择输入通道为 IN_0 输入，调节输入电压，并观察输出发光二极管的变化，与万用表测量结果比较，验证转换结果是否正确。

（2）连续测量。把开关 S_4、S_6 断开，改变 S_3、S_5 观察 CK 信号的频率变化，使 CK 信号周期约为 1 s。改变输入电压，验证自动转换的输出结果。观察模数转换的时序。分别测量 START，EOC，OE 等各点波形，并作记录。

（3）用 S_1 和 S_2 选择转换外部输入电压。输入一个低频（0.5 Hz）的锯齿波信号，调节电位器 W_4 使转换的模拟信号（VEX）在 0～2.55 V 范围内。连续测量，观察转换结果。

3. 数模转换验证

（1）手动单次测量。开关设置同模数转换检测（1）。用万用表观察数模转换输出信号与发光二极管显示是否一致。

（2）连续转换。开关设置同模数转换检测（2）。用示波器观察输出波形，改

变开关 S_5 观察输出波形变化。比较转换速度快与慢时(调节开关 S_3、S_5,改变 CK 信号频率)的波形有何不同,为什么?

(3) 用 S_1 和 S_2 选择模数转换的输入通道为 IN_1,即数模转换的输出。观察数模转换的输入数据与模数转换的输出数据是否一致。

(4) 测量电路总共需要的电流。

4. 应用 8031 单片机仿真器进行数模、模数转换实验(选做)

(1) 将 8031 仿真器系统连接到实验板,S_4 开关接通,使实验板控制信号线与仿真器连通。

(2) 在 PC 机上用 PE_2 编程工具编写 A/D 和 D/A 转换软件。再用 MBUG 汇编软件将之转换为目标运行软件。

(3) 运行程序,观察实验结果。

① 选择 A/D 通道 0,调节电位器使输入电压为 1.27 V。运行程序把 A/D 转换结果存于单片机的 20 H 单元,并将此值输入 DAC0832 进行数模转换。运行结束后,停止程序运行,通过仿真器在 PC 机上查询 20 H 单元的值,并测量 D/A 转换的输出电压,与 AD 转换的输入电压比较。改变 A/D 的输入电压值,再观察结果。

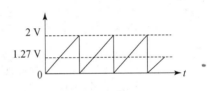

图 E12.12 锯齿波波形

② 选择 A/D 通道 2,输入频率 100 Hz、峰值电压 2 V、直流电平 1.27 V 的锯齿波,如图 E12.12 所示。编写程序连续执行 A/D 转换,并将 A/D 转换结果的二进制数输入 DAC0832 进行数模转换,连续运行程序,观察 A/D 通道 2 的输入波形和 D/A 的输出波形。

③ 改变输入信号为正弦波,重复步骤 2,改变频率的大小,观察结果。

(4) 参考程序。

编写 A/D、D/A 程序有两种方法,一种是用时延的方法等待转换结束;另一种是用中断的方法。下面先介绍时延的方法,参考程序如下:

```
        ORG     0000H
START:  LJMP    BEGIN
        ORG     0003H
INT0:
        LJMP    INT0PRG
BEGIN:
        MOV     SP,#60H
        SETB    EX0         ;允许 INT0 中断
        MOV     P1,#0FFH
```

```
        CLR     P1.4        ;选择 A/D0 通道
        CLR     P1.5
        CLR     P1.3        ;选通 D/A
        CLR     P1.7        ;选通 A/D
        CLR     P1.6
        MOVX    @DPTR,A     ;启动 A/D,P,D 数据送 D/A
        NOP
        SETB    P1.3
        SETB    P1.7
        CLR     EA          ;用时延等待 A/D 转换结束(延 200 μS)
        LCALL   D200
        CLR     P1.7
        MOVX    A,@DPTR     ;读 A/D
        MOV     20H,A
        SETB    P1.7
        CLR     P1.6        ;选通数据锁存器 74HC573(I11)
        MOVX    @DPTR,A     ;显示 A/D 数据
        SETB    P1.6
        LJMP    BEGIN
D200:
        MOV     R7,#2FH
DLY:
        NOP
        DJNZ    R7,DLY
        RET
```

也可以用中断的方法编写 A/D、D/A 转换程序,参考程序如下:

```
        ORG     0000H
START:  LJMP    BEGIN
        ORG     0003H
INT0:
        LJMP    INT0PRG
BEGIN:
        MOV     SP,#60H
        SETB    EX0         ;允许 INT0 中断
        MOV     P1,#0FFH
        CLR     P1.4        ;选择 A/D0 通道
        CLR     P1.5
        CLR     P1.3        ;选通 D/A
```

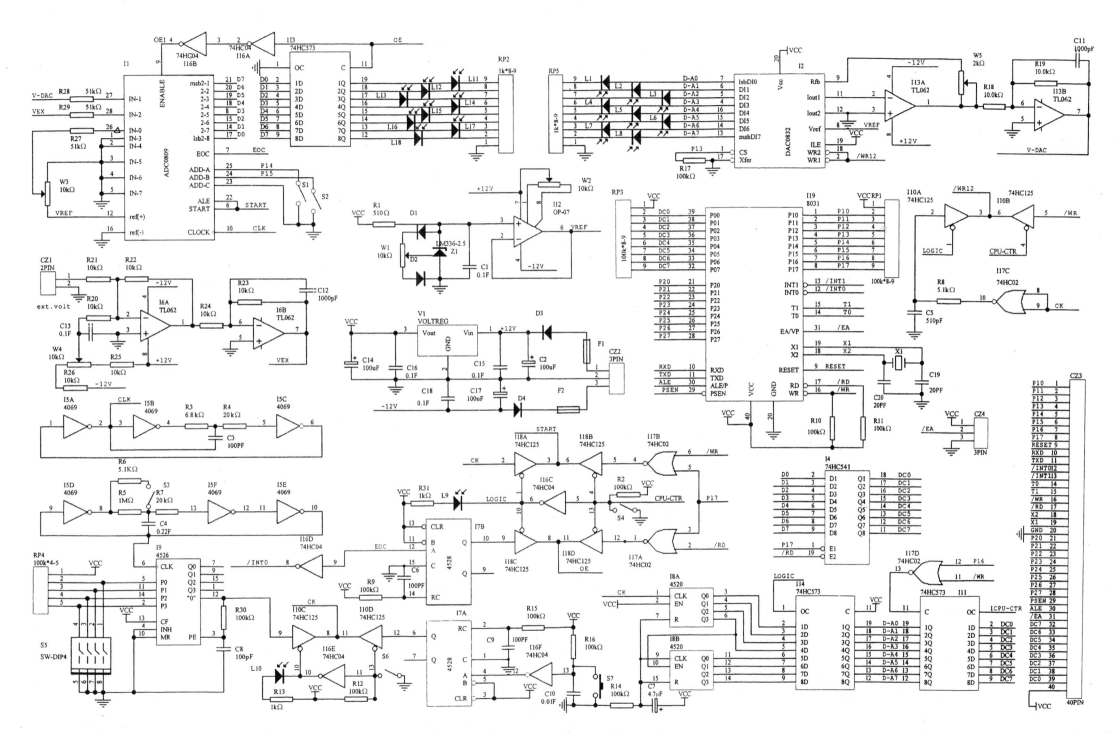

图E12.13 A/D-D/A实验电路图

```
        CLR     P1.7        ;选通 A/D
        CLR     P1.6
        MOVX    @DPTR,A
        NOP
        SETB    P1.3
        SETB    P1.7
        SETB    EA
WAIT:   JB A,WAIT
        CLR     P1.7
        MOVX    A,@DPTR
        MOV     20H,A
        SETB    P1.7
        CLR     P1.6        ;选通数据锁存器 74HC573(I11)
        MOVX    @DPTR,A
        SETB    P1.6
        LJMP    BEGIN
INTOPRG:
        CLR     EA
        RETI
```

【实验板总电路图】

如图 E12.13 所示。

【思考题】

使用 Protel 或者 OrCAD 等 EDA 软件绘制本实验中的逻辑控制应用电路原理图,将 8031 相关的周边电路剥离出去,省略 CPU-CTR/LOGIC 选通电路、电源电路等,保留基本时钟、模数转换电路、数模转换电路等这些核心电路,尽量突出信号流和功能区划,并且自己构想此类电路的实际应用范围。要求结合自己的实际理解体会,不宜直接照搬原来的电路原理图。

实验十三 同步时序系统设计仿真

一、实验目的
1. 练习使用 OrCAD 软件绘制数字电路原理图。
2. 掌握利用仿真软件 Pspice 进行数字逻辑模拟的方法。
3. 对比仿真和实测结果，验证仿真的正确性。

二、实验原理
1. 电路基本原理

本实验任务是对实验七"同步时序系统"中的电路进行仿真测试。电路的基本构成原理以及设计目标可参考实验七中的相关内容。

2. 数字逻辑电路仿真基础

（1）基本概念。

逻辑模拟的主要内容是指：根据给定数字电路的拓扑关系、数字器件的逻辑功能及其延迟特性，利用计算机软件进行分析计算，从而得出数字电路的功能和特性。本实验所使用的逻辑模拟软件工具是 OrCAD 软件包中集成的 PSpice 电路仿真工具。PSpice 的主要分析对象是电路原理图中的各个节点，这些结点可分为三种：模拟节点、数字节点、接口节点。本实验重点研究数字节点，它的特点是与节点相连的都是数字器件，有六种逻辑状态，具体内容如表 E13.1 所示。

表 E13.1 数字节点的逻辑状态

逻辑状态	包含内容
0	Low(低电平)、False(假)、No(否)、Off(断)
1	High(高电平)、True(真)、Yes(是)、On(通)
R	Rising(0 到 1 的变化过程)
F	Falling(1 到 0 的变化过程)
X	不确定(可能为高电平、低电平、中间或不稳定状态)
Z	高阻(可能为高电平、低电平、中间或不稳定状态)

进行逻辑模拟的过程中，如果有多个不同强度的数字信号作用于同一节点，该节点的状态由强度最大的数字信号决定。在 PSpice 软件中的一般情况是，外加激励信号逻辑强度最强；高阻状态逻辑强度最弱。例如数字电路中常见的总线，通常可与多个三态门缓冲器的输出相连，正常工作时接到同一总线上的三态门应该只有一个处于驱动输出状态，其他三态门应该为高阻输出状态，根据节点

状态与强度的关系,总线上的逻辑状态应该由处于驱动输出状态的三态门决定。

不同的逻辑器件延迟时间各不相同,在数字电路特性库中给出最小、典型和最大三种延迟时间,可根据需要自行设定。

(2) 激励信号源。

在数字逻辑模拟中建立正确的信号源是仿真成功的关键,Pspice 有四类十七种信号源符号。表 E13.2 列出了它们的符号和功能。表中空白的地方表示信号源无法产生该类信号。

表 E13.2 四类十七种激励信号源符号

	DIGCLOCK	STIMn	FILESTIMn	DIGSTIMn
时钟信号	Digclock	STIM1	FileStim1	DigStim1
一般信号		STIM1	FileStim1	DigStim1
2 位总线信号			FileStim2	DigStim2
4 位总线信号		STIM4	FileStim4	DigStim4
8 位总线信号		STIM8	FileStim8	DigStim8
16 位总线信号		STIM16	FileStim16	DigStim16
32 位总线信号			FileStim32	DigStim32

这几种激励信号源符号的图形如下,前三个信号源来自库文件 source.olb,最后一个 DIGSTIMn 来自 sourcstm.olb:

结合表 E13.2 和图 E13.1 可以了解到,DIGCLOCK 只可以产生一路时钟信号,另外三种可产生总线激励信号,图 E13.1 中后三种都设置成产生 8 位总线信号的形式。就设置方法而言,DIGCLCOK 和 STIMn 可以由元器件属性对话框直接修改相应的参数以确定激励信号波形;FILESTIMn 则在属性框中设定波形文件及波形名,通过专门格式的波形文件来确定;DIGSTIMn 需要调用 StmED 模块,以交互式图形编辑的方法确定波形。

图 E13.1 激励源符号图形

a. DIGCLOCK 类信号源。

在电路图中双击某一 DIGCLOCK 类信号源,便会出现如图 E13.2 的属性框。

Part Reference	Value	OFFTIME	ONTIME	DELAY	OPPVAL	STARTVAL
SCHEMATIC1 : COUNT : DSTM1	DSTM1	DigClock	.5mS	.5mS	0	1	0

图 E13.2 DIGCLOCK 类信号源属性框

此类信号源的主要参数有五个,它们的意义分别如下:
- OFFTIME:在一个时钟周期内低电平持续时间,这里取 0.5 ms。
- ONTIME:在一个时钟周期内高电平持续时间,这里取 0.5 ms。
- DELAY:延迟时间,这里取 0 s。
- OPPVAL:时钟高电平状态,默认值为 1。
- STARTVAL:t=0 时信号初值,在延迟时间内均为此值,默认值为 0。

注意 OFFTIME 同 ONTIME 之和就是该信号源的时钟周期,这里为 1 ms。需要调整参数时,可以在图 E13.1 中的电路原理图中双击元件旁相应参数名,直接修改其数值;也可以修改图 E13.2 的属性值,随后按"Apply"令设置生效即可。这种信号源的设置简单方便,但只适用于单路时钟信号,若要同时产生单路或多路总线信号,就得考虑另外三种信号源。

下面以 STIMn 为例介绍总线激励信号的生成。

b. STIMn 类信号源的设置。

若在电路图中用鼠标双击某一个 STIMn 类源信号,便会切换到常规的元器件的属性框,如实图 E13.3 所示。其中 Value 参数下显示 STIM8 符号名,可知这是 8 位总线信号。要确定总线信号波形需要注意 WIDTH、FORMAT、TIMESTEP 和 COMMANDn 四类参数,其余参数取默认值即可。现对它们进行简要介绍:

	Source Package	Reference	Value	WIDTH	FORMAT	TIMESTEP
SCHEMATIC1 : PAGE1 : DSTM2	STIM8	DSTM2	STIM8	8	413	10ns

COMMAND1	COMMAND2	COMMAND3	COMMAND4
0s 000	LABEL=STARTLOOP	1c INCR BY 001	2c GOTO STARTLOOP UNTIL GE A12

图 E13.3 STIMn 类信号源属性框

- WIDTH:指定总线信号位数,即该激励信号源输出端的节点个数,应该与 Value 中 STIMn 中的 n 值保持一致,在本例中为 8。
- FORMAT:总线信号的进制特征数,说明在描述总线信号逻辑电平时采用的是哪几种进制数以及它们的顺序。其中数字只能是 1(二进制)、3(八进制)和 4(十六进制),即对应进制的位数。其数字之和应与 WIDTH 的设置值相等。图中取值 413,意味着在后面的设置中如果要设定总线数值时,依次出现十六进制、二进制、八进制的数值,它们共同表示一个 8 位总线信号。

● TIMESTEP:在使用周期 c 作时间单位时,c 所代表的实际时间值即由本参数决定,如图 E13.3 所示取 10 ns。

● COMMANDn:n 取值在 1 至 16 之间,在这里可以输入描述波形的命令描述语句,可以利用这些描述语句灵活设置不同时刻的波形变化。图 E13.3 中一共使用了 4 条 COMMAND 语句。

下面将结合具体的属性设置介绍信号波形的设置方法。图中由我们设定的属性条目有如下 8 条:

- WIDTH ——— 8
- FORMAT ——— 413
- TIMESTEP ——— 10 ns
- COMMAND1 ——— 0 s 000
- COMMAND2 ——— LABEL=STARTLOOP
- COMMAND3 ——— 1c INCR BY 001
- COMMAND4 ——— 2c GOTO STARTLOOP UNTIL GE A12

前面三项参数的意义已经介绍过了,我们来分析剩下的 COMMAND 语句。

COMMAND1 表示在 0 s 时刻总线上的初始状态,显然此时总线上的 8 位信号都为 0。

COMMAND2 是一个标签定义语句,它的作用是与 COMMAND4 的语句一起配合实现波形的循环变化。这种配合的一般格式如下:

LABEL=〈Label 名〉

〈不同时刻的波形描述〉

〈时间值〉 GOTO 〈Label 名〉 〈循环要求〉

上面的格式中 LABEL 和 GOTO 是语句中的专用关键字,起确定循环方式的作用,只要采用这种循环方式就不会改变,尖括号里面的内容根据具体需要填写。比如 LABEL 关键字后使用等于号定义的"Label 名"是一段英文字符串,用于设置循环的切入位置,在前面的范例中是"STARTLOOP"。

在 LABEL 关键字语句和 GOTO 关键字语句之间是循环内部的波形描述,可以是一个或多个 COMMAND 语句。这里对应定义好的 COMMAND3 语句。在语句里,1 c 是时刻的一种描述方法,代表比前一个 COMMAND 语句多一个时钟周期的时刻。c 的大小在前面的 TIMESTEP 参数中已经被定义为 10 ns,于是 1 c 就是 10 ns 间隔,2 c 就是 20 ns 间隔,以此类推。后面的 INCR BY 是一个电平转换关键字,它通常的格式为:

INCR BY 〈电平值〉

其中〈电平值〉表示总线信号每次递增的间隔，在 COMMAND3 语句中表示每执行一次总线上数据大小加 1。与之对应的是 DECR BY 关键字，表示每次电平递减。

COMMAND4 语句对应的是前面循环格式的结尾语句。时间值 2c 已经知道是两个周期单位。GOTO 关键字后面的 Label 名"STARTLOOP"在前面 COMMAND2 语句已经定义过。这里的关键在于"循环要求"的定义。例子中的字段是：UNTIL GE A12，这里也有一个循环条件关键字 UNTIL GE，格式如下：

UNTIL GE 〈电平值〉

其中〈电平值〉表示一个阈值，对这个关键字来说是大于等于这个阈值时满足循环结束的条件。同类循环条件关键字还有三个：UNTIL GT（大于）、UNTIL LT（小于）、UNTIL LE（小于等于），它们格式相同，具体意义各有差异，都可以与 GOTO 关键字配合结束循环。

COMMAND4 语句中末尾的电平阈值为 A12，要理解它在总线上对应的具体数值得先确立不同进制组合标注的概念。

激励信号电平值可取表 E13.1 中的六种状态，在实际应用中，最常见的信号电平取值还是 0、1 两个状态。在只考虑这两种确定状态的情况下，总线信号的电平可以使用不同进制的数值表示。对一位信号，用单个 0/1 二进制数即可表示。如果要表示某一时刻 16 位总线信号的电平，就需要采用一排由 16 个 0/1 组成的字符，显然比较烦琐。为了方便易读，可以用一个 8 进制数代表并排的 3 位 0/1 字符，或用一个 16 进制数代表并排的 4 位 0/1 字符。并可用不同进制的数代表若干位 0/1 字符，一个具体的例子如表 E13.3 所示。

表 E13.3 同一总线信号数值用不同进制的表达

Bit15	Bit14	Bit13	Bit12	Bit11	Bit10	Bit9	Bit8	Bit7	Bit6	Bit5	Bit4	Bit3	Bit2	Bit1	Bit0	采用的数制
1	0	1	0	0	0	0	1	1	0	1	1	1	0	0	0	二进制 (1,1,,,1)
A(1010)				1(0001)				B(1011)				8(1000)				十六进制 (4,4,4,4)
1	2(010)			1(0001)				B(1011)				8(1000)				混合进制 (1,3,4,4,4)
5(101)			0(000)			3(011)			3(011)			4(100)			0	混合进制 (3,3,3,3,3,1)

理解了以上表达方式,也就会明白前面 FORMAT 参数设置为 413 的含义了,它表示总线上信号依次由十六进制、二进制、八进制的数值组成。

再来看 COMMAND4 语句中的电平值 A12,按顺序对照相应的进制,将它全部转换为二进制表示,就得到 10101010,这就是总线上对应的最终状态。

根据以上的介绍,我们可以理解图 E13.3 信号源属性框的设置意义了。它表示的过程可以进行如下的总体描述:首先设置总线初始值 0;然后定义切入位置"STARTLOOP";再经过 1 个时钟周期后,总线信号电平值加 1;最后在 2 c 时刻进行循环判断,如果总线电平小于 10101010,就回到"STARTLOOP"继续循环,否则就停止循环。测试原理图如图 E13.4 所示,总线波形的具体输出结果如图 E13.5 所示。

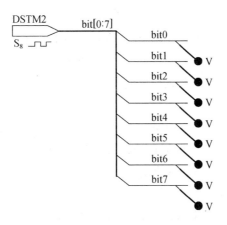

图 E13.4　8 位总线信号测试原理图

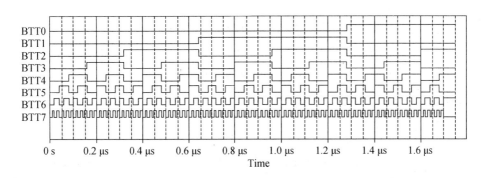

图 E13.5　8 位总线信号波形范例

在定义 COMMANDn 语句时,除 GOTO 外,还可以用语句 REPEAT 表示信号波形的循环。REPEAT 的参考格式如下:

REPEAT ⟨n⟩ TIMES
⟨不同时刻的波形描述⟩
ENDREPEAT

其中 n 表示循环次数，n 取值为 −1 表示无限循环，这种情况下第一句也可以用"REPEAT FOREVER"代替。再举个简单的例子，如果要实现一个初始值 0，周期 10 ms，脉冲宽度 6 ms 的周期信号源，可填写如下的 COMMANDn 语句：

- COMMAND1 —— 0 s 0
- COMMAND2 —— REPEAT FOREVER
- COMMAND3 —— +4 ms 0
- COMMAND4 —— +6 ms 1
- COMMAND4 —— ENDREPEAT

至此已经介绍过 DIGCLOCK 和 STIMn 两种数字信号源的设置方法，利用它们完全可以满足本次实验的要求。另外两种信号源 FILESTIMn、DIGSTIMn 也各有优势和特点，需要采用时可参考有关资料。

3. 数字逻辑仿真过程介绍

有了前面的基础知识，下面以"同步时序系统"的一部分电路"接收数据并计数子模块"为例介绍数字逻辑仿真的过程。该部分的原理电路见图 E7.6，分析该电路工作过程，其特点是输入控制信号比较多，包括 $\overline{ODB2}$、$\overline{CL1}$、PE、CK 四个输入信号，它们波形不同，如果使用实际信号源来同时模拟仿真这四种信号，硬件上势必开支很大，而使用软件仿真则可方便地设定多路控制输入信号。下面是仿真的具体步骤。

(1) 建立设计项目。

首先，依次单击"开始"→"程序"→"OrCAD Release 9.1"→"Capture CIS"，进入 OrCAD，然后选择菜单"File"→"New"→"Project"，建立新项目。注意这里的表述方式，使用"→"来表示上下级菜单的打开顺序，例如前面的两个"→"就指先打开 File 菜单，再选择 New 子菜单，然后选择下级子菜单 Project，以后若非特殊说明，均照此约定。

经过前面的操作，弹出"New Project"对话框，在该对话框的"Name"、"Location"两栏中填上项目名称及存储位置。在"Create a New Project Using"子框中选择第一项"Analog or Mixed-Signal Circuit"，按"OK"确定。在随后弹出的"Create PSpice Project"对话框中选中"Create a blank project"，再次确认即可创建一个空白项目，同时也进入了 OrCAD 的设计仿真软件环境。

关于 OrCAD 系统工作环境界面请参考有关书籍，这里不再赘述。

(2) 在电路图编辑窗口中绘制电路。

OrCAD 系统使用 Capture 电路输入软件设计电路原理图,下面的介绍将适当突出一些电路图编辑中绘制数字电路特有的操作。

a. 元器件放置。

要放置元器件时,单击右侧工具栏放置器件按钮 ▷(Place part),会弹出如图 E13.6 的对话框。首先注意对话框左下角的"Library"区域,这里列举了使用到的几个库文件,它们是:

- 74HC(包括 74HC 系列产品,有逻辑门、计数器等);
- ANALOG(模拟器件库,我们可能使用到里面的电阻、电容);
- CD4000(包括 CD4000 系列产品,有逻辑门、计数器等);
- Design Cache(这是项目自动维护的库,先前调入的器件都可以在这里找到);
- SOURCE(信号源库,包括前面介绍的 DIGCLOCK,STIMn 和 FILESTIMn 类信号源);
- SOURCESTM(信号源仿真库,包括前面介绍的 DIGSTIMn 类信号源)。

以上元件库基本包括了这个单元模块电路所需要的元器件,在选定一个库后,可以从这个库里选择出所需的元器件,如图 E13.6 左上方区域所示,正在从 74HC 器件库中选取 74HC244。图中右下角显示该器件的预览信息,注意这一区域最下方的两个小图标,它们分别表示该器件的属性可以支持"PSpice"仿真和"Layout"制版应用。最后观察右上角,这里有一些按钮。单击"OK"即可将选定元器件添加到原理图中,单击"Cancel"则表示放弃此操作。还有三个跟元器件库有关,"Add Library"功能是"增加器件库";"Remove Library"功能是"删除器件库";"Part Search"功能是"搜索器件"。如果在当前器件库列表中没有发现需要的元器件,可使用这些按钮进行查找、添加,当然也可以删除不需要的库。查找时注意填全所需要元器件名称,此外由于是利用 PSpice 软件进行仿真,所以这里添加的必须是支持 PSpice 仿真的元器件库,通常可以在"../Orcad/Capture/Library/PSpice"目录下面找到它们,其中"../Orcad"是 OrCAD 系统安装的目录。

一般的器件如 74HC 库中的 74HC244,CD4000 库中的 CD4042 等添加到原理图后需要的操作就是调整器件编号和改变位置方向,前者选中编辑即可;要改变器件的方位,可以这样做,选中要调整的器件,按鼠标右键弹出一个快捷菜单,其中的"Mirror Horizontally"、"Mirror Vertically"、"Rotate"命令分别对应"对 Y 轴作镜向翻转"、"对 X 轴作镜向翻转"、"作 90 度逆时针旋转"的操作,也可以选中器件后按住左键不放拖动到满意的位置。

下面介绍电源和接地点的设置。在数字电路中有不少端口不可悬空,必须得连接确定的电平才会确保电路正常工作,这时可以使用电源放置来达到目的。单击窗口右侧工具栏放置电源按钮 "Place Power",会弹出一个"Place Power"对话框,与图 E13.6 的放置元器件对话框很类似,在 Libraries 栏中要有"source"库,在"Symbol"中可选择三种符号:"MYMD_HI"表示高电平,"MYMD_LO"表示低电平,"0"表示零电平,可以根据需要选择需要的电平,不需要外加其他电源就可以保证该点逻辑的正确性。同样接地点的设置与之类似。

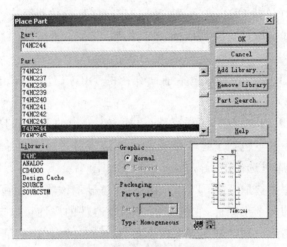

图 E13.6 放置元器件对话框

b. 数据总线和命名。

在放置数字电路的数据连线时,下面几点需要留意:

● 绘制总线:单击右侧工具栏绘制总线按钮 (Place bus),在绘图页面适当位置放置需要长度的总线。

● 给总线命名:单击右侧工具栏节点名按钮 (Place net alias),给总线起名字,格式:总线名称$[m:n]$。总线名称最后一位不要用数字,m 是低位总线,n 是高位总线,总线位数为$|n-m|+1$。

● 绘制总线引出线:单击右侧工具栏总线引出线按钮 (Place bus entry)在总线上置入 45 度角的总线引入线。

● 绘制互连线:单击右侧工具栏互连线按钮 (Place wire),在引出线上连接一根互连线,用节点名按钮 (Place net alias)给该互连线起名字。按住 Ctrl

键同时选中引入线和互连线并且拖动鼠标到想放置另一根连线的位置单击鼠标后松开 Ctrl 键。按 F4 键即可将该互连线按同样间隔置入总线相应位置。连续点按 F4 键完成全部连线设置工作。将连接引出线的互连线名字按序号每次递增 1 的顺序排列即可。

c. 其他情况处理。

图 E13.7 是这次仿真所使用的模块电路原理图,可以将它与图 E7.6 的电路原理图进行一番比较,虽然输入信号源、高低电平等方面表达方式上略有差异,但前面的缓冲部分电路是基本一致的。差异比较大的是后级计数电路,这里采用了等效电路的替代方法。之所以这样做,是因为 OrCAD 提供的器件库里面没有包括实际使用的计数芯片 CD4526,解决的办法之一是构造出可以实现同等功能的电路。

观察 CD4526B 芯片资料中的内部等效原理图,发现直接由门电路构造起来相当复杂,于是寻找一个 OrCAD 支持仿真的芯片,可以实现与 CD4526 相似的计数功能。查阅 CD4000 数据手册并在 OrCAD 仿真元器件库中搜寻,芯片 CD4516 比较合适,这是一个可预置 4 位二进制可逆计数器,其真值表见下表 E13.4。除真值表所列举的条目外,$P_1 - P_4$ 为预置数输入,$Q_1 - Q_4$ 为计数结果输出,$\overline{COUT}$ 为进位输出,在减计数状态下输出减到零状态时输出有效低电平信号脉冲,平时保持高电平,具体情况可参考芯片说明。将此真值表同实验七表 E7.4"CD4526 真值表"比较,在 UP/DOWN 取低电平时它们的计数过程很类似,现在的关键是如何产生满足要求的 Q_z 输出控制信号,为此利用 $\overline{COUT}$ 信号的输出特点,再加上反门、与门、D 触发器组成的脉冲展宽电路,使得 Q_z 满足实

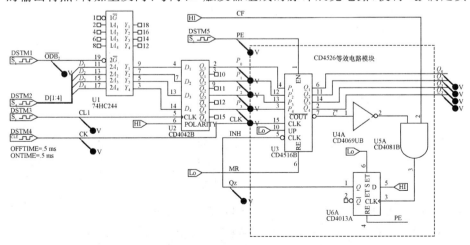

图 E13.7 "接收数据并计数子模块"仿真电路原理图

验七中的要求。整个 CD4526 的等效电路模块如图 E13.7 右侧的虚线框所示，虚线框外侧使用节点名标注了对应 CD4526 相应输入输出的管脚。是否可以达到替换的效果我们可以在下面的仿真分析中验证。

(3) 数字电路逻辑模拟和仿真分析。

电路图的处理基本完成，要开始仿真分析，同实际电路测试类似，还得进行输入信号源的设置，设置正确与否直接影响到仿真的成败。前面的"数字逻辑电路仿真基础"部分已经介绍过了如何设置激励信号源，这里不再重复，只是给出仿真原理图中使用到的 5 个信号源的具体设置参数如下，没有给出的参数取默认值。

表 E13.4　CD4516 真值表

CLK	$\overline{\text{CIN}}$	UP/DOWN	PSEN	RESET	功能
X	X	X	X	1	复位
X	X	X	1	0	预置数
X	1	X	0	0	不计数
↑	0	1	0	0	加计数
↑	0	0	0	0	减计数

- DSTM1：

COMMAND1——0 s 0;　　　　COMMAND2——2 ms 1;
COMMAND3——18 ms 0;　　　COMMAND4——20 ms 1

- DSTM2：

COMMAND1——0 s 1111;　　　COMMAND2——10 ms 1110;
COMMAND3——20 ms 0111;　　FORMAT——1111

- DSTM3：

COMMAND1——0 s 1;　　　　COMMAND2——1 ms 0;
COMMAND3——18 ms 1;　　　COMMAND4——19 ms 0

- DSTM4：

OFFTIME——0.5 ms;　　　　ONTIME——0.5 ms;
OPPVAL——0;　　　　　　　STARTVAL——1

- DSTM5：

COMMAND1——0 s 1;　　　　COMMAND2——2 ms 0;
COMMAND3——18 ms 1;　　　COMMAND4——20 ms 0;
COMMAND3——38 ms 1;　　　COMMAND4——40 ms 0

信号源设置完毕后，可以开始仿真。在 OrCAD 中选择菜单 PSpice→New Stimulation Profile，出现图 E13.8 所示的对话框，其中 Name 栏输入文件名，这里取"COUNT"，下面的"Inherit From"中取默认值"none"，然后单击"Create"按钮创建仿真分析。

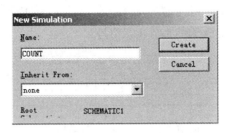

图 E13.8　创建仿真分析对话框

经过前面的步骤会出现仿真分析设置对话框，此外在仿真分析创建完毕后还可以通过菜单 PSpice→Edit Stimulation Profile 调出此对话框来修改参数，设置外观如图 E13.9 所示。数字电路的逻辑模拟仿真主要研究的是各路数字信号波形之间的关系，因此仿真分析设置大部分取当前默认值即可，在当前的属性页"Analysis"下，"Analysis type"选为"Time Domain(Transient)"，"Options"选中"General Settings"，都是一般的默认选项，然后再根据信号源的时间设置值设置"Run to"为"40ms"，"Start saving data"为"0"，"Maximum step"为"1ms"，随后确定既设定完毕。各仿真节点可参考图 E13.7 设置，这里均利用 OrCAD 工作区域上侧工具栏的电平标记按钮（Voltage/Level Marker）放置测试节点。

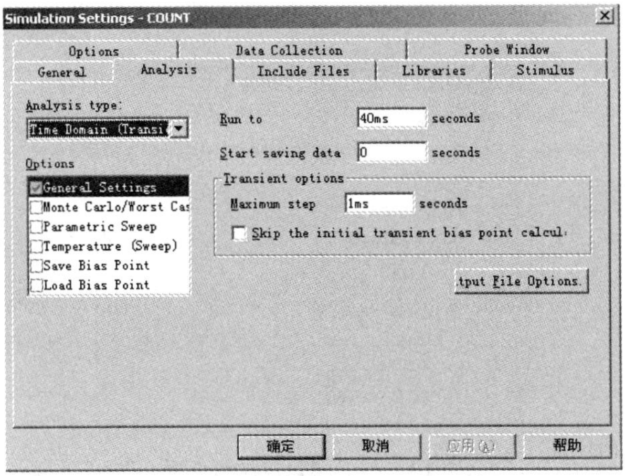

图 E13.9　仿真分析属性设置对话框

要运行仿真分析,打开菜单"PSpice"→"Run",或者将光标放在工作区中按键盘的"F11"即可,此时将自动弹出 PSpice 仿真程序窗口并开始计算,计算完毕后显示出最终仿真波形结果,如图 E13.10 所示。这里一共仿真出了 13 路信号波形,注意其中 D_1-D_4 四路波形取代了图 E13.7 中的 P_0-P_3 四路波形,INH 信号同 Q_2 信号直接相连,它们算一路信号。同学们学习时也可以增加观测的波形,例如图 E13.7 中 CD4516 的 $\overline{COUT}$ 信号。

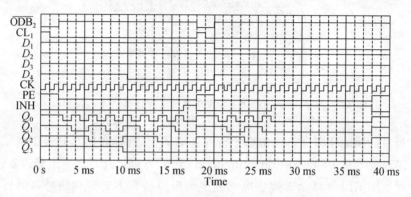

图 E13.10 仿真分析结果波形

最后再介绍一点波形处理的技巧。在 PSpice 程序环境中,依次单击菜单"Window"→"Copy to Clipboard",将弹出颜色过滤对话框"Color Filter",如图 E13.11 所示,这时可以选中"make window and plot backgrounds transparent"和"change all colors to black",确认后再使用 windows 系统的画图程序将内存中的黑白波形图复制过去,如果图片要插入 Office Word 文档中,最好保存为"图形交换格式(*.gif)"类文件。

图 E13.11 颜色过滤对话框

三、实验内容

1. 仿真各子模块电路

（1）根据前面介绍的原理，按步骤仿真"接收数据并计数子模块"电路。电路原理和输入信号源可以与本书中的一致，但应该理解几个信号源如此设置的意图。

（2）参考实验七的图 E7.3 仿真"时钟模块"电路，此后的实验均要求自己设置激励信号源，测试节点。注意在无预置端的集成计数器电路中，使用 PSpice 仿真有时需要一个复位信号清零确定初始状态。

（3）参考实验七的图 E7.7 仿真"数制转换模块"电路。使电路从 0 开始计数，计数到 12 后停止，并利用两个缓冲器分别输出到总线上。

（4）参考实验七的图 E7.4 仿真"显示子模块"电路。此时不需要设置手动开关，利用四位总线信号源代替即可，主要观察译码输出是否有效以及个、十位输出控制的关系。

2. 验证自己设计的控制模块电路

有两种实验方法，一种是自己估计输入"控制模块"电路的波形，经过所设计的控制电路后观察输出信号是否正确，这是开环测试的方法，电路实现很简单，但对信号源设置要求高一些。对于程度较好的同学，可以考虑采用闭环验证的方法，以更接近实际电路情况的条件进行仿真。此时需要注意几点：

● 图纸和图纸之间的连线关系可以使用右侧工具栏图纸间接口按钮 "Place off-page connector"来实现，要求不同图纸的连接点要使用相同的接口符号表示。

● 通常一个独立设置的仿真分析项目无法跨图纸放置测试节点，可以使用项目继承的设置解决这一问题。参考图 E13.8，在创建一个新的多图纸仿真分析项目时，在该对话框"Inherit From"中不取默认值"none"，而是在下拉列表中选择一个已有的仿真项目，例如"COUNT"，这样就可以继承已有仿真项目的属性和测试节点，也能够跨图纸测试。

● 电路仿真同实际情况还是有一定差距，比如仿真中要求激励信号源保证计数器有一定的初始状态，另外信号处理的延迟时间基本为 0，可考虑在信号反馈时加延迟线电路，PSpice 元器件库中有 DELAY 器件，可灵活设定延迟时间。

6. 实验结果的要求，这次仿真实验主要在计算机上进行，仿真过的每部分模块电路、输出波形的图形都应该保存下来，同时要注明仿真的条件如信号源的参数设置等，最好有各部分的结果分析与实际电路测量的比较。电路图、波形测试结果以及文字说明最终都整理到一个 Microsoft Office Word 格式的报告文档内。

实验十四 程序控制反馈移位寄存器仿真

一、实验目的
1. 增强对程序控制反馈移位寄存器工作原理的理解。
2. 练习电路设计技巧,锻炼数字电路仿真能力。
3. 比较反馈移位寄存器系统在 GAL 实现和计算机仿真时的特点及区别。

二、实验原理
实验中的反馈移位寄存器,主要由串行移位寄存器和组合逻辑电路组成,通过组合逻辑电路控制反馈移位寄存器,产生不同的码型输出。具体的实验原理及要求请参见实验九"程序控制反馈移位寄存器"中的相关部分。本次仿真仍然采用 OrCAD 软件的 PSpice 电路仿真工具,软件的应用细节可参照实验十三"同步时序系统设计仿真"。

以下结合本次实验特点介绍仿真中的几个难点及解决方法。

在实验九的"移位寄存器实验原理图"中可以看到电路可以划分为几个模块:时钟信号的输入处理模块、控制信号 C_0C_1 产生模块、移位寄存器电路模块以及逻辑控制模块。前面的两个模块构成相对简单,均可由外部的中小规模集成电路及少量电阻实现,仿真重点在于移位寄存器电路模块和逻辑控制模块。

1. 移位寄存器模块仿真

下面图 E14.1 给出了移位寄存器模块的具体仿真电路。

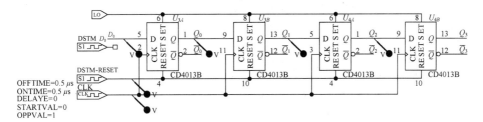

图 E14.1 移位寄存器仿真电路

移位寄存器是本系统的核心部件,在 GAL 器件中的 OLMC(输出逻辑宏单元)中包含的寄存器功能可通过 ABEL 语言设定使用,PSpice 仿真需要选择器件,这里利用常见的双 D 触发器 CD4013B。参考仿真电路图 E14.1,4 个 D 触发器被依次级联,它们的时钟(CLK)、复位(RESET)、置位(SET)三个管脚端口均被连接在一起。在时钟(CLK)端统一输入周期 1 μs、占空比 50% 的方波信号 CLK;复位(RESET)设置一个先高后低的脉冲信号 DSTM-RESET;置位(SET)接低电平信号 LO 保持无效。此外还有一个可选信号 DSTM_D0,它主要用于移位寄存器模块被单独测试时模拟反馈输入 D_0。在进行仿真时需要观测的主要信号包括 CLK、DSTM-RESET、D_0 三种输入以及 Q_0、Q_1、Q_2、Q_3 四种输出。以后接入逻辑控制模块的系统观测信号也主要集中于此部分。另外还添加了 $\overline{Q_0}$、$\overline{Q_1}$、$\overline{Q_2}$、$\overline{Q_3}$ 等网络标号作为后面逻辑控制模块输入之用。最后注意一下仿真电路里面的器件编号,四个 D 触发器依次为 U3A、U3B、U4A、U4B,请思考一下如果将它们命名为 U3A、U4A、U5A、U6A 会有何区别(考虑一下电路原理图被用于实际连线或者 PCB 制版设计的具体情况)。

2. 逻辑控制模块的仿真

图 E14.2 给出了部分逻辑控制模块的仿真参考电路。

逻辑控制模块相当于 GAL 中对应的 8 路无反馈输入的 OLMC 单元,特点是一个输出有多路逻辑输入。仿真时考虑到这样的特点,专门选择了 8 输入与门 CD4068B 作积项处理,8 输入或门 CD4078B 作和项处理,这样能够使得仿真电路简洁有效。

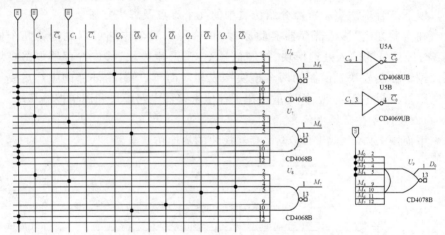

图 E14.2 逻辑控制模块仿真电路(部分)

本书实验九"程序控制反馈移位寄存器"中的实验原理部分推导并给出了移位寄存器码型 4 的反馈逻辑表达式,下面仍然从该表达式出发构建我们的仿真电路。

要在移位寄存器模块正确输出需要的码型,逻辑控制模块的输出 D_0 要由 C_0、C_1 的选择对应码型的输出函数。表达式如下:

$$D_0 = F_0(Q_0, Q_1, Q_2, Q_3) \cdot \overline{C_1} \cdot \overline{C_0} + F_1(Q_0, Q_1, Q_2, Q_3) \cdot \overline{C_1} \cdot C_0 +$$
$$F_2(Q_0, Q_1, Q_2, Q_3) \cdot C_1 \cdot \overline{C_0} + F_3(Q_0, Q_1, Q_2, Q_3) \cdot C_1 \cdot C_0 \quad (14.1)$$

其中 $F_0(Q_0, Q_1, Q_2, Q_3)$、$F_1(Q_0, Q_1, Q_2, Q_3)$、$F_2(Q_0, Q_1, Q_2, Q_3)$、$F_3(Q_0, Q_1, Q_2, Q_3)$ 分别表示码型 1、码型 2、码型 3、码型 4 的反馈逻辑表达式。在实验九中已经得到了 $F_3(Q_0, Q_1, Q_2, Q_3)$ 的表达式。

$$F_3(Q_0,Q_1,Q_2,Q_3) = \overline{Q_3} \cdot Q_0 + Q_3 \cdot \overline{Q_0} + \overline{Q_3} \cdot \overline{Q_2} \cdot \overline{Q_1} \cdot \overline{Q_0} \quad (14.2)$$

代入公式 14.1,得到：

$$D_0 = \cdots + \overline{Q_3} \cdot Q_0 \cdot C_1 \cdot C_0 + Q_3 \cdot \overline{Q_0} \cdot C_1 \cdot C_0 +$$
$$\overline{Q_3} \cdot \overline{Q_2} \cdot \overline{Q_1} \cdot \overline{Q_0} \cdot C_1 \cdot C_0$$
$$= M_0 + M_1 + M_2 + M_3 + M_4 + M_5 + M_6 + M_7 \quad (14.3)$$

上式中 D_0 有 8 个积项 $M_0 \cdots M_7$ 之和组成,其中对应码型 4 的反馈逻辑是最后的 M_5、M_6、M_7 三项。参考 GAL 器件的熔丝阵列,我们以 C_0、C_1、Q_0、Q_1、Q_2、Q_3（包括它们的对应反相信号）以及高电平 HI 为经,产生各个积项的 8 输入与门作纬,绘制出连线矩阵如图 E14.2 所示。在 OrCAD 的原理图设计中,垂直交叉的两条连线之间默认是没有电气连接的,要使它们互相导通,需要放置连接点,正可以对应 GAL 电路的熔丝选择逻辑。以 M_5 代表的积项为例,它包括 $\overline{Q_3}$、Q_0、C_1、C_0 四个因子,图中将它们分别与 U_6 的 2、3、4、5 输入管脚连接,此时 U_6 还剩下 9、10、11、12 四个剩余输入管脚,将其同高逻辑电平 HI 连通,避免悬空输入端。类似可以将 M_6、M_7 的积项实现。最后 8 个积项 $M_0 \cdots M_7$ 通过 U_9 的 8 输入或门得到输出反馈信号 D_0。

图 E14.2 主要给出一个范例,C_0C_1 被连接为两个固定高电平 HI,未完成的其他 5 个积项 $M_0 \cdots M_4$ 暂时统一接固定低电平 LO,此时将本模块电路同移位寄存器模块连接,即可实际测试验证码型 4 的产生过程了。

三、实验内容

1. 仿真系统

(1) 准备好码型 1、码型 2、码型 3 的逻辑设计,复习数字电路仿真的相关知识。

(2) 绘制并仿真移位寄存器模块电路,自行拟定时钟、D_0 反馈等输入参数,验证其功能,条件允许下将四种码型先遍历一遍。

(3) 绘制逻辑控制模块电路,参考图 E14.2,补充齐全 $M_0 \cdots M_4$ 的积项,必要时采用多图纸方式画原理图,注意图纸间的连接特点及其对仿真的影响。

(4) 将移位寄存器模块同逻辑控制模块相互连通,设计 C_0C_1 信号,仿真并记录四种码型结果。记录时注意除图 E14.1 的几路观测信号外还应将它们同 C_0C_1 进行分析比较。

2. 选做

选做时钟信号的输入处理模块、控制信号 C_0C_1 产生模块两部分的仿真。这两部分的主要内容同前面的仿真实验内容类似,原理简单,故不作重点要求。

【思考题】

1. 整理仿真结果,比较 PSpice 电路仿真与 ABEL 测试矢量仿真的差异及各自特点。

第三章 可编程逻辑器件 GAL 及 ABEL 语言

3.1 概　　述

可编程逻辑器件（Programmable Logical Device，PLD）是 20 世纪 80 年代发展起来的新器件。与中、小规模定制的器件比较，有以下特点：

1. 集成度较高，通用性强，使用灵活；
2. 电路设计和组成可借助计算机、专用软件和编程器完成，初步实现电路设计与组成的自动化；
3. 可使印制板布线简单、规范、合理，从而提高了电路系统的质量。

用 PLD 设计电路是学习电路设计的大学生应掌握的基本知识。

PLD 虽是新器件，但提供给设计者使用的电路总是由门阵列、三态门、锁存器、寄存器、选择器和分配器等基本单元组成。它的新颖之处在于可通过"编程"，在一个芯片内部把这些基本单元组成不同的逻辑电路，乃至于一个小系统。即：把选用定制器件通过外部连线组装成电路的工作，变成为在一片芯片内的操作。这无疑在技术上是一大飞越，尤其对于提高高速电路的质量，更具有实用意义。

有关 PLD 的原理和应用的基本知识，没有超出大学有关课程的基本内容，大学生应能通过查阅资料学会使用 PLD。为了帮助同学学会阅读资料，我们编写了本章作为数字逻辑电路课与实验课的参考资料。本章在每一节后面给出了一些思考题，通过这些思考题引导读者在阅读资料时进行思考，而不只是记忆。这些思考题也可供读者用作检验基础知识的参考题。

PLD 可分为可编程只读存储器（Programmable Read-only Memory，PROM）、可编程阵列逻辑（Programmable Array Logic，PAL）、通用阵列逻辑（Generic Array Logic，GAL）、可编程逻辑阵列（Programmable Logic Array，PLA）及现场可编程门阵列（Field Programmable Gate Array，FPGA）等类型。除 PROM 外，GAL 体现了其他 PLD 的基本特点。本章只介绍 GAL，作为读者了解 PLD 的入门知识。

开发 PLD 必须使用设计软件与编程器。通用的软件包虽有 ABEL、CUPL、PALASAM2 等多种，但其框架大同小异。本章后 4 节通过介绍 ABEL 的框架，介绍使用设计软件的方法。希望读者在阅读时注意以下三点：

1. 设计软件是以 PLD 的结构和设计方法为依据组成的。应运用自己的逻辑电路和计算机软硬件的基本知识,理解设计软件的组成,应做到认为设计软件不是不可想象的。

2. 掌握设计软件的方法是先对其框架有所了解,知道其结构、基本功能与基本的使用方法,用有代表性的器件(例如 GAL16V8、GAL20V8)设计一两种电路。以后按工作中的问题有目的地查阅软件手册。使用软件手册犹如使用字典一样,不宜一开始就逐页细致地阅读手册。

3. PLD 设计软件体现了一套严谨、规范的工作方法与工作作风,及有序的科学的思想方法。这是应给予重视的问题,也是有关课程重要的教学要求之一。

本章只是教学参考资料。在实验课的过程中,还应查阅手册或请教师作必要的讲解。

3.2 可编程逻辑器件概述

3.2.1 可编程逻辑器件简介

可编程逻辑器件,它是用来实现多自变量(输入)和多因变量(输出)的逻辑函数的器件。

组合逻辑函数是基本的逻辑函数,任何组合逻辑函数都可以用"与—或"标准式来表示。在 20 世纪 70 年代就出现了由与阵列和或阵列组成的 PROM。图 3.1 是 PROM 电路的示意图,图中的阵列可理解为由"线—与"和"线—或"组成的矩阵。PROM 中的与矩阵是固定联结的(用"·"表示),用来产生全部最小项(积项);或矩阵是按用户的要求来联结的(用"×"表示),用来产生指定的逻辑函数。PROM 的规模较大,它是因计算机中只读存储器的需要而推出的。作为只读存储器,每一最小项表示一个地址;为了有足够多的地址,PROM 必须有大规模的全译码矩阵。

全译码使输入放大器有最重的负载(包括容性负载),必然影响器件的速度。在许多电路中,并不要求有全部自变量(或其反变量)皆有的积项,因而出现了与矩阵和或矩阵皆可编程的器件,叫作可编程逻辑阵列,如图 3.2 所示。PLA 有很大的灵活性,但用 PLA 设计电路和编程却比较复杂。

为了便于组成中小规模逻辑器件,20 世纪 70 年代末出现了一种具有可编程的与矩阵和固定的或矩阵的中规模器件,叫作可编程阵列逻辑 PAL。图 3.3 是 PAL 的基本电路示意图,在图中固定的或矩阵用几个有多输入端的或门表示。如图 3.3 所示,自变量通过两级反门(互补放大器)传送到与矩阵,给与矩阵提供了一对自变量和反变量。

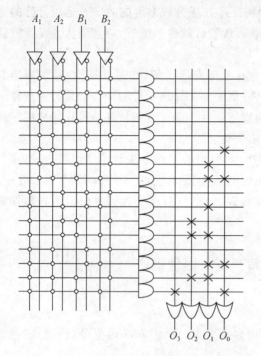

图 3.1 用 PROM 实现 2×2 乘法器的逻辑图

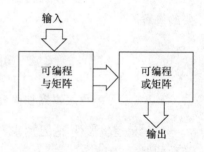

图 3.2 PLA 示意图

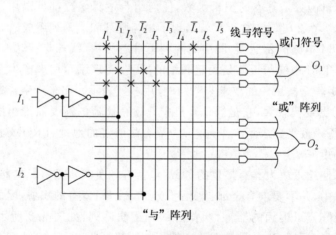

图 3.3 PAL 的基本电路示意图

每一自变量或反变量对应于一条纵线。若使某几根纵线和一根横线作"线与"联接,就产生一个积项,它为或门提供一项输入信号。按照图 3.3,输出端 O_1 的逻辑函数式为:

$$O_1 = I_1 \cdot \overline{I_4} + \overline{I_1} \cdot \overline{I_3} + \overline{I_1} \cdot \overline{I_2} + I_1 \cdot I_2 \cdot I_3$$

一片 PAL 可以有 8 至 10 个或门,每个或门可接受 8 个积项,可以代替 4 至 10 片通常的定制器件。

按照组成逻辑电路的需要,可以制出有反馈通道的 PAL。为了组成同步时序逻辑电路,又制出输出端有寄存器(触发器)的 PAL,每一种 PAL 适用于某一类电路。

由于集成技术的提高,在 20 世纪 80 年代又把一些选择器集成在芯片中,可以通过选择器切换芯片内部的电路结构。推出了结构可编程的 PAL,使器件有更好的通用性,这种器件叫作通用逻辑阵列。

通常的 GAL 必须插在一种专用的"编程器"上,在计算机控制下经过编程操作,才能组成所设计的电路。后来,又发展出一种在实用的印制板上就可以进行编程的 GAL,称作在线可编程 GAL,使 GAL 能更方便地使用。

中规模的门阵列宜用来组成逻辑部件,在一块印制板上若干片 GAL 就可以组成一个小系统。可以设想:若将一中规模门阵列作为一个单元,一片芯片中可集成多个单元,各单元之间还可集成许多数字开关(选择器,分配器),使能按设计需要改变联线,这种器件将有重大的意义。也可以想到这种器件也可以用在线编程技术。在 20 世纪 80 年代后期,已推出这种器件,叫作现场可编程门阵列。FPGA 的规模较大,一片 FPGA 就可以组成一个小系统。1994 年已推出 2200 门的 FPGA。目前,FPGA 的规模已达几百万门。可以想到,各种 PLD 的应用,对系统设计和生产将有重大的影响。

【思考题】

1. 何谓"线与"?何谓"线或"?试以二极管与门和或门为例说明之。

2. 组合逻辑函数有几种不同形式的表示式?不同形式的表示式之间有何关系?

3. 写出图 3.2 中四个或门输出端的逻辑函数。

4. 为什么门阵列的输入放大器总是互补放大器?

3.2.2 实现编程的工艺

最早是利用熔丝实现编程的。图 3.4 是一个尚未编程的二极管与矩阵,它的每一纵线与每一横线之间,都通过一个二极管和一段熔丝联结起来(线与)。所谓"编程"就是把不参与相积(与)的变量的结点上的熔丝,用较大的电流熔断,使积项中只有选定的变量,这种器件叫做熔丝型。

还有一种方法是用一对反向联结的二极管组成的矩阵如图 3.5 所示,使任一结点上总有一个反向二极管,编程时把选中的结点上的反向二极管,用强电流击穿短路,使该结点只由正向二极管联结这种器件叫作结破坏型。

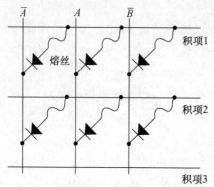

图 3.4 二极管与矩阵

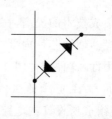

图 3.5 反向联结的二极管组成的矩阵单元

熔丝或反向二极管也可以用于电路的结构编程。例如图 3.6 是器件内部的一个异或门,它的一个输入端(A)接收逻辑信号,另一个输入端(B)通过熔丝与 V_{CC} 相连。在这种情况下 $B=1$,对于输入 A,异或门实现反门(非门)的功能;若烧断熔丝,则 $B=0$,对于输入 A,异或门实现同门的功能。换言之,通过熔丝的通或断,可以改变内部电路的控制信号(使为常量 0 或 1),从而改变内部电路的功能。这种编程属于电路结构编程。

双极性器件一般只能作一次编程操作。编程之后不能恢复到初始状态,不能再次编程。

编程是利用某种元件(例如熔丝等)保持"通"或"断",存储信息("0"或"1")。在 MOS 器件成熟之后,开始用浮栅场效应管作编程元件,叫做 FAMOS 管。图 3.7 是 N 沟道 FAMOS 管的示意图。FAMOS 管的栅极没有引线,且被二氧化硅绝缘层所包围,叫做"浮栅"。若浮栅上没有电荷,则源极(S)与漏极(D)之间不导通,处于断状态。若将 S 极与衬底接地,D 极加较高正电压,漏极 PN 结处于反向击穿状态,产生雪崩现象——高能空穴可以穿过绝缘层到达浮栅,使浮栅

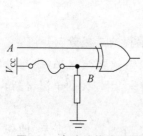

图 3.6 电路结构编程

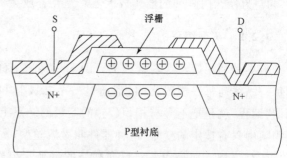

图 3.7 N 沟道 FAMOS 管的示意图

上有正电荷。之后,因浮栅有正电荷使 S 极和 D 极之间形成一个沟道,使 FAMOS 管处于导通状态。因浮栅被 SiO_2 层绝缘,它上面的正电荷可以长期保持(可达十年以上),可使 FAMOS 管长期处于导通状态。

使浮栅上集聚电荷,就是把信息写入存储单元。若用紫外线照射浮栅,浮栅上的正电荷因获得足够的能量,可穿过浮栅与 SiO_2 的势垒泄放掉,使 FAMOS 管恢复到无沟道状态。这种操作相当于把写入的信息擦除。经过擦除后可以重写。用 FAMOS 管制成的器件叫做可擦除编程逻辑器件(Erasable Programmable Logic Device,EPLD)。EPLD 只能整体擦除,不能按位擦除。

经过改进,能按位擦除的 FAMOS 管如图 3.8 所示。它的特点是在浮栅上还有第二栅极;在 D 极与浮栅之间增加了一个隧道结。若给第二栅极加一定的正电压 V_g,在 V_g 的电场作用下,正电荷可以穿过隧道到达浮栅(写信息);若 V_g 的极性相反,则浮栅上的正电荷也因受电场驱动流向漏极(擦除)。用这种工艺制造的器件叫做电子可擦除可编程逻辑器件(Electronically Erasable Programmable Logic Device,EEPLD 或 E^2PLD)。

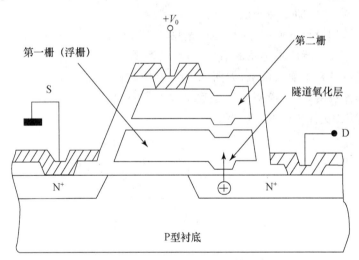

图 3.8 可按位擦除的 FAMOS 管示意图

任何 PLD 都可以用不同的工艺制造。通常称之为 GAL 的器件,通常是指 E^2CMOS 的器件。

通常 PLD 由 5 V 电源供电运行,但写入和擦除需要较高的电压,需要插到专用的编程器上,才能实施编程和擦除。现代的 CMOS 工艺,已能制出在 5 V 电源下作编程操作的器件,因而能够推出在线编程器件。

【思考题】

1. 在可编程器件中,有哪几种不同的编程?

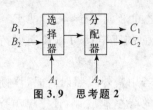

图 3.9 思考题 2

2. 图 3.9 是一选择器与分配器组成的逻辑部件。问:

(1) 在控制信号 A_1,A_2 的作用下,该电路有几种工作方式?

(2) 你估计这类电路在 PLD 中有何用途?

3. 若上题中的 A_1、A_2 要用 FAMOS 管编程,你设想的具体电路是如何组成的?

3.2.3 PLD 的开发过程

PLD 的开发是指以 PLD 为器件、通过"编程"设计组成所需的电路。下面简述开发的过程。

设计者应先作电路设计,写出电路的逻辑方程或真值表,再按设计要求选用器件。要组成实际的电路,必须能说明器件中每一个编程单元应该写"1"还是写"0",然后再实施编程操作。一片 GAL 有两千多编程单元,要人工完成编程是很困难的,必须借助专用的设计软件。

在专用的设计软件中,应存有所选用的 PLD 的内部结构资料,并具有逻辑运算能力。设计者应将选用的器件、电路的逻辑功能(例如逻辑函数式,真值表)和有关的设计要求输入微机,如图 3.10。专用软件依据设计文件提出的要求和储存的器件资料,生成说明每一编程单元的文件,叫做 JEDEC 文件(*.JED),并将 JEDEC 文件传送给编程器。

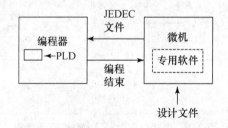

图 3.10 PLD 的开发过程示意图

JEDEC 是电子器件工程联合协会(Joint Electronic Device Engineering Council)的简称。上述说明编程要求的文件的格式,是经 JEDEC 审定的。不同的设计软件提出的编程文件,应符合这种规定的格式。否则,通用的编程器不能执行软件提出的要求。

编程器是微机控制的专用设备,其中应存有执行编程所需的器件内部结构的资料,还应有为执行和检验编程所需的时序部件及有关的电路。编程器依据

JEDEC 文件和器件内部结构的资料,执行编程操作和模拟测试,并可将编程的结果传送给微机。

如上所述,使用 PLD 不仅提高了电路的集成度,且在一定程度上实现了数字电路设计与组成的自动化。PLD 的开发必须要有相应的软件。目前有多种可供选用的软件,例如汇编软件 PALASM2、编译软件 ABEL、CUPL 等。应该注意每一种软件只支持它存入资料库的器件。如果要开发新器件,则必须更新软件的版本(包括更新编程器中的软件)。这是用户必须注意的问题。

一片 PLD 中有成千上万个编程单元,它们组成封装在器件中的阵列。对器件中任一单元的操作(选址,写/读等),只能在封装好的器件中进行。因此,器件中除了有设计者直接使用的电路之外,还要有一套选址、写/读控制与驱动电路。编程器只能将选址及其他信号,通过引脚传送到器件中,由器件内部电路执行操作。但实际的器件不能有很多的引脚,在常态(在线运行态)每一引脚都有特定的作用,例如输入引脚、输出引脚等。在实施编程操作时,须通过特定的控制信号,把引脚切换到与内部的编程控制电路相连。因此,在器件中还须有一套引脚切换电路。通常的器件手册,只是说明用户直接使用的那一部分电路。对于编程器和软件的设计者,应掌握器件生产厂家按协议提供的、详细的器件内部的电路资料。否则不能设计出合格的产品。这也是设计者选用软件和编程器时必须注意的问题。

【思考题】

1. 为了从事 PLD 的开发工作,应掌握哪几方面的基本知识?

2. 你估计 E^2PROM 的内部电路与 GAL 的内部电路有何相似之处?有何不同?

3.3 PAL 的基本电路

3.3.1 组合逻辑 PAL

为了适应实际应用的需要,已出现多种形式的 PAL,大致可分为组合逻辑 PAL 和有寄存器的 PAL。

图 3.11 是一种基本的组合逻辑 PAL 中的一个单元,输入信号经过与矩阵、再经或门输出。这种输出电路叫做 H 型 PAL,俗称高电平有效。为便于逻辑描述,把输出端引脚叫做"正极性"(POS)引脚。在有些器件中,输出电路是或非门,叫做 L 型 PAL,输出端引脚叫做"负极性"(NEG)引脚。有些器件有互补输

出电路,叫做C型PAL。

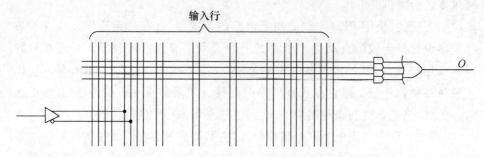

图 3.11　基本组合逻辑 PAL 中的一个单元示意图

锁存器(闩锁)等有记忆的逻辑电路,是有反馈的组合逻辑电路。为了便于组成这类电路,有些 PAL 的输出电路,在或门后还有三态门和反馈端。在图 3.12 所示的电路中,三态门开通时是一级非门(L 型),信号可以通过反馈端回输到与矩阵;在三态门关闭时,反馈端又可作为一个独立的输入端使用。图中的三态门是由与矩阵产生的一个积项控制,这种电路叫做可编程 I/O 结构的 PAL。

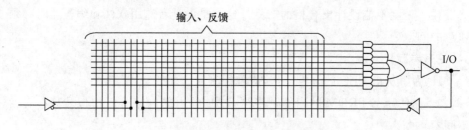

图 3.12　输出端带有三态门和反馈端的 PAL

图 3.13 是 PAL16L8 的逻辑图,它有 10 个输入端,6 个 I/O 端口和两个专用输出端(只作输出端的引脚)。也可以通过外部的联线,例如把 I_9 和 O_1 相联、I_0 与 O_8 相联,组成 8 个 I/O 端口。在 PAL16L8 中,每个或门可接受 7 个积项。在使用这类器件时应该注意,必须由输入信号组成三态门的控制信号。这里说的反馈端,是指把信号回输到矩阵端,它不是只用来组成反馈电路。也可以把信号回输给另一个或门,以增加它接受的积项数。即:还可以编程为扩展端。

PAL 的输入端、输出端和反馈端都有互补放大器,使 PAL 的每一通道都有一定的电压增益。这是组成有记忆电路的必要条件。输入端和反馈端的放大器又可输出异极性信号,使 PAL 有较强的逻辑功能。

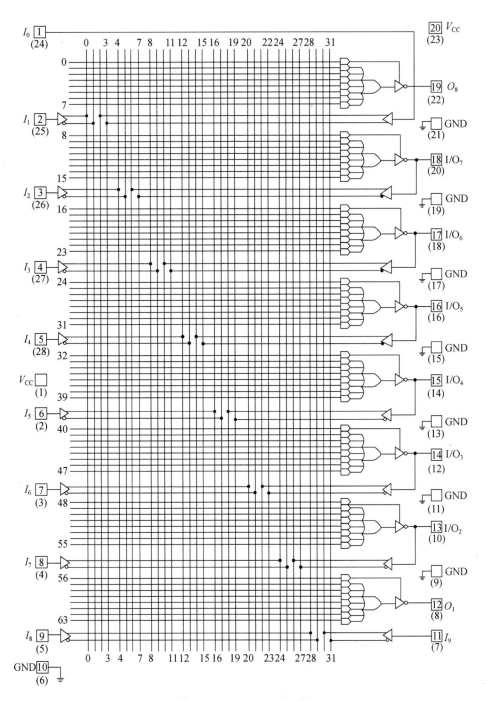

图 3.13　PAL16L8 逻辑图

图 3.14(a)是与非型 R-S 锁存器,它的输入信号为 $\overline{S}$ 和 $\overline{R}$。输出信号为 Q。该电路的方程为:

$$Q = \overline{\overline{S} \cdot \overline{Q}} = \overline{\overline{S} \cdot \overline{Q \cdot \overline{R}}}$$
$$= \overline{\overline{S} \cdot \overline{Q} + \overline{S} \cdot R} \tag{3.1}$$

显然,该电路可以由 PAL16L8 的两个输入端和一个输出端组成,如图 3.14(b)所示。

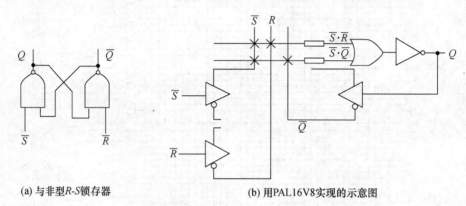

(a) 与非型 R-S 锁存器　　　　　(b) 用PAL16V8实现的示意图

图 3.14　R-S 锁存器及用 PAL16V8 实现示意图

图 3.15 是受控 D 锁存器,它的输入信号为 D 和 L,输出信号为 Q。如图 3.15 所示,D 锁存器是由 R-S 锁存器和控制门组成,控制门的方程为

$$\overline{S} = \overline{D \cdot L} = \overline{D} + \overline{L}$$
$$\overline{R} = \overline{\overline{D} \cdot L}, \quad 即 R = \overline{D} \cdot L$$

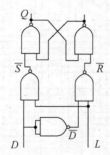

图 3.15　受控 D 锁存器

将以上两式代入式 3.1,得到 D 锁存器的方程为

$$Q = \overline{(\overline{D} + \overline{L}) \cdot \overline{Q} + (\overline{D} + \overline{L}) \cdot \overline{D}L}$$
$$= \overline{\overline{D} \cdot \overline{Q} + \overline{L} \cdot \overline{Q} + \overline{D}L} \tag{3.2}$$

在式3.2的右边是三个积项和,用PAL16L8的两个输入端和一个输出端即可组成该电路。(请读者自行画出用PAL16L8实现的逻辑电路。)

与一般的中、小规模门比较,与或矩阵能组成较复杂的逻辑函数。在选用器件时,首先应考虑电路所需的输入、输出端数。由于通用软件有逻辑运算功能,设计者只要写出逻辑函数方程,并不要求化为积项和的形式,软件可将方程变换为器件所需的形式,并通过编程器实现编程。如果设计给一个或门的积项数超过它的容量,软件也能给出指示。设计者可依据屏幕上的指示修改设计。

应该注意:设计文件中的方程,只是一片器件内部电路的方程。在器件与外部联线或元件组成一个单元电路时,文件上的方程只应说明内部电路的逻辑功能。以上介绍了输出组合信号的 H 型和 L 型电路。任一组合逻辑函数都可以表示为与—或式,也可以表示为非与—或非的形式。但在实用上是有差别的。例如:若在用正极性器件时要求实现的电路方程为

$$O = I_1 + I_2 + \cdots + I_9 。$$

即要求或门输入9项,用此式来实现就必须占用另一输出端作扩展。若用负极性电路,则方程变为

$$O = \overline{\overline{I_1 + I_2 + \cdots + I_9}}$$
$$= \overline{\overline{I_1} \cdot \overline{I_2} \cdots \overline{I_9}} 。$$

即或门(或非门)只需输入一个积项,实现时只需占用一个输出端。

不同极性的电路适用于不同的情况。为了使用更加灵活,有的 PAL 在或门和三态门之间还有一个异或门(XOR),如图3.16所示。或门给 XOR 提供一路输入信号(积项和),XOR 的另一输入端通过熔丝接 V_{CC}。在这种情况下,该端的逻辑信号为"1"时,XOR 为反门,输出引脚是正极性的。若烧断熔丝,XOR 就成为同门,输出引脚是负极性的。这种电路叫做 P 型,即极性可编程电路。P 型 PAL 的特点在于用户可按需要使每一输出引脚有不同极性。

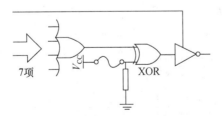

图 3.16 输出极性可编程的电路

XOR 的编程状态,与引脚的极性有确定的对应关系,只要在设计文件中标明引脚的极性,就可以自动编程。一般情况下,设计者并不需要先确定 XOR 的状态,只需写入逻辑方程,经软件化简后若指出积项数过多,再修改设计。也就

是编程设计可以在计算机上进行。

事实上 XOR 总有它的予置状态,例如在图 3.16 中,XOR 已予置为反门。若设计者不说明引脚的极性,软件可以认为设计者默认为预置态。

【思考题】

1. 在用 PAL16L8 设计电路时,若需要有一个或门接受 12 个积项,问该器件还能用吗?

2. 若要设计一个或非型 R-S 锁存器,问是否可用 L 型 PAL? 试写出该电路的方程,并画出编程示意图(见图 3.17)。

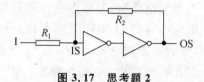

图 3.17 思考题 2

3. 是否可用 L 型和 H 型 PAL 组成附图所示的施密特电路?试写出设计文件所需的逻辑方程,并画出电路的编程示意图。

4. 怎样用 PAL 组成单稳态电路?说明片内电路和外部电路,并画出电路的示意图。

5. 是否可以用 PAL 组成晶体振荡器?你估计会出现什么现象?

6. 通常认为锁存器的 Q 端和 $\overline{Q}$ 端是两个输出端。图 3.14(b)中的锁存器有几个输出端?在何处?

3.3.2 有寄存器的 PAL

为了便于组成有寄存器的电路,有一种 PAL 的输出电路中集成有 D 触发器,图 3.18 是一种常用的电路。如图 3.18 所示,我们为触发器的 D 端提供信号,在外部输入的时钟 CLK(上升沿有效)的作用下存入触发器;触发器的 Q 端经三态门(反门)输出,$\overline{Q}$ 端为与矩阵提供反馈信号。三态门受外部输入的 $\overline{OE}$(低电平有效)控制。这种电路宜用来组成移位寄存器、计数器等时序逻辑电路。

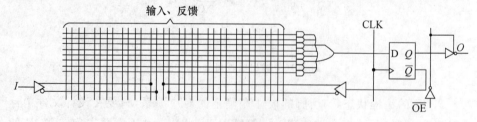

图 3.18 有寄存器的输出电路

在图 3.18 中,反馈端联在触发器上,反馈信号不受三态门状态的影响,这叫做寄存器反馈(FEED REG)。这种反馈的特点是:无论三态门是否开通,都不影响触发器组成的时序电路的状态。组合型电路的反馈端连在三态门的输出端(引脚)上,叫做引脚反馈(FEED PIN)。

有寄存器的 PAL 叫做 R 型 PAL。图 3.19 是 PAL20R8 的逻辑图,它的 8 个输出端都有寄存器。图 3.20 是 PAL20R6 和 PAL20R4 的结构图,它们分别

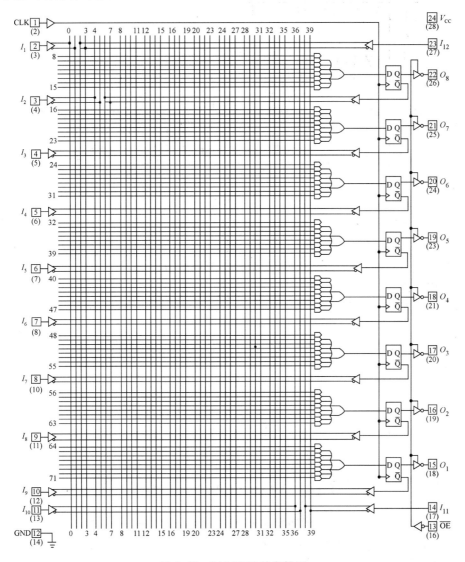

图 3.19　PAL20R8 的逻辑图

有6个和4个寄存器、及2个和4个组合可编程的I/O端。在R型PAL中，与触发器相联的或门，可以接受8个积项；与I/O端相联的或门，只能接受1个积项。设计者应按所要设计的电路，选用恰当的PAL电路类型。

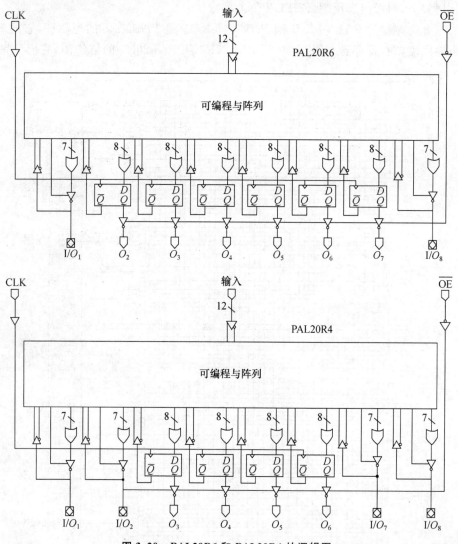

图3.20　PAL20R6和PAL20R4的逻辑图

另一种有寄存器的电路如图3.21所示，该电路把与矩阵提供的积项分为两组分别求和后，再经异或后传送给D触发器。这种电路为设计计数器和具有"保持"(HOLD)功能的时序逻辑电路提供了方便。这类器件叫做RA型PAL，也就是异或—寄存器型PAL。

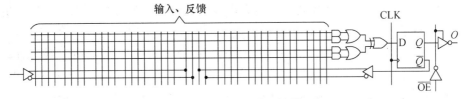

图 3.21 RA 型 PAL 的逻辑单元图

【思考题】

1. 若要设计一个 8 位的二进制计数器,试写出它的逻辑方程。你拟选用什么 PAL? PAL20R8 是否适用?

2. 若要设计一个八位移位寄存器。要求在两个变量的作用下,具有左移、右移及并行移位的功能。试画出电路结构示意图,写出逻辑函数,并选用恰当的 PAL。

3. 为什么 RA 型 PAL 对于设计计数器比较方便?

4. 异或门对逻辑运算和算术运算有何意义?

5. 在逻辑函数的内涵上,与—或—异或和与—或是否根本不同?

6. 如图 3.21 所示的电路和与—或型比较,是否只能接收较少的积项?

3.3.3 利用 PAL 设计电路的过程

现举例说明如何用 PAL 设计逻辑电路。若要设计图 3.22 所示的电路,包括一组反馈移位寄存器、形成触发器时钟信号的施密特电路和一个防抖动的锁。在设计电路时,应先分析电路需要多少寄存器、多少组合输出端、多少输入端,这是选择 PAL 器件类型的主要依据。

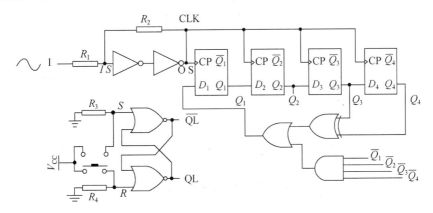

图 3.22 设计电路举例

按照图 3.22,该电路需要 4 个 D 触发器组成移位寄存器,并需要一个时钟

(CLK)输入端；组成闩锁需要一个组合信号输出端（Q_L）和两个输入端（S、R）；组成施密特电路需要一个组合信号输出端 OS 和一个输入端 IS。按照这些特点，选用 PAL16R4 是合适的。但应注意 PAL16R4 的组合信号输出端的三态门，是受一个积项控制的。上述施密特电路和闩锁，必须在三态门开通条件下工作。因此，需要用一个输入端输入一个常量（0 或 1），作为两个组合信号输出端的三态门的控制信号。如上所述，若对电路的速率无特殊要求，可选用 PAL16R4。

在选定器件之后，可对器件的内部和外部电路作出大致的安排，即按印制板合理布线的基础上分配引脚（pin），并给引脚命名。引脚的符号既是引脚的名称，也表示引脚上的信号。如图 3.23 所示，Pin2 规定为两组合输出端三态门的控制量 $\overline{CI}$（低电平有效）；Pin 4(IS)、Pin19(OS)规定为施密特电路的两级放大器的输入端和输出端；Pin8(S)、Pin9(R)是闩锁的两个输入端，Pin12(Q_L)是闩锁的输出端；Pin17、16、15、14 依次为四级移位寄存器的输出端。Pin3、5、6、7 是不用的输入端，以 NC 表示之。为了防止引入干扰，不用的输入端应接地。Pin18($\overline{NO_1}$) 和 Pin13($\overline{NO_2}$) 是没有使用的 I/O 引脚。在命名引脚时，除了不使用的端外皆应赋予不同的符号。在作出这些安排后，就可按标明的符号写出器件内部的电路方程及方程成立的条件。

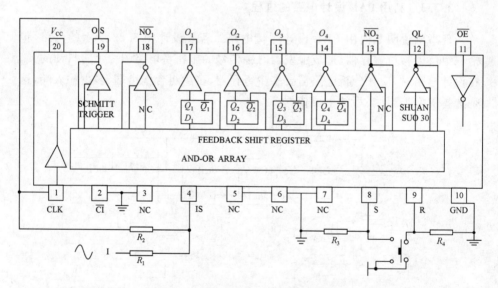

图 3.23 采用 PAL16R4 的设计方案图

电路方程是设计文件的一个重要的组成部分，它以引脚信号作为输入信号和输出信号，描述设计者对器件内部电路的要求。在器件内，施密特电路只是同

门,它的方程为

$$OS = IS \qquad (3.3)$$

参照图3.22锁存器的方程为

$$Q_L = \overline{R + \overline{Q_L}} = \overline{R + \overline{S + Q_L}} \qquad (3.4)$$

以上两式只在两个输出单元的三态门开通时成立,称为输出允许。两式成立的条件为:$\overline{CI}$有效时(3.3)式和(3.4)式输出允许。

在(3.3)式和(3.4)式中,等号左边是输出的新状态,等号右边是输入和反馈的原状态。在设计文件中,为了简单起见,用同一符号表示原状态和新状态。这种写法实际上是视器件为无延时理想器件,等号两边的信号在任一时刻都是相等的,或原状态和新状态在任一时刻都是相同的。

触发器则不同,它的D端输入信号仅在时钟上升沿或下降沿有效时才呈现为Q端的输出信号。在设计文件中用符号":="表示这种关系。

如图3.22所示,移位寄存器的方程为

$$Q_2 := Q_1,$$
$$Q_3 := Q_2,$$
$$Q_4 := Q_3,$$
$$Q_1 := (Q_3 \oplus Q_4) + \overline{Q_1} \cdot \overline{Q_2} \cdot \overline{Q_3} \cdot \overline{Q_4}。$$

在图3.22中,四个寄存器的Q端是输出端,但在PAL中信号是通过三态反门输出的,与Q端的信号相反。要PAL的输出信号符合设计要求,则PAL中寄存器的D端的输入也应是反信号。因此,PAL16R4中移位寄存器的方程应改写为

$$O_2 := \overline{Q_1} \qquad (3.5)$$

$$O_3 := \overline{Q_2} \qquad (3.6)$$

$$O_4 := \overline{Q_3} \qquad (3.7)$$

$$O_1 := \overline{(Q_3 \oplus \overline{Q_4}) + Q_1 \cdot Q_2 \cdot Q_3 \cdot Q_4}$$

即 $O_1 := \overline{Q_3} \oplus Q_4 + Q_1 \cdot Q_2 \cdot Q_3 \cdot Q_4 \qquad (3.8)$

以上四式成立的条件可表示为:$\overline{OE}$有效时以上四式输出允许。

在式(3.5)~(3.8)的左边是四个引脚的输出信号,右边是寄存器通过反馈传输的信号,称作寄存器反馈信号。

在PLD的设计文件中,力图用引脚上的信号来描述电路的逻辑功能。但也有一些是描述电路的逻辑功能所必须、而又不出现在引脚上的信号,它们被称作节点信号。上面所述的四个寄存器的反馈信号就是节点信号,作用于三态门控

制端的控制信号也是节点信号。节点信号总与器件内部电路的某一输入或输出端对应,这个内端叫做节点。PLD设计文件中的逻辑方程,只能是引脚信号和节点信号的方程。但节点不是可以由设计者任意选择的,它们是器件生产厂家规定的并蕴含在设计软件中的特定节点。

【思考题】

1. 在图 3.23 中,Pin13($\overline{NO_2}$)、Pin18($\overline{NO_1}$),是两个没有使用的 I/O 端。这两个端是否可能引进干扰?如何处理?

2. 用 PAL 设计电路与你原来的习惯做法有何不同?

3. 在上述例子中涉及哪些基本知识、基本概念?

4. 计算机怎样判断方程中的变量是输入量还是输出量?怎样判断有无反馈变量?你估计用什么方法或"算法"?您认为应经历一个怎样的"流程"?

3.3.4 器件的工业型号

PLD 是以逻辑矩阵为核心组成的器件。由器件的逻辑图(例如图 3.13、图 3.18)可以看出,每一个输入端和反馈端对应于矩阵中的一组(4 条)纵线;每一个输出端对应于和或门相联的一组横线。每一条纵线和一条横线给出一个编程点,也叫做编程地址。因此,计算机可以依据逻辑方程式,确定相应的编程地址。PLD 还具有其他电路的"编程",例如 P 型 PAL 中对异或门的编程。这种编程可称为"功能编程"。功能编程的地址也应与引脚有确定的对应关系,在逻辑上也是作有序阵列式的排列。GAL 是可以作较多功能编程的器件,也可以说是功能较齐备、使用较灵活的 PAL。

在实施编程(包括擦除)时,器件的引脚还要能输入选址信号和编程操作信号。即引脚常是双功能或多功能的。在 PLD 中,除了逻辑图中给出的设计者使用的逻辑电路外,还应有一套实施编程的电路和受外部信号控制的切换电路。

上述器件内部的电路结构及其与引脚的对应关系是必须贮存在软件中的资料。在设计文件中必须调用相应的资料,资料的名称即工业型号(或代码)。

工业型号的命名与商品型号有关。例如 PAL20R8 的工业型号为 P20R8,GAL20V8 的工业型号是 P20V8(字符 V 表示是 GAL)。但各厂家生产的器件有各自的特点,有各厂家自己的命名法。例如 AMD 公司生产的 GAL 器件 PALCE20V8 在逻辑功能上与 GAL20V8 略有差异,但在编程所需的资料上是互相兼容的,因而它的工业型号仍为 P20V8。由于各厂家表示其商品特点的典型命名法不可能统一,在设计软件中只能用工业型号作为资料的名称,把编程资料兼容的器件统一为一个工业型号。

任何一个设计软件,只能支持已存入资料库中的器件的设计。在软件使用手册中,一般都列出它所支持的各主要厂家器件的商品型号和工业型号(Device)。设计者在使用软件时,首先应查阅软件手册,了解你所用的软件版本是否能支持你所用的器件。由此可见,随着新器件的出现,软件也必须及时更新。

【思考题】

1. 在设计文件中为什么要说明代表引脚的符号与 Pin 的序号的对应关系?

2. 就 PAL16L8 来说,你猜想器件中的编程电路和切换电路是由什么电路组成的? 试提出一种方案。

3.3.5 PAL 的封装

同一型号的 PAL 总有两种不同的封装:一种是双列直插封装(DIP);另一种是方形无引线托架式封装(PLCC)。图 3.24 是 AmPAL22P10 的两种封装的俯视图。

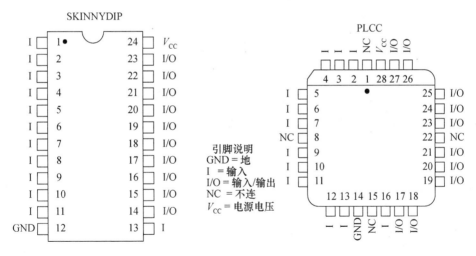

图 3.24　AmPAL22P10 的两种封装形式

双列直插式封装有 20 引脚和 24 引脚两种。一般将输入引脚和输出(或 I/O)引脚分列在两边。这种封装形式,宜用来组成链式串联电路,如图 3.25 所示。若 U_1 的输出信号多数传送给 U_2,则可将对应的输出引脚和输入引脚设计在中间,使两片的联线为平行的印制线,只有边上的引脚,才需要其他走向的引线。不难看出,由于采用了可编程矩阵,使输入引脚和输出引脚之间不存在确定不变的对应关系,因而可以简化印制板的设计。不仅降低了成本,也有助于提高电路质量。

PLCC 封装宜用来组成多片器件相互交换信号的较复杂的系统。图 3.26 是这类电路印制板的示意图。

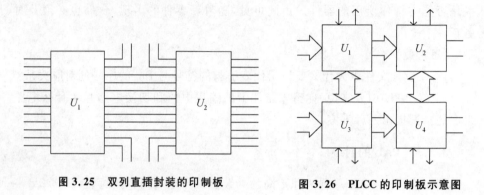

图 3.25　双列直插封装的印制板　　　　图 3.26　PLCC 的印制板示意图

3.4　GAL 的基本电路——带有结构编程的 PAL

3.4.1　从 PAL 发展到 GAL——通用型 PAL

逻辑电路无非是组合逻辑电路,带有反馈的组合逻辑电路,组合逻辑电路与寄存器、锁存器组成的开环和闭环电路。为了实现这些电路的需要,推出了不同类型的 PAL。按一个单元的功能,可分为四类,如表 3.1 所示。

表 3.1　PAL 单元的分类

	输出特性	三态门控制	反馈	积项数
1	REG	引脚控制	FEED REG	8
2	COM	一个积项控制	FEED PIN	7
3	COM	无三态门,相当于常开	无反馈,作输入端	8
4	COM	关闭	无输出,作输入端	

上述四种工作方式大致已能满足组成一般电路的要求。但 PAL 中的每一个单元具有确定的电路,不能按需要选择它的工作方式。

可以设想若在或门后有极性选择异或门、寄存器,并用选择器更换内部的信号传输路径,就可以组成能灵活使用的 PAL。这种输出电路叫做输出逻辑宏单元(Output Logic Macro Cell, OLMC)。

图 3.27 是有 8 个 OLMC 的 GAL16V8 或 PALCE16V8 的结构示意图。GAL16V8 在整体上具有对称的结构。每个 OLMC 不仅接收本单元引脚的反馈

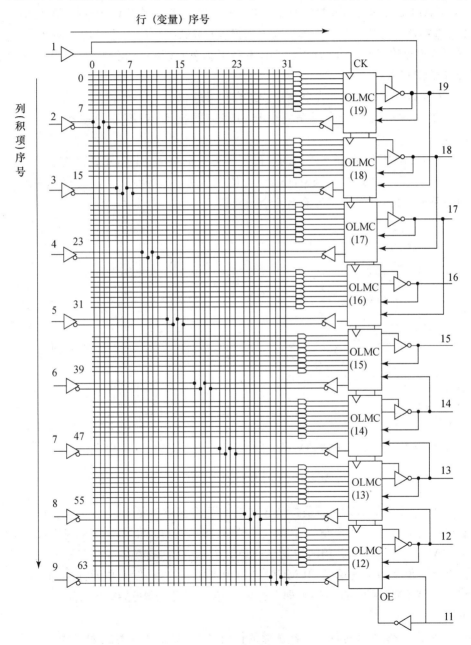

图 3.27　GAL16V8 的逻辑图

信号,而且分别接收左边或右边的一个引脚的信号。这种对称结构使中间两个宏单元 OLMC(15)、OLMC(16) 的引脚不向相邻单元传送信号;最边上的两个宏单元 OLMC(12)、OLMC(19),分别接收引脚 $\overline{OE}$ 和 CLK 信号。

PALCE16V8 的 OLMC 如图 3.28 所示,它包括可编程的异或门、触发器和 4 个选择器。这 4 个选择器是:输出选择器(OMUX)、反馈选择器(FMUX)、三态门输出允许(记为 OE,这里的 OE 不是引脚名)选择器(TSMUX)和积项控制选择器(PTMUX)。

(1) OMUX,选择寄存器输出或组合信号输出。

(2) FMUX,选择反馈端的信号为寄存器反馈、引脚反馈或相邻引脚的信号。

(3) TSMUX,选择三态门的控制信号为一个积项、引脚 $\overline{OE}$、V_{CC} 或地。

(4) PTMUX,它与 TSMUX 配合,使在不用积项控制三态门时仍作为或门的一路输入信号,保持或门输出 8 个积项和。

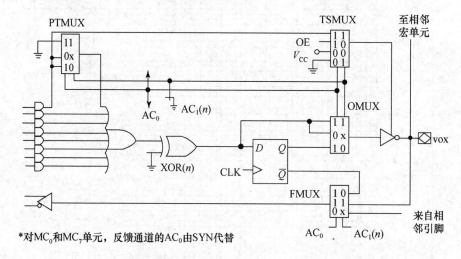

*对 MC_0 和 MC_7 单元,反馈通道的 AC_0 由 SYN 代替

图 3.28 GAL16V8 的 OLMC 结构图

图 3.28 中的 XOR(n) 是控制异或门的可编程逻辑量;AC_0 和 $AC_1(n)$ 是控制选择器的可编程逻辑量。XOR(n)、AC_0 和 $AC_1(n)$ 叫做结构控制字或方式字。AC_0 是 8 个单元共用的控制字;XOR(n) 和 $AC_1(n)$ 是各单元可独立设置的控制字。但在边上的单元 OLMC(12) 和 OLMC(19) 中,以两单元共用的控制字 $\overline{SYN}$ 代替 FMUX 中的 AC_0。即:这两个单元只是反馈选择与中间 6 个单元不同。

按图 3.28 所示的各选择器选通的代码,OLMC 的工作方式如表 3.2 所示。

表 3.2 OLMC 的工作方式

序号	AC_0	AC_1	积项数	三态门 OE	输出	反馈
1	1	0	8	引脚$\overline{OE}$	REG	FEED REG
2	1	1	7	一个积项	COM	FEED PIN
3	0	0	8	V_{CC}控制(OE=1) 三态门常开	COM	无本单元反馈， 是相邻引脚通道
4	0	1	8	GND(OE=0) 三态门常断	无输出，可作另 一通道的输入端	只是相邻引脚通道

这四种方式各有特点，方式 1 是 R 型 PAL 的一个单元；方式 2 是组合输出引脚反馈型 PAL 单元；方式 3 的输出特性相当于简单的组合输出无反馈的 PAL 单元，不同之处在于能给相邻引脚一个输入通道；方式 4 无输出，就输出特性而言是闲置的单元，使闲置单元的三态门常闭，也不失为一种保护措施。

方式 3 和方式 4 的共同特点是给相邻引脚一条输入通道，它的作用与相邻引脚的情况有关。图 3.29 是一个设定在方式 4 的宏单元，可以设想，若相邻的引脚的 OLMC 设定在方式 3，这个通道就是相邻单元的反馈通道。

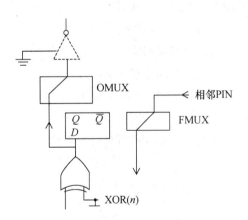

图 3.29 设定在方式 4 时宏单元的情况

再看最边上的两个单元。在设定为方式 3 或方式 4 时，它们分别把$\overline{OE}$和 CLK 传送到与阵列中，在同步时序电路中，有时需要组合信号和三态门控制信号同步地变化，或需要由时钟（例如$\overline{CLK}$）对组合信号取样以消除冒险，就可以利用这种方式。

为了便于组成同步时序电路，OLMC(12) 和 OLMC(19) 的反馈选择器由

$\overline{SYN}$代替 AC_0 作控制信号。在这种情况下,这两个单元的输出特性与三态门的状态仍由 AC_0 和 $AC_1(n)$ 决定,但反馈通道却不同:只要 $\overline{SYN}=0$(对应于 $AC_0=0$),就没有本单元的反馈,只传送 $\overline{OE}$ 和 CLK;仅当 $\overline{SYN}=1$ 时,反馈通道才传送本单元的反馈信号。SYN 是英语同步(synchronous)的缩写,这里说的"同步"是指与阵中有上述同步信号。从这一点也可以看出,GAL 不只是灵活地模仿原来的 PAL,使每一个单元都可以编程为任一种形式的 PAL,而且还有更强的功能。

设计者应按电路的实际需要,合理地设置各单元的工作方式与极性。现在的问题是如何在设计文件中描述所设置的工作方式与极性。一般的设计软件,总要求设计者用引脚的属性来说明编程的要求,使表达的要求有明确的编程地址。可以认为输出特性、反馈、三态门控制等是条件(设计要求),AC_0、$AC_1(n)$是按给定条件所求的结果。表 3.2 就是说明这种逻辑关系的真值表,它应蕴涵在存储软件中的"DEVICE"资料中。计算机是有做这种简单运算能力的,可依据表 3.2 准确地提出设计要求。按照这种认识,四种方式可表述为:

方式 1:Q_n(引脚)是 REG,FEED REG,POS or NEG;

方式 2:Q_n 是 COM,FEED PIN,POS or NEG;

方式 3:Q_n 是 COM,OE=1,POS or NEG;

方式 4:Q_n 是 COM,OE=0,POS or NEG;

这是通用的表述方式,但不同软件有不同的语句格式与符号。可以想到,OLMC 的工作方式还可以通过逻辑方程反映出来。例如一个单元的方程式中的等号若为":="则该单元是 REG;若为"="则该单元是 COM。还可以根据等号右边有无相应的引脚符号(变量),判断是否有反馈。但是设计者所用的软件是否有这种功能,应认真查阅软件手册搞清楚。ABEL 可以根据等号的形式判断输出单元是 REG 还是 COM。因此,允许用户在描述引脚时作不同程度的省略。

应该注意,在这类 GAL 中,AC_0 和 SYN 是影响全局的控制字。在进行设计时,应先对器件中各单元的用途做出整体安排,再逐个单元进行设计。为了避免失误,在设计电路时应先画一个设计方案的分配图,例如 3.3.3 节中的图 3.22。注明各单元的工作方式与控制字,再开始写设计文件,请读者务必养成严谨、有序的工作习惯。

尽管这样,差错还是难免的,尤其是对于功能较强的软件。例如可以用说明语句规定工作方式,也可以用逻辑方程来表述工作方式。在诸多的环节上,任一处有微小的失误都可能产生互相抵触的指令,使软件运行的结果出差错。尤其是一些隐含错误的设计文件,可以通过软件的语法检查,但得到的电路设计却可能与原设计有异。为了及时发现这种差错,在实施编程之前,应让计算机用原设计的真值表检查设计文件对器件的说明和对电路逻辑功能的描述,设计文件中的这一部分叫做测试节。

【思考题】

1. 通常所说的 GAL 与通常所说的 PAL 比较,提供给用户的电路有何不同？专用的设计软件会有什么不同？

2. 为什么要利用相邻单元引入同步信号？对于通常的 PAL,把引脚 $\overline{OE}$ 和 CLK 通过外部联线分别和另外两个输入引脚相连,不是也能引入同步信号吗？

3.4.2 16V8 型和 20V8 型 GAL

前面介绍了设置控制字的一般方法。对于 PALCE16V8 这一类器件,应从一片器件的整体上考虑各单元的工作方式。PALCE16V8 有两个涉及全局的控制字。其一是 SYN,若 SYN=1,则与矩阵中有同步信号(OE 和 CLK),但边上的两个单元不能有来自本单元的反馈;若 SYN=0,则与矩阵中无同步信号,但边上两个单元可以有来自本单元的反馈。其二是八个单元共用的 AC_0;若 AC_0=1,则各单元可以为方式 1(REG)或方式 2,且可以有来自本单元的反馈;若 AC_0=0,则各单元只能为方式 3(COM)或方式 4(Input),且为相邻引脚提供传输通道。若从电路的整体考虑首先设置 SYN 和 AC_0,则有以下三种有实用意义的工作方式,如表 3.3 所示。

1. SYN=0、AC_0=1(非同步,有本单元反馈)

每一单元可再通过设置 $AC_1(n)$,设定为 COM FEED PIN 或 REG FEED REG。为便于使用这种方式,通用软件允许以工业型号代码("device")"P16V8R"表示。在设计文件中 P16V8R 既说明使用的器件是 16V8 型,又表示设定的控制字是 SYN=0、AC_0=1。

2. SYN=1、AC_0=0(同步,无本单元反馈)

如表 3.2 所示,在 AC_0=0 时只可能是组合输出方式,因而不可能组成同步时序电路,在这种情况下,引脚 $\overline{OE}$ 和 CLK 的信号虽传输到与矩阵,但只和两个普通的输入引脚一样。在通用软件中,这种情况的"device"代码为"P16V8S"。

3. SYN=1、AC_0=1(同步,有本单元反馈)

每一单元可再设置 $AC_1(n)$,使该单元成为组合型或寄存器型,显然是有实际意义的。

若 $SYN=1, AC_0=1$，且所有的 $AC_1(n)=1$，则 16V8 型只是极性可编程、有反馈组合型 PAL。在通用软件中，常规定这种情况的"device"代码为"P16V8C"。

表 3.3 PALCE16V8 的工作方式

设定状态	$SYN=0, AC_0=1$ 非同步,有本单元反馈		$SYN=1, AC_0=0$ 同步,无本单元反馈		$SYN=1, AC_0=1$ 同步,有本单元反馈	
$AC_1(n)$	1 方式2	0 方式1	1 方式4	0 方式3	1 方式2	0 方式1
$\overline{OE}$ (Pin 11)	$\overline{OE^*}$ or NC	$\overline{OE^*}$ or NC	INPUT	INPUT	$\overline{OE^*}$ and INPUT	$\overline{OE^*}$ and INPUT
MC12	COM FEED PIN	REG FEED REG	INPUT	COM FEED MC13	COM 无反馈	REG 无反馈
MC13	COM FEED PIN	REG FEED REG	INPUT	COM FEED MC14	COM FEED PIN	REG FEED REG
MC14	COM FEED PIN	REG FEED REG	INPUT	COM FEED MC15	COM FEED PIN	REG FEED REG
MC15	COM FEED PIN	REG FEED REG	NC	COM	COM FEED PIN	REG FEED REG
MC16	COM FEED PIN	REG FEED REG	NC	COM	COM FEED PIN	REG FEED REG
MC17	COM FEED PIN	REG FEED REG	INPUT	COM FEED MC16	COM FEED PIN	REG FEED REG
MC18	COM FEED PIN	REG FEED REG	INPUT	COM FEED MC17	COM FEED PIN	REG FEED REG
MC19	COM FEED PIN	REG FEED REG	INPUT	COM FEED MC18	COM 无反馈	REG 无反馈
CLK (Pin 1)	CLK* or NC	CLK* or NC	INPUT	INPUT	CLK* and INPUT	CLK* and INPUT
仿PAL 模型 "device"	"Regist-PAL" Mode P16V8R		"Small-PAL" Mode P16V8S		"Medium PAL" Mode P16V8C	

$\overline{OE^*}$、CLK* 是指至少有一个单元为 REG 时之功能。

16V8 型的缺点是：在 SYN=1 时，边上两个单元没有本单元的反馈，有时是很不方便的。16V8 的改进型是 20V8 型。图 3.30 是 PALCE20V8 的逻辑结构图。20V8 和 16V8 一样有 8 个 OLMC，只是多了两个输入端（Pin14 和 Pin23），作为两个边上的 OLMC 的相邻引脚。$\overline{OE}$（Pin13）和 Pin14、CLK 和 Pin23 分别通过一个受 SYN 控制的输入选择器（IMUX）传送到与矩阵中。

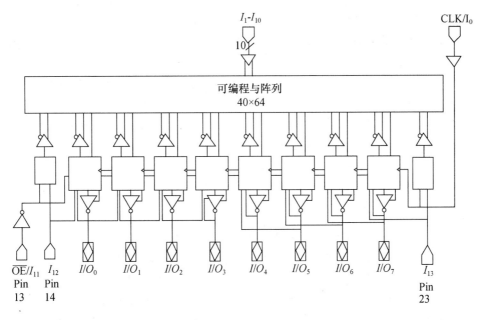

图 3.30　PALCE20V8 的逻辑结构图

在 SYN=1（同步方式）时，$\overline{OE}$ 和 CLK 分别通过两个 IMUX 到与矩阵中，Pin14 和 Pin23 则分别通过边上的单元中的反馈通道到与矩阵。如果边上的单元不需要反馈，则 Pin14 和 Pin23 是独立的输入端；若需要反馈，则把这两个引脚分别与相邻单元的引脚相连，就成为反馈端。

在 SYN=0 时（与矩阵中不需要 CLK 和 $\overline{OE}$），Pin14 和 Pin23 通过 IMUX 进入与矩阵，成为两个独立的输入端；两相邻单元也可以有本单元的反馈。

在有寄存器的电路中，有时要对寄存器做置位、复位和预加载操作。"预加载"是驱动一组寄存器，使每一寄存器处于指定的状态，就是通常所说的对一组寄存器置数。16V8 和 20V8 的寄存器设有内部的 RESET 和 SET 引线，但在经历 V_{CC} 从零开始单调上升的上电过程，各寄存器均自动复位。这种功能叫做上电复位。在高档编程器中,若在 $\overline{OE}$ 引脚加 15V 电压切换内部电路使组成移位寄存器,可通过指定的引脚输入串行数,以便于测试,这种功能叫做预加载(详细内容请参考器件手册)。

在使用这类 GAL 时,若需要 SET 和 RESET 功能,应通过逻辑设计来实现。

还应注意,不同厂家生产的 16V8、20V8 等产品,选择器也略有差异,使用时必须认真查阅器件说明书。

【思考题】

1. 16V8 型 GAL 在 SYN=1 时边上两个 OLMC 无反馈,这种宏单元可能有什么用途?试分组合型和寄存器型两种情况说明之。

2. 在用 16V8 或 20V8 组成计数器或移位寄存器时,怎样实现同步置位、复位和异步置位、复位?试以四级二进制计数器为例说明之。

3. 试分析 16V8 在 (SYN=0)、$AC_0=0$ 时的工作方式,并说明为什么表 3.3 中没有列出这种工作方式。

4. 试用 20V8 设计 3.3.3 节中的电路。

3.4.3 GAL 器件简介

1. 有置位、复位功能的器件

PALCE22V10 的逻辑结构如图 3.31 所示,它有 10 个相同的输出宏单元,输出宏单元结构如图 3.32 所示。它设有积项控制选择器和三态门控制选择器,三态门受一个积项控制。它有两个共用的控制字 S_1 和 S_0,输出选择器受 S_1 和 S_0 的控制;反馈选择器只受 S_1 的控制。S_1 是输出属性控制字。在三态门开通的条件下,若让 $S_1=0$,引脚的输出属性为 REG FEED REG;若 $S_1=1$,则为 COM FEED PIN。在三态门关闭时,若 $S_1=1$,引脚为输入端。S_0 为极性控制字,当 $S_0=0$ 时输出为 NEG;当 $S_0=1$ 时为输出为 POS。各单元的寄存器有同步置位端(SP)和异步复位端(AR)。各单元的 SP 端和 AR 端分别联在一起,通过编程使它们分别受一个积项的作用。若 SP 积项为高电平时,则在 CLK 上跳沿时使各寄存器置位(置 1);若 AR 积项为高电平时,各寄存器皆复位(置 0)。AR 和 SP 是这种器件中的节点。

PALCE22V10 的另一特点是各单元能容纳的积项数不等,最边上的单元只容纳 8 项,中间的单元可容纳 16 项。

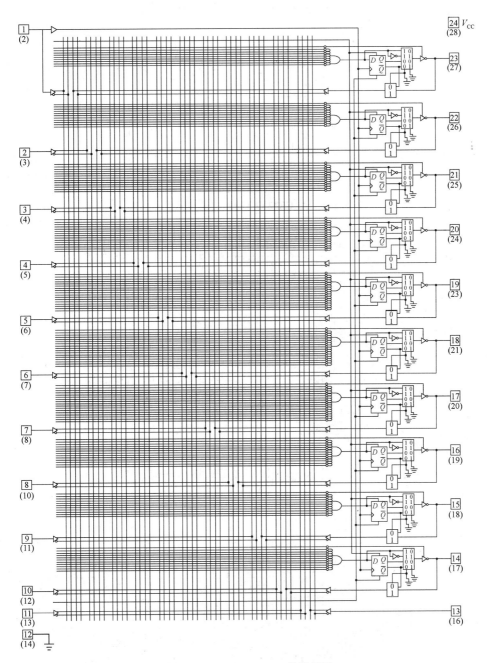

图 3.31　PALCE22V10 的逻辑图

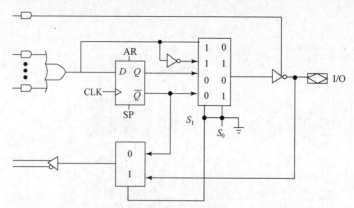

图 3.32　PALCE22V10 的输出宏单元的结构图

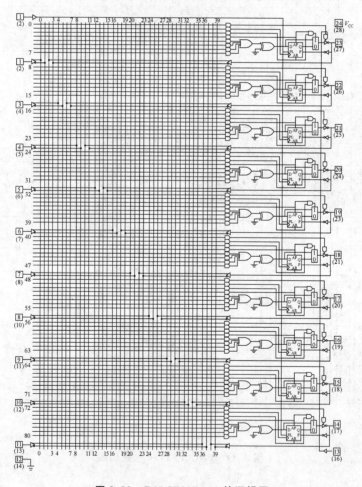

图 3.33　PALCE20RA10 的逻辑图

PALCE20RA10 的逻辑图如图 3.33 所示,它是有 10 个 OLMC 的异步器件。它的 OLMC 如图 3.34 所示,每个单元有 8 个积项,其中 4 个作为或门的输入,另外 4 个用作 OLMC 的控制。一个积项和引脚信号 OE 组合("与"),分别独立地控制各自的三态门使各单元的三态门可独立地控制。另一个积项作为该单元寄存器的时钟,允许各单元的寄存器有不同的时钟。还有两个积项分别提供异步置位(AP)和异步复位(AR)信号,并组合("与")成输出选择器的控制信号。

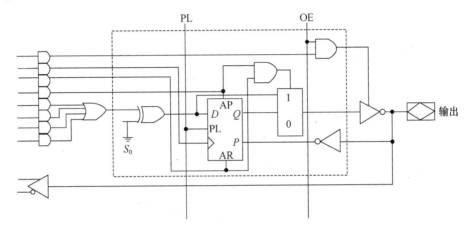

图 3.34　PALCE20RA10 的 OLMC

每个寄存器都可以装入预置数。在三态门关闭时,可以自输出引脚输入预置数(P),并在预置数锁存信号(公用引脚)有效时(高电平)将预置数装入寄存器。

2. 有输入宏单元(ILMC)的器件

以 PALCE16V8 为基础,在与矩阵的输入通道(引脚输入和反馈通道)增设了有锁存器的 ILMC,组成了 PALCE16V8HD。PALCE16V8HD 有 24 个引脚,图 3.35(a)是它的结构图,图 3.35(b)是它的宏单元的逻辑图。

PALCE16V8HD 的 OLMC 与 PALCE16V8 相似,但相比有以下特点:

(1) 寄存器可编程为 D 触发器($AC_5(n)=1$)或 T 触发器($AC_5(n)=0$);

(2) 为了与传输线相联或片外组合,输出电流 I_{ol} 达 64mA,三态门的输出级可编程为图腾(Totem,互补)输出($AC_4(n)=1$)或开路输出(OC 门)。

PALCE16V8HD 的 ILMC 有以下特点:

(1) 每一通道中都有一施密特电路,其回差(迟滞)电压约为 200 mV。信号经施密特电路整形后再经选择器进入与矩阵。施密特电路的作用在于改变门电路的输入特性,提高抗干扰能力;

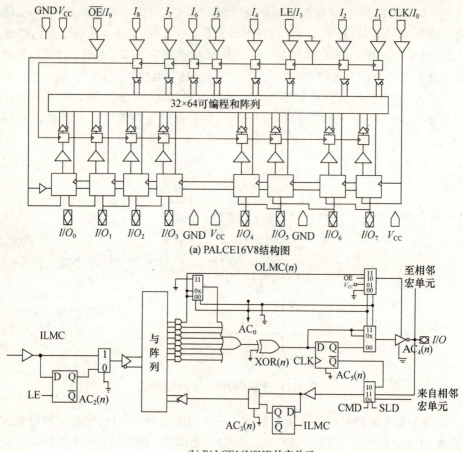

(a) PALCE16V8结构图

(b) PALCE16V8HD的宏单元

图 3.35 PALCE16V8HD

(2) 有 D 型锁存器和选择器。对 $AC_2(n)$ 或 $AC_3(n)$ 编程,可以直接输入或锁存输入。各 ILMC 中的锁存器的 LE 端联在一起,受一路逻辑信号(LE/I_3)的控制。

就电路结构而言,该器件的特点是有可编程的锁存输入单元。锁存器的一种作用就是对逻辑信号取样保持。例如图 3.36 是一个接口电路,它作为总机的一个输出口地址,接收某一时隙总线上的并行逻辑信号,并存于锁存器中。以后,可以进行逻辑运算(例如码型变换),变为并行码或串行码输出。显然,PAL-CE16V8HD 适宜于组成这类电路。为了能有驱动传输线的能力,所以三态门设计成可以有较大的输出电流。

ILMC 中的锁存器,并不只是用于接口电路。图 3.37 是运算器的示意图,它由锁存器、ALU(组合电路)及寄存器组成,寄存器的输出又反馈到 ALU 的另一个输入端口,寄存器还应能按指令作移位操作。要组成这类电路,ILMC 也是必要的。

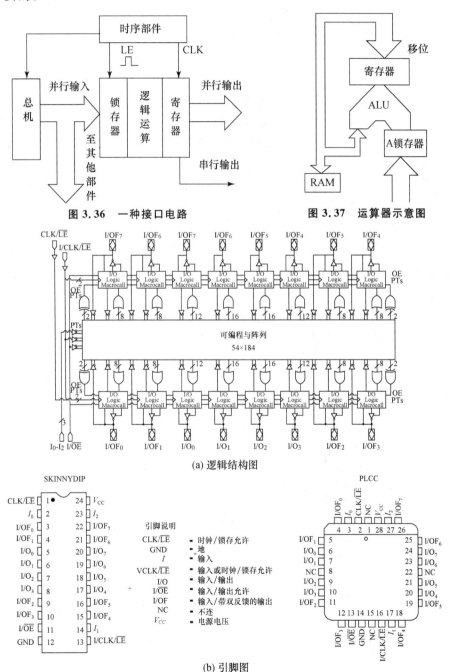

图 3.36　一种接口电路　　　　图 3.37　运算器示意图

(a) 逻辑结构图

(b) 引脚图

图 3.38　PALCE29M16 的逻辑结构和引脚图

3. 用双向宏单元(I/OLMC)组成的器件

OLMC 实际上是简单的双向宏单元,通过对三态门编程,可使相应的引脚成为输出端或输入端(没有输入锁存)。PALCE29M16 具有特殊的结构,如图 3.38 所示。它只有 3 个专用的输入端(I_0—I_2),3 个控制信号输入端(I/$\overline{OE}$,CLK/$\overline{LE}$,I/CLK/$\overline{LE}$),

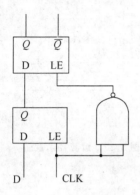

图 3.39 D 型寄存器的逻辑图

有 16 个引脚配置了两种不同的双向宏单元。三路控制信号除直接传送至各宏单元外,还通过互补放大器传送至与矩阵,以便于组成同步时序电路。PALCE29M 有两种宏单元,一种是只有单反馈通道的宏单元(I/O_0—I/O_7);另一种是有双反馈通道的宏单元(I/OF_0—I/OF_7)。两种宏单元对称地分布于器件中。各单元中或门允许输入的积项数不等。

I/OLMC 的特点,是设置可编程的寄存器,它可编程为输入锁存器,也可编程为输出单元中的寄存器。图 3.39 是 D 型寄存器的逻辑图,它是两级 D 型锁存器。因而很容易改为可编程寄存器。

图 3.40 是 PALCE29M16 中的单反馈通道的宏单元,其核心是可编程寄存器。如图 3.40 所示,若让 $S_2=1$,则为寄存器;若让 $S_2=0$ 则为锁存器。为适应这一要求,在寄存器的 D 端前面还有输入选择器(控制字为 S_3):当该单元作为输出单元时,可以选择或门的输出信号;当作为输入单元时,选择引脚(输入)信号,即可作为输入锁存器。与其对应的反馈选择器(控制字为 S_8)也有两种功能,在作为输出单元时选择 EFFD REG 或 FEED PIN;在作为输入单元时选择直接输入或锁存输入。

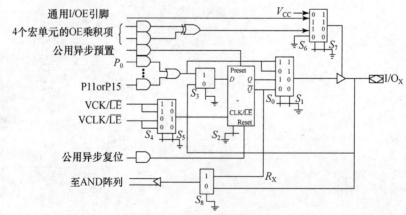

图 3.40　PALCE29M16 中单反馈通道的宏单元

CLK/$\overline{\text{LE}}$和I/CLK/$\overline{\text{LE}}$是两个独立的时钟/锁存允许输入端,各单元可通过选择器(控制字为S_4,S_5)选择其中一路作为CLK或$\overline{\text{LE}}$信号。如图3.40所示,选择器有四个输入端口,其中两个端口上有反门。通过对选择器编程,可选择时钟和锁存允许信号的极性。即:对两个引脚信号而言,可呈现为CLK下降沿有效或$\overline{\text{LE}}$高电平有效。

各单元的寄存器有异步置位、复位功能。这两种控制信号分别由I/OF_7和I/OF_4对应的与阵列中的一个积项提供(各单元公用)。

在PALCE29M16中,16个单元分为4组,它们分别是(I/OF_0,I/OF_1,I/O_0,I/O_1),(I/OF_2,I/OF_3,I/O_2,I/O_3),(I/OF_4,I/OF_5,I/O_4,I/O_5),(I/OF_6,I/OF_7,I/O_6,I/O_7)。在I/OF_0、I/OF_3、I/OF_6和I/OF_7对应的与阵列中,各有两个积项通过异或门(不作为或门的输入),组成每组中四个单元共用的三态门控制信号,如图3.41所示。

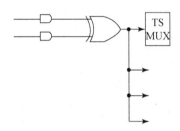

图3.41　四个单元共用的三态门控制信号的组成示意图

由图3.40可看出,每个三态门的控制信号,可选择为引脚$\overline{\text{OE}}$、V_{CC}、地或同组的组合信号,使每组的三态门都可受所接收的组合信号的控制。

图3.42是有双反馈通道的宏单元,它与单反馈通道的宏单元的差别是没有FMUX。如图3.42所示,寄存器反馈与引脚反馈皆通过放大器进入与矩阵,因而只能通过与矩阵的编程实现通道选择。值得注意的是,若关闭三态门且引脚处于直接输入方式,则寄存器(锁存器)仍可接收或门信号,并通过它的反馈,和其他单元及与矩阵组成设计者所需的电路。在这种工作方式中,引脚为直接输入方式,寄存器设置成寄存器输出方式。即:在三态门内相当于一个输出单元,只是它的信号不出现在引脚上,这叫做"隐埋单元"。

I/OLMAC不仅增强了器件的灵活性,而且也简化了印制板的设计。图3.43是两片双列直插式器件连接的情况。如图3.43所示,在每一片器件两边的引线中,每边只有在最靠上或最靠下各有两个引脚不能直接对接。因此,为印制板的设计和生产提供了方便。有可能用同样的印制板制出不同的部件或系统,既增加了一块板上的电路的密度,又降低了成本。

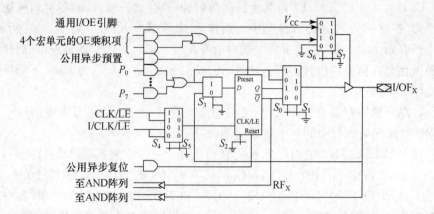

图 3.42 双反馈通道的宏单元

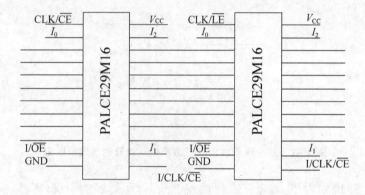

图 3.43 两片双列直插式器件连接示意图

【思考题】

1. 对于图 3.33,为什么能用 AP 和 AR 的组合信号控制输出选择器？是否与置位、复位功能矛盾？

2. 在图 3.33 中,当运行于寄存器方式时,应怎样设置 OE、AP、AR 和 PL 的电平？在置数时又应如何设置它们的电平？

3. PALCE22V10 是否不能组成同步时序电路？为什么？

4. PALCE16V8HD 能驱动的传输线的特性阻抗在什么范围内？若特性阻抗较低应采取什么措施？

5. 试设计一并行变串行的接口电路(包括时序部件)。

6. 输入通道中的施密特电路有什么作用？为什么能提高抗干扰能力？

7. 请你设想可编程寄存器/锁存器是怎样组成的？试画出它内部的逻辑图。

8. 举例说明隐埋单元的用途。

9. 你认为 PLCC 封装的 PALCE29M16 有什么特点？宜组成什么类型的电路？它能简化印制板的设计吗？

3.5 GAL(PAL)的编程

3.5.1 可编程单元的代码

GAL(PAL)中有两种可编程阵列。为了便于用户说明每一个编程单元，在器件手册中给每一单元一个相应的代码，作为该单元的名称。

GAL16V8 的逻辑图如图 3.44 所示。图中矩阵的每一根横线对应一个积项，横线的序号，叫做积项序号或列序号；图中每一根纵线对应一个传输到矩阵的变量或反变量，纵线的序号叫做变量序号或行序号。每一横线与纵线的交点对应有一个可编程单元。行数 m 和列数 n 之积 $(m \times n)$ 是矩阵中可编程单元的总数，它表征了矩阵的规模。例如 GAL16V8 的矩阵是 32×64 的矩阵，共有 2048 个编程单元；GAL20V8 的矩阵是 40×64 的矩阵，共有 2560 个单元。

在 JEDEC 文件中，逻辑函数编程单元的代码以十进制数表示，且从第 0 列开始，按行序号依次递增。在 GAL16V8 中，矩阵中各单元的代码为 0 至 2047；在 GAL20V8 中，矩阵中各单元的代码为 0 至 2559。

图 3.45 是 National Semiconductor 公司的器件手册中，关于 GAL20V8 各单元的代码的说明。图中每一条积项线前面的十进制数，是线上第一个（第一行）单元的代码。在图 3.45 中，也给出了 82 个结构控制字的代码。它们是 8 个 XOR(n)(2560 至 2567)，8 个 $AC_1(n)$(2632 至 2639)，64 个积项禁止 PTD (2640—2703)，1 个 SYN(2704)和 1 个 AC_0(2705)。

在器件内，每一积项线上有一个专用的编程单元，若该导线未被编程使用，则该单元就接地，以防止把干扰引进或门，这个编程单元叫做积项禁止（PTD）。20V8 共有 64 个积项，所以有 64 个 PTD 单元。图 3.46 是一片 PAL16R4 的编程示意图。其中"线与"符号中有"X"者表示该项的 PTD 处于接地状态。在积项用于控制三态门并要求常开通时，也可将 PTD 设置为 V_{CC}。

上述结构编程阵列的代码是从 2560 至 2705 共 146 个代码。其中有 64 个代码（8 个 byte）用作电子标签(2568 至 2631)。结构编程阵列也可视为以 0,1 码形式储存信息的只读存储器，可以用来记录重要的信息，这一部分单元叫做电子标签。例如设计者可用来记录器件中的电路类型、生产流程等。电子标签的字长是由生产厂家规定的，不同品种的器件，电子标签的字长也不相同。设计者必须准确地知道它的代码与字长，才能正确地使用电子标签。

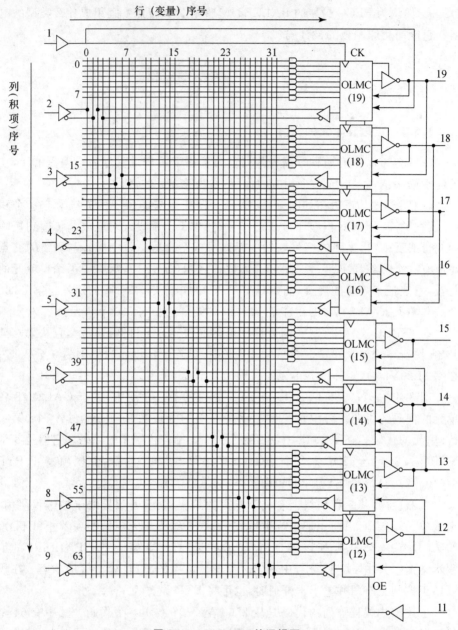

图 3.44 GAL16V8 的逻辑图

以上只是以 National Semiconductor 公司的 GAL20V8 为例说明可编程阵列的组成与代码。实际上 GAL 还有其他的编程单元,在此就不赘述了。了解详细内容,请读者查阅器件手册。

GAL20V8 Logic Diagram

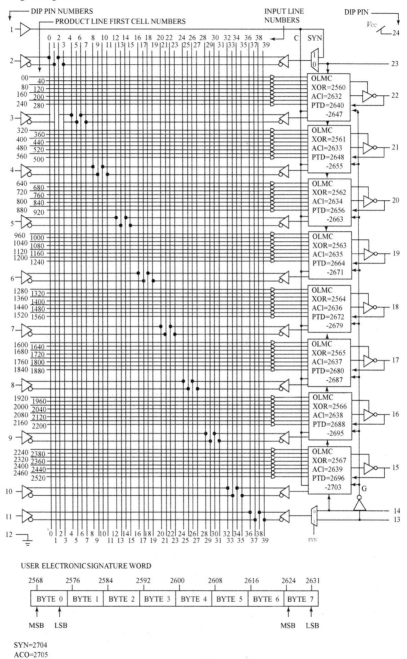

图 3.45 GAL20V8 各单元的代码的说明

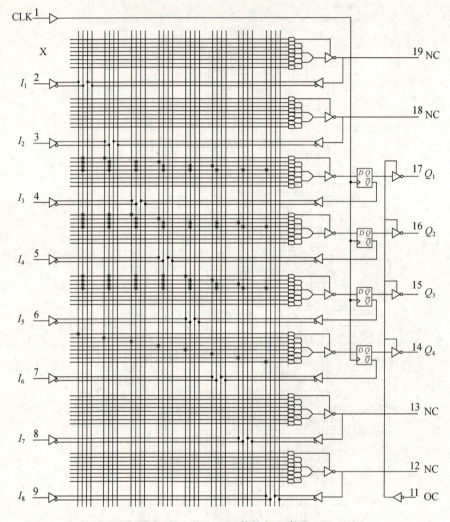

图 3.46 PAL16R4 的编程示意图

综上所说,设计者通过在设计文件中对器件的说明和对电路逻辑功能的描述,已经表述了对结构控制字和与矩阵编程的要求。如果要使用电子标签或其他编程单元,则还应作另外的说明。

【思考题】

1. 请你设想与矩阵和结构编程阵列中的编程单元的电路(熔丝型和 E^2CMOS 型)是如何组成的?试画出你设想的电路图。

2. 简述 PTD 单元的电路与控制字单元的电路的异同。PTD 单元应能设置成几种状态?

3.5.2 熔丝图文件与 JEDEC 文件

设计文件经过软件处理,应提出对各编程单元的设计要求。说明这一结果的计算机文件,叫做熔丝图文件,简称熔丝图。

熔丝是最早使用的编程元件。在这里"熔丝"被借用来泛指任一种编程元件,并由此给出一些专用的术语。在用熔丝编程的器件中,与矩阵中的每一信号线和积项线都是事先通过熔丝连通的,如图 3.47 所示。这是在编程以前的状态。所谓编程只是把某些单元中的熔丝烧断而已。

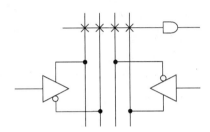

图 3.47　熔丝编程器件在编程之前的状态示意图

在与矩阵中的单元,如果处于连通状态,在熔丝图中就以"X"表示,并常称之为"被编程"单元;若处于不通状态就以"-"表示,并常称之为"被擦除"单元。

熔丝图规定:若控制字为 $1(V_{CC})$,则以"-"表示;若控制字为 0(地),则以"X'表示。

不同软件的熔丝图的格式略有差异,但总是按输出单元、按积项用"X"或"-"表示。图 3.48 是一个用 GAL16V8(双列直插式器件)组成的电路的熔丝图。

该图显示出八个宏单元的控制字皆为 $SYN=1$、$AC_0=1$、$AC_1(n)=1$,即皆为组合输出方式,三态门由各单元的第一个积项控制。图 3.48 所示的熔丝图,按宏单元分为八个子块,在每一子块中每一积项占一行(32 个符号)。每行前面的数字,是各行第一个单元的代码。对于熔丝图有以下两点需要注意:

(1) 在图中有一些积项的 32 个符号皆为"X",表示该项保持未编程时之状态,即该项为闲置项,相应有 PTD=0;

(2) 有 7 个宏单元的第一个积项,32 个符号全为"-"。这不能简单地理解为 32 个单元全被擦除,应理解为经过编程,没有一个使该项为 0 的变量(与运算),即该项的 PTD 置于高电位。实际上,这只能是控制三态门并使它常开通的积项。

熔丝图是计算机给设计者审阅的文件,它说明计算机对设计文件的处理。

设计者可借助熔丝图再次检查软件的处理结果是否符合设计意图。

JEDEC 文件是计算机传送给编程器的文件,它是说明编程器应执行的操作:包括对各编程单元的操作、模拟测试程序等。JEDEC 文件按操作的性质分为若干段,其中表述熔丝图的是 L 段。图 3.49 是与图 3.48 对应的 JEDEC 文件。图中的前四行是按规定的格式给出器件的结构。从第五行起,以 L 打头的部份是 L 段。L 段的每行,以 32 个 1 或 0 表示一个积项的 32 个单元的编程状态。1 表示被擦除单元,0 表示被编程单元。L 后面的十进制数,是各行第一个单元的代码。L 段就是熔丝图,只是略去了闲置的积项。

L 段以后 C 字打头的部件叫 C 段。C 段有八个十六进制数,称作熔丝校验和,它们的和表示 L 段中 0 的总个数,其作用与检错码相似,用来检测 L 段在传输过程中是否有差错。

C 段后面是说明仿真测试要求的 V 段。V 段将在后面再介绍。

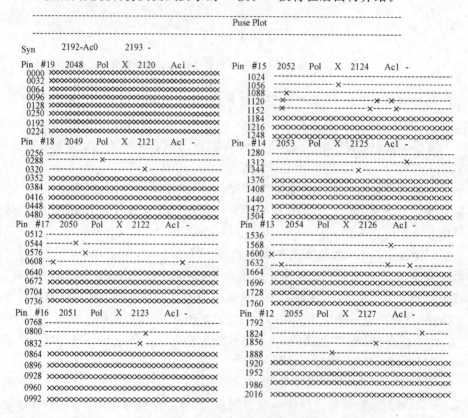

图 3.48 用 GAL16V8 组成的电路的熔丝图

```
CUPL              2.10B1
Device            g16v8ma  Library   DLIB-d-55-7
Created           Mon Apr 21 07:27:40  1986
Name              Ele3_lat
Partno            01
Revision          0
Date              4/20/86
Designer          Dean Suhr
Company           Lattice Semiconductor
Assembly          Elevator Board
Location          U01
*QP20
*QF2194
*GO
*F0
*L0256   1111 1111 1111 1111 1111 1111 11111111
*L0288   1111 1111 1101 1111 1111 1111 11111111
*L0320   1111 1111 1111 1111 1011 1111 11111111
*L0512   1111 1111 1111 1111 1111 1111 11111111
*L0544   1111 1101 1111 1111 1111 1111 11111111
*L0576   1111 1111 0111 1111 1111 1111 11111111
*L0608   1101 1111 1111 1111 1111 0111 01111111
*L0768   1111 1111 1111 1111 1111 1111 11111111
*L0800   1111 1111 1111 1111 1101 1111 11111111
*L0832   1111 1111 1111 1111 1011 1111 11111111
*L1024   1111 1111 1111 1111 1111 1111 11111111
*L1056   1111 1111 1111 1101 1111 1111 11111111
*L1088   1111 0111 1111 1111 1111 1111 11111111
*L1120   1101 1111 1111 1111 1111 1011 01111111
*L1152   1110 1111 1111 1111 1111 0111 10111111
*L1280   1111 1111 1111 1111 1111 1111 11111111
*L1312   1111 1111 1111 1111 1111 1111 11011111
*L1344   1111 1111 1111 1111 1011 1111 11111111
*L1536   
*L1568   1111 1111 1111 1111 1111 11 01 11111111
*L1600   0111 1111 1111 1111 1111 1111 11111111
*L1632   1101 1111 1111 1111 1111 110 1 1 01111111
*L1792   1111 1111 1111 1111 1111 1111 11111111
*L1824   1111 1111 1111 1111 1111 1111 11 011111
*L1856   1111 1111 1111 1111 1110 1111 11111111
*L1888   1111 1111 1110 1111 1111 1111 11111111
*L2048   0000000 1 0000000 0000000 00000000
*L2112   000000 01 1111 1111 1111 1111 11111111
*L2144   1111 1111 1111 1111 1111 1111 11111111
*L2176   1111 1111 1111 1111 111
*C6FAC
*C36A
```

图 3.49 对应图 3.48 的 JEDEC 文件

【思考题】

1. 依据图 3.48 和图 3.49 判断该器件 8 个单元的极性。
2. 依据图 3.49 说明该器件结构控制字是如何设置的。
3. 试依据熔丝图写出该电路的方程,并画出该电路的原理图。

3.5.3 GAL 的编程过程

GAL 内部有为编程设置的专用电路,包括选址电路、写/读控制等,并将各种可编程阵列按选址电路排成矩阵,以便于写/读。普通的 GAL 器件,若在 Pin2(DIP)上加编程电压($V_{pp}=+15$ V),内部电路就切换为编程状态,所有的引脚就切换为编程引脚。图 3.50 是 GAL16V8/A 和 GAL20V8/A 在编程状态时的引脚功能。图中 $\frac{W}{R}$ 是写/读控制,A_0—A_5 是行地址选择线。即在普通的 GAL 中,可编程矩阵不超过 64 行。如图所示,在器件编程时没有列地址引线。

图 3.50 GAL16V8/A 和 GAL20V8/A 的引脚功能图

在 GAL 中,通常已集成有 64 行 82 列的选址和写/读控制电路。这样的电路,能满足各种 GAL 的需要。此外,还集成一个 82 位串行移位寄存器,如图 3.51 所示。

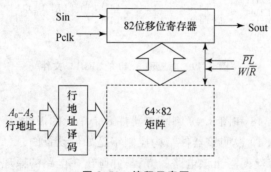

图 3.51 编程示意图

在编程时($W/\overline{R}=1$),编程器将选定行的数据,按器件内部矩阵的列地址排列,经时钟 Pclk 驱动,自 Sin 引脚移入移位寄存器。在 82 位数据到位后输入行地址码(A_0—A_5),并由 $\overline{PL}$ 引脚输入一宽约 10 ms 的脉冲,将数据写到选定的一行中。

为了能检测编程操作的结果,需要有读矩阵的功能。在读矩阵时($W/\overline{R}=0$),先输入行地址选择指定行,再由 $\overline{PL}$ 输入一微秒级窄脉冲将该行的数据存到移位寄存器中(并行移位)。以后由 Pclk 驱动,将数据由 Sout 引脚输出(串行输出)。

GAL 中有不同的单元,例如与矩阵的单元连在信号线与积项线之间;控制字单元与 V_{CC}、地以及内部电路的一个输入端相连。不同单元的写/读控制电路是有差别的。为便于器件制造,宜将不同的单元分布于不同的地址空间中。

图 3.52 是 GAL 内部地址空间分配示意图。一般来讲,与矩阵的单元从第 0 行开始,其行地址与前面所说的行序号是相同的。因为一些 GAL 的与矩阵没有 82 列,在地址空间中,列地址是由器件生产厂家安排的。通常列地址不与列序号相等。有些 GAL 的电子标签在与矩阵之后,结构控制字则在第 60 行。

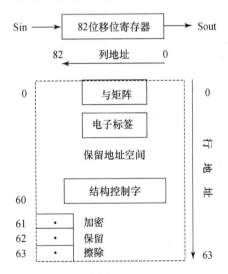

图 3.52 GAL 内部地址空间分配示意图

最后 3 行一般各有一位特殊的单元。第 61 行有一位加密单元,该单元被编程后与矩阵和部分控制字就不能被读出。第 63 行有一位擦除单元,该单元被编程后,与矩阵、控制字、加密单元均被擦除。这实际上是又一种加密单元。

此外器件中还有一部份保留地址空间,用来记录某些使用记录和有关资料。保留地址空间中储存的信息不能被擦除。

如上所述,各编程单元在器件内的地址与前面所述的代码不同。在编程器中,应存有两种码的对照表。编程器接收到 JEDEC 文件后。应把 JEDEC 文件译为内部地址空间的熔丝图,才能进行编程操作。

编程器的生产厂家,应拥有器件生产厂提供的器件内部资料,才能设计支持某些厂家生产的、只适用于若干型号的器件的编程器。否则,不能生产出实用的编程器。在选用编程器时,务请读者注意这个问题。

【思考题】

1. 你估计完成一片器件的编程(写)操作,需占用多长时间?
2. 编程器要完成读、写操作需要什么样的时序部件?试提出你的设计方案。
3. 若用 E^2COM 工艺,编程元件、选址电路、读和写驱动电路如何组成?试提出你的方案。
4. 为什么在写状态 $\overline{PL}$ 的脉冲宽度约为 10ms,而在读状态 $\overline{PL}$ 的脉冲宽度仅需微秒级?你估计器件内有 $\overline{PL}$ 通道选择器吗?用什么信号控制选择器?

3.5.4 在线可编程 GAL——ispGAL16Z8

尽管 GAL(PAL)可灵活地设计成多种不同的电路,但仍需要编程器才能实际使用。人们设想能制成一种能在实际的印制板上进行编程(写)和检验的器件,这种器件叫做在线可编程(或现场可编程)器件。这种设想的可行性在于编程器实际上是一种专用的微电脑,只要把编程和检验软件装入通用微机,则它的功能完全能由用于设计的通用微机替代。实现这一设想必须解决以下两个问题:

1. 必须有专用的引脚

因为器件是在印制板上,原来的引脚都与其他电路相连,因而不能复用,必须增加专用引脚。若要保持引脚总数不大于 24 个(双列式),而又要有不低于一般 GAL 的功能,至少应能以 24 引脚器件代替原来的 20 引脚的器件,即专用引脚只能有 4 个。ispGAL16Z8 就是这种在线可编程的 GAL16V8。

2. 状态控制

GAL 实际上有三种状态:在线运行状态及编程状态和检测状态。后两种状态又是由列数据移位、行地址输入和写/读四种子过程,按一定顺序组成的。每种过程都是按一定节拍进行的。在线编程器件,应只用四个专用引脚完成这些功能,且只能用 5V 电源。

从少用引脚和简化内部电路出发可以想到:

(1) 将行地址与 82 位数据,皆改为串行输入与输出,因而需要一个输入引脚(SDI)和输出引脚(SDO);

(2) 由计算机发送时钟,使器件内的电路与计算机同步操作,因而需要一个

时钟输入引脚(DCLK);

(3) 采用串行通信后,可在每一组信息码的字头给予特定的码组,表示器件的状态与子过程。

按照上述设想,在线可编程 GAL 的内部电路应有一个 88 位的移位寄存器和一个程序控制器,如图 3.53 所示。此外,还应有行地址译码、写/读控制等电路。88 位移位寄存器的作用,是可以串行输入 6 位地址码和 82 位数据,或按输入的行地址码读出 82 位数据。程序控制器的作用是识别自 SDI 输入的串行信息码的字头,即判别器件应处的状态和过程,并按该过程的节拍,控制移位寄存器和读/写电路。可以想到,程序控制器应包括记忆现过程(状态)的锁存器,7 级二进制计数器(至少要数 88 拍),及相应的组合电路。

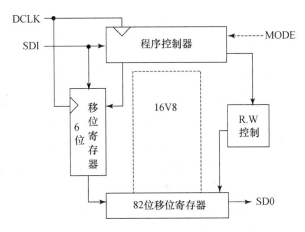

图 3.53 在线可编程 GAL 的内部电路

以上是按通常的同步通信接收机的方案提出的设想。按照这种设想,程序控制器是相当复杂的。其中最复杂的莫过于无误地识别,表示每一种过程起始的信息码。在线编程器件有别于远距离的通信系统,每一工作过程(状态)的起始时间,可以由计算机从另一引脚直接通知器件,即再用一个引脚 MODE(图 3.53 中的虚箭头)传递这种信息。例如可以规定 MODE 发生变化后,SDI 的第一个码元就是表示"过程"的第一位信息码。这样就简化了程序控制器。程序控制器应在 MODE 发生变化后判读信息码,按信息码对器件实施管理。需判读的信息码表示以下四种状态或过程:

(1) 在线运行;

(2) 移位;

(3) 写;

(4) 读。

因此,用两位二进制码就能表示这四种情况。

不难想到,MODE 的逻辑值可作为一位信息码。只要在 MODE 变化后再发送一位 SDI 信息码就能满足要求。换句话说,应该由 MODE 和 SDI 的变化及它们的逻辑值,组成表示"过程"和"状态"的信息码。这样,程序控制器就简化为比较简单的时序电路了。

【思考题】

1. 按照图 3.53,ispGAL16V8 在线编程(写)状态分几个过程?每一过程需要几拍?在线检测(读)状态分几个过程?每一过程需几拍?
2. 在线编程技术对 PLD 的发展有何意义?

3.6 ABEL 软件简介

3.6.1 ABEL 软件的功能

ABEL 是用高级语言写成的 PLD 开发软件包,它支持 PAL、PROM、GAL、EPLD 等多种器件的开发。这里说的器件,是指已存入 ABEL 的器件。当然,开发新器件必须使用新版本的软件。ABEL 软件的功能可以用图 3.54 来表示。设计者可在通用微机上,用任何文本编辑软件建立设计文件。设计文件应说明选用的器件,及逻辑设计所要求的功能。设计文件必须符合 ABEL 规定的格式和语法规则。设计文件建立后,提交 ABEL 软件处理。

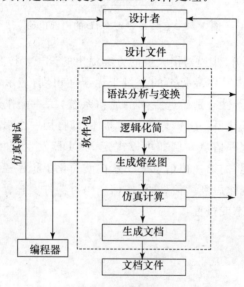

图 3.54 ABEL 软件的功能

按照操作流程,ABEL 首先对输入的文件作语法分析(PARSE)。通过语法分析向用户报告(显示)有关语法错误信息,要求设计者修正。还生成一个作为下一步程序用的"中间文件"。以后,可转入"变换"程序。设计文件是用大家比较能适应的符号写的,并尽可能接近于设计者常用的描述方式的习惯。"变换"(TRANSFOR)程序是用 ABEL 的专用符号替代设计文件的符号,并合并方程使一个输出引脚或节点只用一个逻辑方程来描述。

经过变换处理得到的中间文件,交化简程序(REDUCE)处理。按照设计者提出的要求,ABEL 的化简程序可作下面四种级别的化简。

1. 0 级化简(记为$-R_0$)

$-R_0$ 不对中间文件作任何化简,只检查中间文件中的逻辑方程是否指定器件的合法输出。例如含寄存器的输出方程不是组合型单元的合法输出。

2. 1 级化简(记为$-R_1$)

$-R_1$ 是将文件中逻辑方程化为与—或标准式(H 型)或者与—或非表示式(L 型),并检查积项数是否超过器件规定的积项数。

3. 2 级化简(记为$-R_2$)

$-R_2$ 可进行简单的减少积项数的化简。

4. 3 级化简(记为$-R_3$)

$-R_3$ 是按输出引脚逐个进行逻辑函数化简。$-R_3$ 的优点是化简的速度较快,尤其适合输出引脚下共享积项的 PAL 和 GAL。

为使用 REDUCE 程序,设计者应在设计文件中说明要求化简的级别。如果不加说明,ABEL 默认设计者要求$-R_1$。

在以上四个级别的化简中,只有$-R_2$ 和$-R_3$ 才是具有减少积项意义的化简。但化简的结果可能使电路出现冒险。如果电路中不允许出现某种冒险,设计者还要用仿真程序来检查,或作人工化简。总之,不是化简的级别越高越好。

经过 REDUCE 处理的逻辑函数,由熔丝图(Fuse MAP)变换为编程器可接受的文件(例如 JEDEC 文件—见 3.5.2 节),同时为用户存档的熔丝图提供资料(中间文件)。

在 JEDEC 文件传送给编程器之后,编程器已具备实施编程操作的条件。为了防止设计和程序运行过程中的差错,保证所设计的电路能符合设计要求,A-BEL 软件包中有仿真(SIMULATE)程序。SIMULATE 程序是按用户给定的输入信号,器件的额定参数(延迟时间),及经过 REDUCE 程序得到的逻辑方程进行计算,并显示计算结果,供用户检查是否有误。一旦有误,必须找出原因,修正设计。"仿真"不仅节省了不必要的时间,也避免了不必要的浪费(例如对不可擦除的 PLD)。

SIMULATE程序按用户需要提供信息的多少设定了六个级别,叫做跟踪级别,分别记为$-T_0 \sim T_5$(详见3.8.4节)。设计者应在设计文件中说明跟踪级别,否则ABEL默认为$-T_0$。

经过SIMULATE程序检验无误,才可令编程器作编程操作。

ABEL软件的最后一个功能是"文档生成"(DOCUMENT)。DOCUMENT的功能是给用户提供一个十分完整的文档资料,如:器件的引脚安排、符号表、化简后的逻辑方程、变换后的逻辑方程、测试向量(测试的输入和输出信号)、熔丝图等。这些资料是生产管理中的档案文件,也是测试和检查产品的主要依据。

【思考题】

1. PLD的设计软件包具有什么基本功能?哪些是必不可少的?

3.6.2 ABEL软件的运行

用任何文本编辑软件建立了后缀为.ABL的源文件(设计文件)后,即可提交ABEL软件处理。

1. 命令输入

用ABEL软件处理源文件的整个命令为:

ABEL 文件名[参数]

命令行中的ABEL为一批处理文件,其中包含有一串可执行命令,执行它可以自动完成语言处理程序的所有6个处理步骤,即语法分析(PARSE)、方程变换(TRANSFOR)、方程化简(REDUCE)、生成熔丝图(FUSEMAP)、仿真程序(SIMULATE)和生成文档(DOCUMENT)。

输入文件由文件名(不含扩展名)指定。

参数部分由仿真跟踪级别、化简级别等组成。

若要对文件名为m6809a的源文件进行处理,需输入以下命令:

abel m6809a(回车)

上述命令输入后,语言处理程序就开始了处理源文件的过程。文件清单3.6.1为计算机屏幕显示的处理信息。这些信息提供了语言处理程序执行中每一步的处理结果。微机系统不同,ABEL的运行时间也不一样。

文件清单 3.6.1

+ abel m6809a

PARSE ABEL(tm) Version 3.00 Copyright(C) 1983.1987 FutureNet

module m6809a

PARSE complete. Time: 3 seconds

TRANSFOR ABEL(tm) Vertion 3.00 Copyright(C) 1983.1987 FutureNet

```
module m6809a
..
TRANSFOR complete. Time: 2 seconds
REDUCE ABEL(tm) Version 3.00 Copyright(C) 1983.1987 FutureNet
module m6809a
_device U09a
REDUCE complete. Time: 3 seconds
FUSEMAP ABEL(tm) Version 3.00 Copyright(C) 1983.1987 FutureNet
module m6809a ´P14L4
_device U09a
6 of 16 terms used
PLDMAP complete. Time: 3 seconds
SIMULATE ABEL(tm) Version 3.00 Copyright(C) 1983.1987 FutureNet
module m6809a ´P14L4
8 of 8 vectors in U09a passed
SIMULATE complete. Time: 2 seconds
DOCUMENT ABEL(tm) Version 3.00 Copyright(C) 1983.1987 FutureNet
module m6809a
_device U09
DOCUMENT complete. Time 2 seconds
```

若在 ABEL 处理程序的语法分析 PARSE 部分发现源程序有错误,则屏幕上会显示出错信息,供设计者修改.例如:当用 ABEL 运行某源文件后,屏幕上提示:

```
? syntax error: Suffix OE not legal in this content
0038 ! G1.OE ISTYPE IN U2 ´PIN´ ;
```

这两行信息说明,源文件的第 38 行语句 G1.OE ISTYPE IN U2 ´PIN´ 中的后缀.OE 不合法。

有关详细的错误信息提示可查阅 ABEL 手册。

2. 生成的新文件

源文件处理完后,会生成以下一些新文件。

文件名	扩展名	说明
M6809a	.LST	PARSE 程序产生的列表文件,用于检查源文件语法
U09	.JED	用于设计传输及 PLDtest 输入文件的编程器下载文件
M6809a	.SIM	用于检查错误的仿真输出程序

M6809a．DOC　　设计的编制文件

M6809a．OUT　　SIMULATE、DOCUMENT 和 PLDtest 程序的中间文件

编程器下载文件的文件名为 U09，取自源文件中的器件标识符。

3. 编程器下载文件的下载

编程器下载文件.JED 文件，通过串行 I/O 口传送给编程器，编程器必须先设置好，做好接收的准备。在编程器软件菜单命令的控制下，完成对 PLD 器件的编程。

3.6.3　设计文件(源文件)的格式

对于设计者来说，最细致的工作是写好设计文件。然而，写设计文件必须以严谨的电路设计为基础。同时，也需要掌握使用软件的基本知识。切勿以为借助计算机设计就可以用碰运气的方式试验，否则费时费力，还浪费资金。

ABEL 的设计文件可以由若干称之为模块(MODULE)的相互独立的部分组成。每个模块可包含一片或几片器件完整的逻辑设计。最简单的设计文件只包含一个模块。

多模块的 ABEL 设计文件的结构如下：

```
1st Module Start
       ⋮
1st Module End
2nd Module Start
       ⋮
2nd Module End
```

在源文件中只能使用 ASCⅡ码字符，称为合法字符。ABEL 的源文件必须符合下列语法规则。

1. 每行最长不得超过 131 个字符。

2. 每行以一个换行符(0AH)或垂直进行格符(0BH)或换页符(0CH)结尾，与通常的回车/换行格式不同。

3. 语言所用的定义字和有特殊用途的字叫做关键字。例如前面的"Module"、"End"等。关键字可以用大写或小写字体输入，与输入的字体无关。一个关键字中不能出现空格。

4. 用户定义的名称和标号叫标识符。

（1）标识符必须以字母或下划线打头，一个标识符最多可有 31 个字符；

（2）一个标识符中不能有空格，单词之间需用下划线分隔，例如

This-is-a-very-long-identifier；

(3) 用户可以定义大写字母和小写字母是不同的符号。例如可以认为 Liu-Min 和 LIU-MIN 是两个人的名字。

5. 关键字、标识符、数字之间必须至少用一个空格隔开。但应注意：

(1) 一列标识符可只用逗号分隔；

(2) 在表达式中，数字与标识符之间可由运算符或圆括号分隔。

设计文件的每一个模块以 Module 语句起始，以 End 语句结束，中间可分为说明节、逻辑功能描述节、测试矢量节三部分。其结构如下：

说明 { Flag　　　　　;标记
　　　 Title　　　　 ;标题
　　　 定义段　　　　;说明器件、引脚、节点、工作方式、常量等。

逻辑功能描述 { Equation　　　　;逻辑方程
　　　　　　　 Truth-Table　　 ;真值表
　　　　　　　 State-Diagram　 ;状态图
　　　　　　　 FUSES　　　　　 ;熔丝状态

测试矢量 { Test-Vectors　　　　;测试矢量
　　　　　 End 模块名　　　　　;模块名 可略去

Module 模块名　　　　;模块名 是标识符

说明节包括以下三方面的内容：

(1) 作为文档资料的简要说明（Title 语句）；

(2) 提出对 Reduce、Simulate 的级别要求（Flag 语句）；

(3) 向 ABEL 说明选用的器件，及在逻辑描述中所用的引脚、节点与常量的符号。令 ABEL 从它的器件资料库中调用所选用的器件的资料，并使 ABEL 能理解后面的逻辑功能描述。

逻辑功能描述节主要是用逻辑方程（Equations）或真值表（Truth-Table）或状态图（State-Diagram）说明所设计的电路。在说明节的基础上，使 ABEL 能用 Reduce 和 FuseMaP 处理、生成熔丝图和 JEDEC 文件。对于逻辑方程等不能蕴含的编程要求（例如电子标签、加密等），还可用 Fuses 作补充说明。

测试矢量节是说明所设计的电路的测试信号，向 Simulate 程序提出电路的输入信号和应有的输出信号。这是 Simulate 作仿真模拟的依据。此外，测试信号也是 JEDEC 文件的一个组成部分。编程器可依据测试信号生成模拟的电信号,对已编程的器件作模拟测试。

【思考题】
1. 简述设计文件的格式及各节的意义。
2. 设计文件中哪些是不可缺少的?

3.6.4 设计文件举例及几种语句与符号

为了使读者对设计文件有初步的印象,以便于说明 ABEL 的语法规则,下面先举一个例子。若要设计一个四路(四选一)选择器,如图 3.55 所示。选择器的选择控制信号为 S_1、S_0,电路的逻辑功能如下表 3.4 所示。

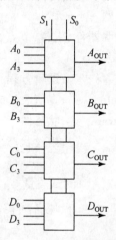

图 3.55 四路选择器示意图

表 3.4 四路选择器的逻辑功能表

S_1	S_0	A_{OUT}	B_{OUT}	C_{OUT}	D_{OUT}
0	0	A_0	B_0	C_0	D_0
0	1	A_1	B_1	C_1	D_1
1	0	A_2	B_2	C_2	D_2
1	1	A_3	B_3	C_3	D_3

该电路的逻辑方程为

$$A_{OUT} = \overline{S_1} \cdot \overline{S_0} \cdot A_0 + \overline{S_1} \cdot S_0 \cdot A_1 + S_1 \cdot \overline{S_0} \cdot A_2 + S_1 \cdot S_0 \cdot A_3$$

$$B_{OUT} = \overline{S_1} \cdot \overline{S_0} \cdot B_0 + \overline{S_1} \cdot S_0 \cdot B_1 + S_1 \cdot \overline{S_0} \cdot B_2 + S_1 \cdot S_0 \cdot B_3$$

$$C_{OUT} = \overline{S_1} \cdot \overline{S_0} \cdot C_0 + \overline{S_1} \cdot S_0 \cdot C_1 + S_1 \cdot \overline{S_0} \cdot C_2 + S_1 \cdot S_0 \cdot C_3$$

$$D_{OUT} = \overline{S_1} \cdot \overline{S_0} \cdot D_0 + \overline{S_1} \cdot S_0 \cdot D_1 + S_1 \cdot \overline{S_0} \cdot D_2 + S_1 \cdot S_0 \cdot D_3$$

该电路需要 18 个输入端，4 个无反馈组合输出端，宜选用 PALCE20V8 (GAL20V8)，引脚安排如图 3.56 所示。为了使 Pin1(CLK/ I)、Pin23、Pin13 (OE/I)、Pin14 皆成为输入端，只能选用无本单元反馈、组合输出的工作方式。选择 SYN＝1、$AC_0＝0$，device 代码为 P20V8S。再通过设置 $AC_1(n)$ 实现对相应引脚的设置。

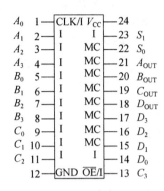

图 3.56　PALCE20V8 的引脚图

下面是一位设计者写的设计文件。在这里只要求读者了解设计文件的轮廓。

```
module quad_4tol_mux
title ´ABEL INPUT FILE
            Quad 4 to 1 Multiplexer in a GAL20V8    December 26, 2005
            Peking University.     Prof. Liu´
        ˝device declaration
              ˝location   keyword   device code
              U8   device     ´P20V8S´;
        ˝pin declaration
          ˝inputs
          A0,A1,A2,A3   pin 1, 2, 3, 4;
          B0,B1,B2,B3   pin 5, 6, 7, 8;
          C0, C1,C2,C3   pin 9, 10, 11, 13;
          D0,D1,D2,D3   pin 14, 15, 16, 17;
          ˝outputs
          Aout, Bout,Cout,Dout   pin 21, 20, 19, 18;
        ˝control
          S0, S1   pin 22, 23;
equations
```

```
        Aout = (!S1&!S0&A0)#(!S1&S0&A1)#
               (S1&!S0&A2)#(S1&S0&A3);
        Bout = (!S1&!S0&B0)#(!S1&S0&B1)#
               (S1&!S0&B2)#(S1&S0&B3);
        Cout = (!S1&!S0&C0)#(!S1&S0&C1)#
               (S1&!S0&C2)#(S1&S0&C3);
        Dout = (!S1&!S0&D0)#(!S1&S0&D1)#
               (S1&!S0&D2)#(S1&S0&D3);
test_vectors
   ([S1, S0, A0, A1, A2 .A3, B0, B1, B2, B3, C0, C1, C1, C3, D0, D1, D2, D3] ->
                                          [Aout, Bout, Cout, Dout])
"  S S A    A B    B C    C D    D    outputs
"  1 0 0 1 2 3 0 1 2 3 0 1 2 3 0 1 2 3    A B C D
                                                                       "select
[0,0,1,0,0,0,0,1,0,0,0,0,1,0,0,0,0,1]  ->  [1,0.0,0];   "A0,B0,C0,D0
[0,1,1,0,0,0,0,1,0,0,0,0,1,0,0,0,0,1]  ->  [0,1,0,0];   "A1,B1,C1,D1
[1,0,1,0,0,0,0,1,0,0,0,0,1,0,0,0,0,1]  ->  [0,0,1,0];   "A2,B2,C2,D2
[1,1,1,0,0,0,0,1,0,0,0,0,1,0,0,0,0,1]  ->  [0,0,0,1];   "A3,B3,C3,D3
[0,0,1,1,1,0,1,1,0,1,1,1,0,1,1,0,1,1]  ->  [1,1,1,0];   "A0,B0,C0,D0
[0,1,1,1,1,0,1,1,0,1,1,0,1,1,0,1,1,1]  ->  [1,1,0,1];   "A1,B1,C1,D1
[1,0,1,1,1,0,1,1,0,1,1,0,1,1,0,1,1,1]  ->  [1,0,1,1];   "A2,B2,C2,D2
[1,1,1,1,1,0,1,1,0,1,1,0,1,1,0,1,1,1]  ->  [0,1,1,1];   "A3,B3,C3,D3
end quad_4tol_mux
```

现在再来对几种语句和符号作一简单的说明。

1. Flag 语句(标志语句)

Flag 语句用来说明设计者对 Reduce 和 Simulate 的要求,它的格式是:

　　flag ´-rn´,´-tm´　　;其中参数 n = 0~3,m = 0~5

例如：flag ´-rn´,´-tm´

flag 语句应是 Module 之后的第一个语句。在上面列出的设计中,Flag 语句被省略,其意义是设计者只要求´-r1´和´-t0´。

2. Title 语句(标题语句)

标题语句是为说明设计文件的注释,为以后审阅文件提供方便。一般可包括电路的名称、器件的名称(商品型号)、设计者姓名、单位和设计日期等。标题的内容、次序和行数可任意确定,但标题内容必须用单引号括起来。

Title 语句是 Flag 语句后的第一语句。

标题语句只供审阅资料用,它的内容对 ABEL 软件没有直接的关系,因而不限定用英语，例如也可以用汉语拼音。

3. 注释

注释是为了使源文件易读而加的文字说明。注释以双引号开始，文字在双引号之后。注释以换行标志或另一先出现的双引号，作为一句（段）的结束标志。在前面列出的设计文件中："device declaration，"input，"output 等都是注释。注释不是设计文件中不可缺少的部份。

对于 ABEL 凡是以双引号开头的字符串，在用 ABEL 程序处理时都将删去。双引号打头就是删节号。因此，注释可以用汉语字符。

4. 逻辑运算符号

ABEL 的逻辑运算符号及运算优先级顺序，如表 3.5 所示。它们与通常的符号不同。通常的逻辑运算符号已蕴涵了运算先后次序或括号的概念。

表 3.5　ABEL 的逻辑运算符号及运算优先级顺序表

算符	含义	优先级	说明
!	非（反）	1	$!A=\overline{A}$
&	与	2	$A\&B=A\cdot B$
#	或	3	$A\#B=A+B$
$	异或	3	$A\$B=A\oplus B$
!$	异或非（同或）	3	$A!\$B=A\odot B$

例如：逻辑函数

$$F=\overline{\overline{A\cdot \overline{B}+C}}=\overline{\{[A\cdot(\overline{B})]+C\}}, \quad (3.9)$$

即，运算次序为：首先由 B 作非运算得 $\overline{B}$，再由 A 和 $\overline{B}$ 作与运算，然后由 $(A\cdot \overline{B})$ 和 C 作或运算得 $(A\cdot \overline{B}+C)$，最后由 $(A\cdot \overline{B}+C)$ 作非运算。ABEL 把这种关系用算符的优先级和括号表示。

ABEL 规定如下：

(1) 逻辑表示式按优先级高低次序运算；对于优先级级别相等的算符，则从左到右顺序运算。

(2) 括号（只用圆括号）优先于任何算符；在有多重括号时，按先里层后外层的顺序运算。例如式(3.9)应表为

$$F=!(A\&!B\#C), \quad (3.10)$$

但不能写作

$$F=!A\&!B\#C, \quad (3.11)$$

或(3.11)的意义是

$$F=\overline{A}\cdot \overline{B}+C \quad (3.12)$$

显然不是(3.9)式的逻辑关系。

应该注意：只有"!"前可以有其他算符，但两算符之间必须有一空格。

【思考题】

1. 重新阅读本节的设计文件,你对设计文件有什么印象?能看懂哪些?看不懂哪些?

2. 为什么要定义器件?为什么要定义引脚?

3. 逻辑方程和生成熔丝图有什么关系?哪些编程单元的状态不能由逻辑方程定义?

3.7 DECLARATIONS(定义段)语句

3.7.1 器件定义语句

在设计文件中,定义段是说明节的主要组成部分。定义段由四种语句按序排列组成,其结构次序如下:

1. 器件(Device)定义语句;
2. 引脚(Pin)定义语句组;
3. 节点(Node)定义语句组;
4. 常量(Constant)定义语句组。

器件定义语句是定义段的第一语句,它的作用是:

1. 说明器件的工业型号(工业型号代码),令 ABEL 从器件库中调出该器件的资料;

2. 定义器件的标识符。

在电路系统中,往往给每一片器件一个标识符,说明该器件的位置或作用。例如 U_1、U_2、IC_1、IC_2 等。在设计文件中注明器件的标识符,就把设计文件与电路系统的文件(资料)建立了对应关系,让使用者能比较容易地审阅文件。

在一个模块中若有几片器件,则也需要用器件的标识符来说明引用的引脚、节点等是哪一片器件的,否则软件无法处理。

器件定义语句的格式是:

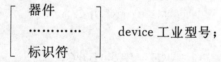

其中 device 是关键字。

在 3.6.4 节的例子中,为了便于读文件,在器件定义语句前加了两行注释,写成:

"device declaration

```
˜location    keyWord     device code
    U8       device       ´P20V8S´
```

在一个模块中若有两个或几个同型号的器件,可用一条语句来表达,例如

```
    U14,U15,device ´P16V8R´
```

而标识符之间应有","号隔开。

一个模块中允许有几片同型号的器件。使调用一次器件资料供几片器件使用。如果一个模块中只有一片器件,且设计者认为不需要用标识符,也可以不写器件标识符。在语句格式的表示式中使用了方括号,表示括号中的内容可视情况省略。

3.7.2 引脚定义语句

引脚定义语句的意义是:

1. 定义引脚的标识符

引脚的标识符是用户规定的,表示引脚上逻辑信号的字符,也是在逻辑方程中表示逻辑信号的字符。定义引脚的标识符就是说明这符号表示的信号是哪片器件、哪一引脚上的。使 ABEL 能依据逻辑方程判断信号的输入引脚与输出引脚,从而确定相应编程单元的位置与编程状态。

2. 定义引脚的属性

引脚的属性是指由结构控制字决定的,通过引脚信号表现出的电路结构属性。定义引脚的属性,是使 ABEL 能据此确定结构控制字的编程,使电路的工作方式符合设计者的要求。

在 2.4 节中已经说明,引脚的属性(电路的工作方式),必在不同程度上通过逻辑方程显示出来。因此,定义引脚的语句,常可有不同程度的省略。

引脚标识符的定义语句的格式是

$$\text{引脚标识符} \begin{bmatrix} \text{引脚} \\ \cdots\cdots \\ \text{标识符} \end{bmatrix} \text{Pin} \begin{bmatrix} \text{器件} \\ \text{In 标识符,} \end{bmatrix} \begin{bmatrix} \text{引脚,引脚} \\ \cdots\cdots \\ \text{号码,号码} \end{bmatrix}$$

其中 Pin 是关键字;"引脚号码"是器件手册中给出的引脚号码。也是厂家规定的引脚的标识符。通过定义引脚标识符,给引脚赋予信号的意义,并由逻辑方程进一步说明,与引脚相连的内部电路的组成。例如

$$!OE, O_1, O_2, O_3 \quad \text{Pin} \quad \text{In U12,11,12,13,}\cdots\cdots$$

应该注意,有些引脚的标识符具有直接的逻辑运算的意义,例如常用的 $\overline{OE}$。这类标识符中的逻辑算符须用表 3.5 中的符号表示,即写成!OE。

若一个模块中只有一片器件,则语句中的器件标识符可以略去。在一个模

块中,不同的引脚不能用相同的标识符。

在用 Pin 定义语句时,并不限定定义的引脚数,只要一行能写下一个完整的定义就行。为了便于审阅设计文件,设计者可把引脚分类按类别来写,并加注释。例如在 3.6.4 节的设计文件中,把引脚分为"输入"、"输出"、"控制"三类,"输入"又分为四组,Pin 定义语句为

```
"pin declaration
    "inputs
            A0,A1,A2,A3    pin 1,2,3,4;
            B0,B1,B2,B3    pin 5,6,7,8;
            C0,C1,C2,C3    pin 9,10,11,13;
            D0,D1,D2,D3    pin 14,15,16,17;
    "outputs
            Aout,Bout,Cout,Dout    pin 21,20,19,18;
    "control
        S0,S1    pin 22,23;
```

有些设计软件要求定义所有的引脚,包括 V_{CC}、GND 和闲置的引脚(NC)。ABEL 只要求定义与逻辑描述有关的引脚。

引脚的属性是由器件的结构决定的,并由规定的关键字来表示。按照现有的器件结构,ABEL 规定的合法属性的关键字如表 3.6 所示,这些属性是按器件的结构规定的。例如 PALCE16V8H 的输入单元中有锁存器,在有的 GAL 中,寄存器可通过控制字编程成为不同类型的寄存器,读者不要急于理解每一项属性的意义,只是在用到新器件时应思考,这类问题多是通过引脚属性来实施编程的,并能有目的地查阅的软件手册。

表 3.6 ABEL 规定的合法的属性

输出、输入单元		可编程寄存器	
pos	正极性	reg-d	D 型寄存器
neg	负极性	reg-g	G 型寄存器
reg	寄存器输出	reg-jk	JK 型寄存器
com	组合输出	reg-rs	RS 型寄存器
latch	锁存器输入	reg-t	T 型寄存器
feed-pin	引脚反馈	reg-jkd	JK/D 型可控寄存器
feed-reg	寄存器反馈		
feed-or	或门反馈		

有一种定义引脚属性语句,是和定义引脚标识符的语句连起来,例如

```
01 Pin 13 = 'NEG,REG';
02 Pin 17 = 'POS,COM,FEED-PIN';
```

这种语句不局限于每行只定义一个引脚。例如以上两条可合并为

```
01, 02 Pin 13 = 'NEG,REG', 17 = 'POS,COM';
```

另一种定义引脚属性的语句叫做 ISTYPE(关键)语句。该语句必须写在引脚标识符定义语句之后，它的格式是

引脚标识符 $\begin{bmatrix} 引脚 \\ \cdots\cdots \\ ,标识符 \end{bmatrix}$ istype $\begin{bmatrix} in & 器件 \\ & 标识符 \end{bmatrix}$ 属性[,'属性……]';

例如：05,06 istype 'neg, reg';

该语句将 05、06 皆定义为负极性、寄存器输出。换句话说，一条 istype 语句可定义一组属性相同的引脚。

【思考题】

1. 有些软件规定要定义所有的引脚，有些则不需要。你估计这项要求是因什么实际问题提出来的？为什么可以有两种软件？

2. 为什么要定义引脚的标识符与属性？

3. 表 3.6 所列的引脚的合法属性，是依据什么规定的？

3.7.3 节点定义语句

在用 PLD 设计电路时，常需要用器件内部的信号，这些信号并不出现在引脚上，但又是描述逻辑功能所必须的。这些内部信号，总对应有内部电路的一个端或编程单元，这种信号与内部的端叫做节点。例如 PAL22V10 内有异步复位(AR)和同步预置(SP)两个端，它们的信号来自内部的积项，AR 和 SP 是 PAL22V10 的两个节点。

这里说的节点，不是通常作电路分析时所说的节点，也不是可以由设计者认定的节点；而是按照电路结构，由器件生产厂家规定的"隐埋引脚"，它和器件的显引脚有同样的作用。对于合法的节点，器件生产厂家都赋予了一个特定的号码，作为该器件中的节点的标识符。例如，PAL20V10(24 个引脚)中两个节点的号码为 25 和 26，这些号码可以在器件的逻辑图上找到，或在软件手册中找到。

节点定义语句就是"隐埋引脚"定义语句。通过节点标识符的定义，建立逻辑方程与指定节点的对应关系；通过对节点属性的定义，确定内部的某些控制字的编程。因此，节点定义语句的格式与引脚定义语句一样，只是用关键字 Node 代替 Pin 而已。例如若规定 PAL20V10 中两个节点信号为 Reset 和 Preset，则相应的节点标识符定义语句为：Reset, Preset node 25,26;

如上所述,定义节点是很繁琐的事。在常用的器件中,节点总是与寄存器有关的点,为了便于用户使用,通用软件定义了一些表示节点的符号,叫做点扩展符。表 3.7 是 ABEL 支持的点扩展符。表 3.7 所列的符号只说明节点的功能,没有定义指定的节点。但任一个寄存器的节点总在一个输出单元或输入单元中,总与某一个引脚有直接的对应关系。可以用引脚的标识符和点扩展符组成节点的标识符。例如若节点是引脚 O_n 内寄存器的 Q 端反馈信号,则它的标识符记为 $O_n\cdot Q$。

表 3.7 ABEL 支持的点扩展符

·RE	寄存器复位	·J	J-K 触发器的 J 输入
·PR	寄存器预置	·K	J-K 触发器的 K 输入
·SR	同步复位	·R	R-S 触发器的 R 输入
·SP	同步预置	·S	R-S 触发器的 S 输入
·AR	异步复位	·L	寄存器的装载输入
·AP	异步预置	·Q	寄存器反馈
·C	时钟输入	·FC	功能(方式)控制

ABEL 软件把这种标识符也视为节点的定义语句。用户可以不必再写定义语句,把这种标识符直接用于逻辑方程或定义节点的属性。换句话说,对于用户 $O_n\cdot Q$ 是已定义的节点的标识符。软件的这种处理方法为用户提供了方便,现已普遍使用扩展符来表示节点。因此,在一些器件手册的逻辑图中,常不再标出节点的号码。

"隐埋引脚"(节点)和显引脚一样也需要定义属性。表 3.6 所列的合法属性,也是节点的合法属性。此外,节点还有三项专有的属性,如表 3.8 所示。

表 3.8 节点的专有属性

fuse	单熔丝节点
pin	引脚控制节点
eqn	阵列控制节点

三态门的输出允许,是一种常用的节点。按产生控制信号的方式不同,可用 istype 语句定义为:

$O_n\cdot$ OE istype fuse;熔丝控制

$O_n\cdot$ OE istype pin;一个引脚控制

$O_n\cdot$ OE istype eqn;由矩阵产生的积项控制

【思考题】

1. 何谓节点?为什么要定义点扩展符?

2. 为什么定义·Q 为寄存器反馈?

3.7.4 常量定义语句

常量定义语句用来定义在模块中具有确定值的标识符。在逻辑运算中,所说的常量是指逻辑意义上的 1、0,还有一个特殊的常量——任意态。在 ABEL 语言中用符号.X.表示任意态。这些逻辑常量常出现在真值表和逻辑方程中。

有时直接使用逻辑常量不方便,而引用常量的标识符。例如为了便于测试,常用 H(高电平)、L(低电平)表示逻辑量的值。但是,H、L 的意义因设计者所用的逻辑极性(正逻辑或负逻辑)而异。若是正逻辑则 H 表示 1,若是负逻辑则 H 表示 0。因而需要给这些表示逻辑量的标识符赋值,这就是常量定义。常量定义语句的格式为:

标识符[,标识符……]=$\begin{bmatrix}常量或\\表示式\end{bmatrix}$,$\begin{bmatrix}常量或\\表示式\end{bmatrix}$……];

例如: H,L,X=1,0,.X.;
  　　 H,L,X=0,1,.X.;

若 B 和 C 是已定义的常量标识符,则 A 可由 B、C 的表达式来定义。

例如:A=B&C;

按照描述电路和测试电路的需要,ABEL 规定了 7 种特殊常量,如表 3.9 所示。特殊常量符号的特点是在字母两边各有一个小圆点,这在文件中若多次使用是不方便的。如果要以较简单的符号代替,则必须在说明中给予定义。

表 3.9 特殊常量值

常量值	说　明
.C.	时钟脉冲上升沿有效
.K.	时钟脉冲下降沿有效
.P.	寄存器预装载
.X.	任意态
.F.	浮动输入或输出信号
.Z.	高阻态测试输入或输出
.SV.	$n=2\sim9$,驱动输入到超级电平 $2\sim9$

3.8　逻辑功能描述与仿真测试

3.8.1　逻辑方程

在设计文件中,逻辑方程是表达设计要求的基本方法之一。在 3.6.4 节中已经说明,设计文件中的逻辑方程应该用软件规定的符号来写。由 3.3.3 节的例子可以看出,设计文件中的逻辑方程有以下两个特点,如图 3.57 所示。

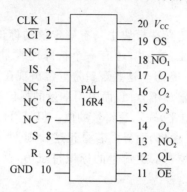

图 3.57 PAL16R4 引脚图

1. 三态门的输出允许条件是逻辑方程组中的一个组成部分;
2. 逻辑方程是用引脚和节点信号的逻辑式,表示输出引脚的信号。

表述输出允许条件的方程式有两种:在 ABEL3.0 以前用关键字 enable;以后优选 ·OE 符号(点扩展符)。例如,若输出引脚 O_n 内的三态门受积项 A&B 控制,则输出允许方程为

$$\text{enable } O_n = \text{A\&B}$$

$$\text{或 } O_n \cdot \text{OE} = \text{A\&B}$$

输出允许方程应是有关 O_n 的逻辑方程组的一个方程,它应是紧跟在 O_n 方程式后面的第一个方程,输出允许方程应与定义段中定义的 $O_n \cdot \text{OE}$ 的属性一致。上面所举的例子是指 $O_n \cdot \text{OE}$ 定义为受积项控制的情况,即 $O_n \cdot \text{OE}$ istype eqn。若三态门定义为受引脚 A 的信号控制,则输出允许方程为

$$O_n \cdot \text{OE} = \text{A 或 !A};$$

A 为高电平或低电平有效。若三态门定义为受 PTD"熔丝"控制,则输出允许方程为

$$O_n \cdot \text{OE} = 1 \text{ 或 } 0; \qquad \text{常开或常闭}$$

在有寄存器的器件中,常有一个特殊的引脚用作三态门的输出允许控制,通常以 $\overline{\text{OE}}$(!OE)为它的标识符。这个特殊引脚的输出允许方程可以不写在逻辑方程组中,但应包括在所有的测试向量中。换句话说,在逻辑方程中可以默认 $\overline{\text{OE}}$ 有效,在测试时则应按 $\overline{\text{OE}}$ 有效和无效两种情况分别测试。

逻辑方程中的节点信号,宜用表 3.7 中规定的点扩展符来表示。在 3.3.3 节的例子中除三态门的控制信号外,还有 $O_1 \sim O_4$ 的输出单元中的寄存器的反馈信号,它们是节点信号。它们可以表为 $O_1 \cdot Q$、$O_2 \cdot Q$、$O_3 \cdot Q$ 和 $O_4 \cdot Q$。

按照 ABEL 的规定,在设计文件的逻辑功能描述一节中,逻辑方程组的第一行为关键字,格式如下:

$$\text{Equations} \begin{bmatrix} \text{器件} \\ \text{in} \\ \text{标识符} \end{bmatrix} \quad \text{"后面没有符号}$$

以后是该器件的方程组。即:每一器件的方程组都要用关键字打头。

例如,在 3.3.3 节中用 PAL16R4 设计的电路的方程为

$$OS = IS,$$

$$QL = \overline{R + S + QL},$$

当 $\overline{CI}$ 有效时,以上两式输出允许。

移位寄存器的方程为:

$$O_2 := \overline{Q_1},$$

$$O_3 := \overline{Q_2},$$

$$O_4 := \overline{Q_3},$$

$$O_1 := (Q_3 \odot Q_4) \cdot \overline{Q_1 \cdot Q_2 \cdot Q_3 \cdot Q_4}。$$

按照 ABEL 的规则,这一组方程应表为

```
Equations                      "略去器件标识符
OS • OE = CI                   "OS 输出允许
OS = IS                        "OS 的方程
OL • OE = CI                   "QL 输出允许
O₂ᵢ := ! Q₁ • Q                "OE可略去
O₃ᵢ := ! Q₂ • Q
O₄ᵢ := ! Q₃ • Q
O₁ᵢ := (Q₃ • Q$! Q₄ • Q)&! (Q₁ • Q&Q₂ • Q&Q₃ • Q&Q₄ • Q)
```

【思考题】

1. 在组合输出引脚反馈的宏单元中(例如图 3.57 中的锁存器),能不用一个引脚($\overline{CI}$)控制而使三态门常开通吗?

2. 通过编程使三态门常关断有什么实用意义?

3. 若三态门的输出允许由编程单元控制而不是积项控制,是否相关的或门可以多接受一个积项?

3.8.2 真值表

真值表是以表格的形式表示逻辑函数,它和逻辑方程是等价的,可以替代或补充逻辑方程。真值表不只是 GAL(PAL)的某一个输出单元的逻辑函数,也可以是由几个单元组成的、相对独立的电路的全部输出量和输入量之间的函数。

表 3.10 是一个锁存器的真值表,这是一个有反馈的组合逻辑电路。如表所示,它的输入量包括 R、S、QL^*(原状态),又因它的输出允许(又叫使能)是一个积项,所以参与该积项的变量 CI 也是一个输入量(变量)。按照电路的特性,在 $\overline{CI}=1$(失效)时三态门关闭,输出量 QL 可为任意值(.X.),且与其他输入量无关,故在该表最后一行包含了所有 $\overline{CI}=1$ 的 8 种情况,也就是作了合理的化简。

进一步观察表 3.10 可以发现,除了前两行(锁存器保持)之外,其他各行的输出量 QL 实际上与它的原状态 QL^*(输入量)无关,因而表 3.10 可化简为表 3.11。

表 3.10 锁存器的真值表

$\overline{CI}$	R	S	QL^*	QL
0	0	0	0	0
0	0	0	1	1
0	0	1	0	1
0	0	1	1	1
0	1	0	0	0
0	1	0	1	0
0	1	1	0	0
0	1	1	1	0
1	.X.	.X.	.X.	.X.

表 3.11 化简后的真值表

$\overline{CI}$	R	S	QL^*	QL
0	0	0	0	0
0	0	0	1	1
0	0	1	.X.	1
0	1	0	.X.	0
0	1	1	.X.	0
1	.X.	.X.	.X.	.X.

如表 3.11 所示,电路有多个输入变量(信号),把这些变量排成一行以行矢量的形式表示,叫做输入矢量。上述锁存器的输入矢量是

$$[\overline{CI}, R, S, QL]$$

一组变量用括号括在方括号中,表示是属于同一矢量。若只有一个输入信号,则方括号和逗号可略去。同理,输出信号也可以用行矢量的形式表示,叫做输出矢量。

电路在任一种状态下的输入矢量和输出矢量,总是用常量表示的矢量。真值表中的每一行是电路的一种状态。它用常量表示的输入矢量和输出矢量,说明电路的逻辑功能。如表 3.11 所示;表头是用标识符表示的矢量,叫做表头矢量;以下各行是用常量表示的矢量叫做表格矢量。

在 ABEL 中,真值表的表述以定义表头矢量开始。以下是表格矢量,它的格式是:

Truth-tabel in $\begin{bmatrix} 器件 \\ 标识符 \end{bmatrix}$ ([输入矢量]-> [输出矢量])

表格矢量

其中:"Truth-table"是关键字;"->"是关系符,并表示输入输出关系是组合型。若输入输出关系是寄存器型,则以关系符">"表示。

例如锁存器属组合型,按表 3.11 它的真值表为

```
Truth-table([CI,R,S,QL]-> QL)
[0,0,0,0]-> 0;
[0,0,0,1]-> 1;
[0,0,1,.X.]-> 1;
[0,1,0,.X.]-> 0;
[0,1,1,.X.]-> 0;
[1,.X.,.X.,.X.]-> 0;
```

在表格矢量中,各元素只能是数值常量、特殊常量或已定义过的常量标识符。表头矢量中的各元素,只能是已定义过的引脚和节点的标识符。

前面讨论的移位寄存器是寄存器型电路,表 3.12 是它的真值表。因为所用

表 3.12 移位寄存器的真值表[注]

$O_1 \cdot Q$	$O_2 \cdot Q$	$O_3 \cdot Q$	$O_4 \cdot Q$	O_1	O_2	O_3	O_4
1	1	1	1	1	0	0	0
0	1	1	1	0	1	0	0
1	0	1	1	0	0	1	0
1	1	0	1	0	0	0	1
0	1	1	0	1	1	0	0
0	0	1	1	0	1	1	0
1	0	0	1	0	0	1	1
0	1	0	0	0	1	0	1
1	0	1	0	1	0	1	0
0	1	0	1	1	1	0	1
0	0	1	0	1	1	1	0
0	0	0	1	1	1	1	1
0	0	0	0	0	1	1	1
1	0	0	0	0	0	1	1
1	1	0	0	0	0	0	1
1	1	1	0	1	0	0	0
0	1	1	1	0	1	0	0

[注]不显含[O_1,O_2,O_3,O_4]=[0,0,0,0]

的四个单元的三态门,都受专用引脚$\overline{OE}$控制,所以没有把$\overline{OE}$列为输入变量。时钟脉冲的作用已由关系符表现出来,表中所列的输入矢量只是四个寄存器的原状态。按照 ABEL 的真值表的表述规则,该电路的真值表为:

```
Truth-table ([O1.Q,O2.Q,O3.Q,O4.Q]> [O1,O2,O3,O4])
    [1,1,1,1]> [1,0,0,0]
    [0,1,1,1]> [0,1,0,0]
    [1,0,1,1]> [0,0,1,0]
    [1,1,0,1]> [1,0,0,1]
    [0,1,1,0]> [1,1,0,0]
    [0,0,1,1]> [0,1,1,0]
    [1,0,0,1]> [1,0,1,1]
    [0,1,0,0]> [0,1,0,1]
    [1,0,1,0]> [1,0,1,0]
    [0,1,0,1]> [1,1,0,1]
    [0,0,1,0]> [1,1,1,0]
    [0,0,0,1]> [1,1,1,1]
    [0,0,0,0]> [0,1,1,1]
    [1,0,0,0]> [0,0,1,1]
    [1,1,0,0]> [0,0,0,1]
    [1,1,1,0]> [1,0,0,0]
```

在一片器件中可以设计成图 3.58 所示的复杂电路,寄存器的输出信号还作为另一组组合电路的输入信号。输入矢量中包括使能信号和时钟。对于寄存器电路,时钟以上升沿或下降沿确定输出信号变化的时刻;对于组合电路,时钟以高、低电平表示不同的逻辑量。这种电路的真值表可分为三栏,即输入矢量、寄存器输出矢量和输出(组合输出)矢量。寄存器输出矢量也是组合电路的输入矢量的一个组成部分。

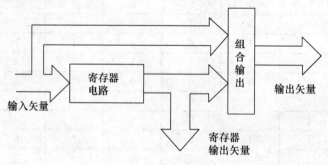

图 3.58 复杂电路

ABEL 规定,这种电路的真值表的表述格式是:

Truth-tabel $\begin{bmatrix} \text{in} & \text{器件} \\ & \text{标识符} \end{bmatrix}$ (输入矢量> 寄存器输出矢量-> 输出矢量)

以下是表格矢量

....

【思考题】

1. 怎样理解真值表与逻辑方程等价?

2. 你估计 ABEL 软件怎样由真值表判断,电路是组合型还是寄存器型? 有反馈还是无反馈?

3. 你估计为什么用 $\overline{OE}$ 引脚作输出使能时,在逻辑方程和真值表中可以不计? 为什么在用积项控制三态门时,就必须写在逻辑方程组中或列在真值表中。还有哪些情况输出允许可以不计?

4. 用逻辑方程或真值表描述逻辑功能,各有何优缺点?

3.8.3 测试矢量表

测试矢量表,是设计者设想用一组输入信号对所设计的电路进行测试,及电路应具有相应的输出信号。测试矢量表有两种作用:

(1) 由 Simutlate 程序对经过处理的设计文件,按所设计的信号作仿真计算,检查设计文件和软件处理是否有差错;

(2) 作为 JEDEC 文件的一部分传送给编程器,由编程器产生所设计的电信号,对器件作仿真电测试,并将测试结果通过计算机显示给设计者。

ABEL 允许省略测试矢量。但为确保设计和编程无误,最好不要省略这一重要环节。

这里说的输入信号和输出信号,都是指引脚上的信号,不包括器件内部节点的信号。可以说测试矢量表是引脚功能的真值表,它可以由前面所说的真值表中提炼出来。但是,测试矢量表又不是简单的引脚真值表,而要进一步考虑电路的性质和仿真测试的过程,也就是信号设计。下面以前面讨论过的锁存器为例来说明这个问题。

把表 3.11 中输入信号 QL*(器件内部信号)舍去,得锁存器的引脚真值表(表 3.13)。锁存器是有反馈的组合电路,它的输出信号与测试过程与初态有关。因此,在开始测试时首先应设置初态,即第一级信号的作用是置初态。按表 3.13,若第一级信号为 $R=0$、$S=1$,则初态为 $QL=1$,若为 $R=1$、$S=0$,则为 $QL=0$。设置初态为 QL,则测试过程可以如图 3.58 所示。

表 3.13 锁存器引脚真值表

$\overline{CI}$	R	S	QL
0	0	0	保持(0,1)
0	0	1	1
0	1	0	0
0	1	1	0(禁止)
1	.X.	.X.	.Z.(高阻)

图 3.59 给出了测试表 3.13 中 $\overline{CI}=0$ 各项关系的测试过程和测试信号。把图 3.59 中的信号用逻辑数表示,就是测试矢量表(测试信号表)中的 $\overline{CI}=0$ 部分(见表 3.14)。在表 3.13 中 $\overline{CI}=1$ 时 R 和 S 的输入信号均为 .X.。对于测试来说,任何信号源的信号总是有确定的电平的,因此必须给 .X. 赋值。在这里 .X. 意味着 R 和 S 的各种可能的组合。又因在三态门关断时输出均为 .Z.,与输入信号的组合形式无关。所以在表 3.14 中将 R 和 S 按二进制码排列。

综上所述,在测试矢量表中应给不确定的信号赋值。ABEL 规定若设计者不给不确定态赋值,则 .X. 的默认值为 L,.Z. 的默认值为 H(用作信号)。

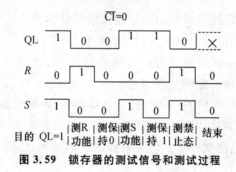

图 3.59 锁存器的测试信号和测试过程

表 3.14 锁存器测试矢量

$\overline{CI}$	R	S	QL
0	0	1	1
0	1	0	0
0	0	0	0
0	0	0	0
0	1	1	0
1	0	0	.Z.
1	0	1	.Z.
1	1	0	.Z.
1	1	1	.Z.

如上所述,测试矢量表就是把引脚功能真值表的表格矢量,按所设计的信号重新排列组成。它不仅给 Simulate 程序提供依据,也为编程器设计了电信号。

ABEL 规定的测试矢量的格式是:

Test-Vectors in $\begin{bmatrix} 器件 \\ 标识符 \end{bmatrix}$ ([输入矢量]-> [输出矢量])

[输入矢量值]-> [输出矢量值];
⋮

按照表 3.14,锁存器的测试矢量应表示为

```
Test-Vectors    ([CI,R,S]-> QL)
[0,0,1]-> 1；    "测置初态
[0,1,0]-> 0；    "测 R 功能
[0,0,0]-> 0；    "测保持 0
[0,0,1]-> 1；    "测 S 功能
[0,0,0]-> 1；    "测保持 1
[0,1,1]-> 0；    "测禁止态
[1,0,0]-> .Z.；  "以下测三态门关断状态,对仿真计算不重要.但对仿真电测是有意
                  义的。
[1,0,1]-> .Z.；
[1,1,0]-> .Z.；
[1,1,1]-> .Z.；
```

对于寄存器型电路,测试矢量的格式不变。但应注意,时钟边沿(.C.或.K.)是电路的一个输入信号。

不难想到,寄存器型电路的初态设置也是一个应予关注的问题。为此,ABEL 规定了一个置初态(预装载)的特殊常量".P."。在测试矢量中,以.P.代替.C.(或.K.)作为输入信号就可设置初态,对于仿真计算,置初态是不难做到的;对编程器电测试,则要启动器件内部的预装载电路,真实地将寄存器置于指定的状态。

通常测试矢量的第一行应是设置初态。为了方便起见,ABEL 规定,如果不说明初态,则软件将设置所有的寄存器的初态为"0"。

前面讨论过的移位寄存器,是四级寄存器组成的码发生器,它共有 16 种可能的状态。其中有 15 种状态组成工作环,只有

$[O_1,O_2,O_3,O_4]=[0,0,0,0]$ "$[Q_1,Q_2,Q_3,Q_4]=[1,1,1,1]$

不在工作环中。该电路只有 CLK 和 $\overline{OE}$ 两个输入信号。设计者求在 $\overline{OE}=0$ 时经 CLK(.C.)驱动,电路沿工作环从一种状态转移到另一种状态;还要求自

[0,0,0,0]状态转移到指定的[1,0,0,0]状态。按照电路的这种性质,测试矢量只能按电路状态转移顺序排列。此外,还应测试是否能从[0,0,0,0]态转移到指定态、及三态门关断的状态。

设想测试由软件设置所有寄存器为 0 开始,即从$[O_1,O_2,O_3,O_4]=[1,1,1,1]$开始,则测试矢量表可以设计成表 3.15 的形式。下面再对测试矢量表的设计作简要的说明。

表 3.15 移位寄存器测试矢量

NO	$\overline{OE}$	CLK	O_1	O_2	O_3	O_4
0	0	.C.	1	1	1	1
1	0	.C.	0	1	1	1
2	0	.C.	0	0	1	1
3	0	.C.	0	0	0	1
4	0	.C.	1	0	0	0
5	0	.C.	0	1	0	0
6	0	.C.	0	0	1	0
7	0	.C.	1	0	0	1
8	0	.C.	1	1	0	0
9	0	.C.	0	1	1	0
10	0	.C.	1	0	1	1
11	0	.C.	0	1	0	1
12	0	.C.	1	0	1	0
13	0	.C.	0	0	0	1
14	0	.C.	1	1	1	0
15	0	.C.	1	1	1	1
16	0	.P.	0	0	0	0
17	0	.C.	1	0	0	0
18	1		.Z.	.Z.	.Z.	.Z.

NOD 是利用软件设置的初态,实际并不要写。然后按工作环作状态转移,至 NO14 已完成一个循环。为了能显示出下一拍回到初态,增设了 NO15。至此,工作环的测试已告结束。

NO16 是用.P.将电路置于环外的[0,0,0,0]态,并测试下一拍是否转移到指定的[1,0,0,0]态(NO17)。NO18 是测试三态门关闭的状态。

按照表 3.15 就可以写出该电路的测试矢量。

在传送给编程器的 JEDEC 文件中，V 段是测试矢量。图 3.60 是 V 段的一个例子。V 段的每行都以 V 字符开头，以 ＊ 号结束。V 字后面的十进制数是设计文件中测试矢量的顺序号。空格后面的字符串表示各引脚上的信号，且按引脚的顺序号排列。图 3.60 中每行有 20 个字符说明这个器件有 20 个引脚。字符串中字符的意义列于表 3.16 中。

表 3.16　V 段中字符的意义

字符	意　义	字符	意义
O	输入低电平	C	时钟（⎍）
I	输入高电平	K	时钟（⎑）
L	输出低电平	P	置位
H	输出高电平	Z	
N	GND 与 V_{CC} 不测之引脚		
X			

图 3.60 中的每一列给出一个引脚上用数值表示的输入信号，或期望得到的输出信号。图 3.61 是由图 3.60 得到的 Pin2 上的输入信号和 Pin17 期望的信号波形图。在图 3.61 中，电压坐标的方向是自左指向右，时间坐标的方向是自上指向下。

```
File for PLD 12s8 Created on 8-Feb-85 3:05PM
6809 memory decode 123-0017-001
Joe Engines Adranced Logic Corp •
QP20•QV8•
V0001 000000XXXNXXXHHHLXXN•
V0002 010000XXXNXXXHHHLXXN•
V0003 100000XXXNXXXHHHLXXN•
V0004 110000XXXNXXXHHHLXXN•
V0005 111000XXXNXXXHLHHXXN•
V0006 111010XXXNXXXHHHHXXN•
V0007 111100XXXNXXXHHLHXXN•
V0008 111110XXXNXXXLHHHXXN•
```

图 3.60　文件 V 段举例

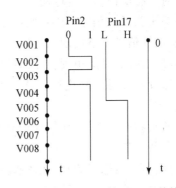

图 3.61　对应图 2.8.4 的 Pin2 上的输入信号和 Pin17 期望的信号波形图

【思考题】

1. 为什么测试矢量只有一种关系符，而真值表的表述则有两种关系符？
2. 简述测试矢量表与真值表的关系。
3. 编程器怎样按 JEDEC 文件产生指定的测试电信号？试提出你的方案。

3.8.4 仿真跟踪的级别

ABEL 的 Simulate 程序,依据测试矢量对处理后的方案与器件标称的延迟时间作仿真计算。无反馈的电路中,没有与输出信号同时刻的反馈信号。因此,只要按处理后得到的方程算出积项和,再计算经过宏单元(三态门、寄存器)的结果,就得到输出信号。而在有反馈的组合电路中,有与输出信号同时刻的反馈信号,输出信号决定于同时刻的反馈信号,如图 3.62 所示,前面所述的算法已不适用。

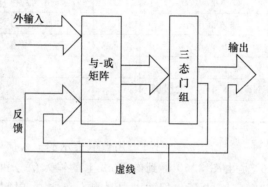

图 3.62 有反馈的组合电路

对于有反馈的组合电路,采用 Simulate 程序用拆环法计算。即假定电路的初始输出为反馈信号,用这种反馈信号和外输入作为矩阵的输入,来计算输出。但是,反馈信号不是由现在的输出产生的,现在的输出也不是实际电路应有的输出信号。为此,只能由现在输出的信号再次算出反馈信号,并又一次计算输出信号。这种计算要反复进行多次直到输出信号稳定为止,这种计算方法叫做迭代法。

就实际电路来说,任何环路总是有传输延迟时间的。稳定的输出信号与反馈信号并不是瞬间建立的,而是通过在反馈环路中循环传递逐渐收敛到稳定态(指电路本身是稳定的)。迭代法就是模拟信号在反馈环路中的传递过程的计算方法。

Simulate 程序规定,经过几次迭代,若得到稳定的输出,就不要继续作迭代运算;若经过 20 次迭代运算,还得不到稳定的输出,就认为电路是不稳定的,也就是设计或软件处理有差错。Simulate 程序的流程如图 3.63 所示。

按照设计者的需要,Simulate 程序可以向设计者提交 6 种不同级别,即称作跟踪级的仿真文件。

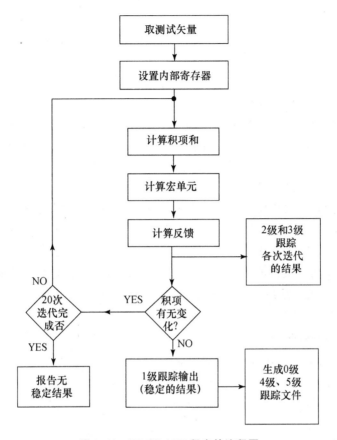

图 3.63 SIMULATE 程序的流程图

1. 0 级跟踪(记为 T0)

0 级跟踪的仿真文件只列出出错的测试矢量号,出错的输出引脚标识符与序号,以及错误的性质。例如,

```
Vector 4                              "V004
ROM1 14,'H'found'L'expected    "Pin14 标识符 ROM1 期望'L',结果为'H'
```

2. 1 级跟踪(记为 T1)

1 级跟踪仿真文件给出与每一测试向量对应的仿真输出信号,包括正确的和不正确的。例如:

```
Vector  1                             "V001
Vector  In[000000………]           "V001 中的输入信号
Device  Out[……HHHL………]          "仿真输出信号
Vector  Out[……HHHL………]          "V001 期望的输出信号
```

```
Vector  2
Vector  In[01000·············]
Device  Out[·················HHLH]
Vector  Out[·················HHLH]
```

3. 2级跟踪(记为T2)

2级跟踪仿真文件提供的信息与1级跟踪不同。2级跟踪进一步给出每次迭代的结果,包括每次迭代的输出信号和反馈信号。这对于设计者了解电路的稳定过程和电路中因时延产生的冒险信号的作用是有益的。

4. 3级跟踪(记为T3)

3级跟踪仿真文件除包括2级跟踪文件的全部内容外,还包括器件内部的或门、寄存器等重要的内部电路的仿真输出。

5. 4级跟踪(记为T4)

4级跟踪仿真文件给出指定的测试向量段对应的、指定引脚的输入和输出波形。它比1级跟踪仿真文件直观,图3.64是一例。

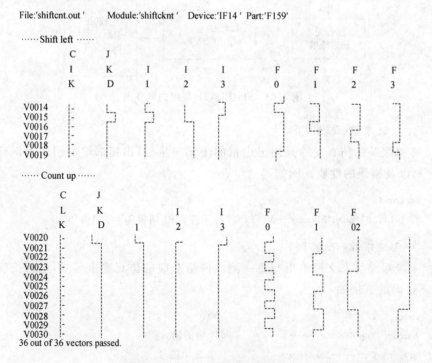

图3.64 4级跟踪仿真文件的例子

6.5 级跟踪(记为 T5)

4 级跟踪仿真文件在形式上欠紧凑，而 5 级跟踪文件改为用字符表示指定测试矢量段与指定引脚的波形。图 3.65 是图 3.64 的 5 级跟踪仿真文件。

```
Simulate ABEL (tm) 3.xx

universal counter/shift register

File: shiftont,out   Module:shiftont'   Device:IFL4' Part:F150

        ……Ccunt Up and shift Left……

        ……Shift right……
                                                    Pin Numbers
        ……Shift left……
                                Fin Identifiers
                  P P P P                        P P P P P
                  C J
                  L K I I I 0 0 0 0 0     F F F F     1 1 1 1 2 F
                  K D 1 2 3 6 7 8 9 E     0 1 2 3     6 7 8 9 0 C
         V0014    C 0 0 0 1 Z Z Z Z 0     H H H H     Z Z Z Z 0 L
         V0015    C 1 1 0 0 Z Z Z Z 0     L H H H     Z Z Z Z 0 H
         V0016    C 0 0 1 0 Z Z Z Z 0     H L H H     Z Z Z Z 0 L
         V0017    C 0 0 1 0 Z Z Z Z 0     H H L H     Z Z Z Z 0 L
         V0018    C 0 0 1 0 Z Z Z Z 0     H H H L     Z Z Z Z 0 L
         V0019    C 0 0 1 0 Z Z Z Z 0     L H H H     Z Z Z Z 0 L

        ……Count up……

                  P P P P                          P P P P
                  C J
                  L K I I I 0 0 0 0 0     F F F F     1 1 1 1 2 F
                  K D 1 2 3 6 7 8 9 E     0 1 2 3     6 7 8 9 0 C
         V0020    C 0 0 0 1 Z Z Z Z 0     H H H H     Z Z Z Z 0 L
         V0021    C 1 1 0 0 Z Z Z Z 0     L H H H     Z Z Z Z 0 H
         V0022    C 1 1 0 0 Z Z Z Z 0     H L H H     Z Z Z Z 0 H
         V0023    C 1 1 0 0 Z Z Z Z 0     L L H H     Z Z Z Z 0 H
         V0024    C 1 1 0 0 Z Z Z Z 0     H H L H     Z Z Z Z 0 H
         V0025    C 1 1 0 0 Z Z Z Z 0     L H L H     Z Z Z Z 0 H
         V0026    C 1 1 0 0 Z Z Z Z 0     H L L H     Z Z Z Z 0 H
         V0027    C 1 1 0 0 Z Z Z Z 0     L L L H     Z Z Z Z 0 H
         V0028    C 1 1 0 0 Z Z Z Z 0     H H H L     Z Z Z Z 0 H
         V0029    C 1 1 0 0 Z Z Z Z 0     L H H L     Z Z Z Z 0 H
         V0030    C 1 1 0 0 Z Z Z Z 0     H L H L     Z Z Z Z 0 H

36 out of 36 vectors passed
```

图 3.65 是图 3.64 的 5 级跟踪仿真文件

3.9 状态图设计语句

3.9.1 状态与转移条件的表述

在寄存器组成的同步时序电路(又称作状态机)中,各寄存器在输入量的作用下,按时钟节拍改变其状态。这种电路有两种设计方法:一种是已知逻辑方程,按逻辑方程设计电路;另一种是已知状态转移关系,以状态转移关系设计电路。状态转移关系可以列表表示,也可以用图形表示。

两级二进制计数器是一种简单的同步时序逻辑电路,设它的两个触发器的输出端为 O_0、O_1,则它们的状态可以用 O_0、O_1 两位逻辑数表示。如图 3.66 所示,两级计数器有四种状态,在时钟驱动下,按一定的顺序从一种状态转移到另一种状态,并循环地工作。

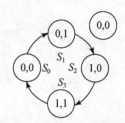

图 3.66 两级二进制计数器的状态转移图

通常在得到状态图之后,依据状态图可以导出逻辑方程,再进行电路设计。在开发 PLD 时,软件可以代替人工,依据状态图得到逻辑方程。只要在设计文件中准确地描述状态图,软件可以把状态图变换为方程,并确定各编程单元的状态。

在描述状态时,用多位逻辑数是不方便的。可以把多位逻辑数视为二进制数,并用等值的十进制数表示。以图 3.66 为例,状态[1,0]对应的二进制数是 10,与它等值的十进制数是 2,可叫做状态 2。也常用

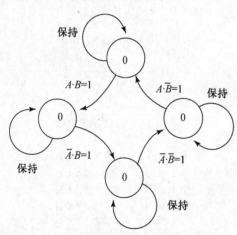

图 3.67 保持转出条件下状态转移图

标识符来表示状态,例如图 3.67 中的四种状态可用 S_0、S_1、S_2、S_3 表示,也可以用 A、B、C、D 表示。无论用十进制数还是标识符表示状态,都需要在设计文件中给予说明(定义)。

如果要用数字表示状态,则在定义引脚和节点之后,需要定义表示状态的常量,这种定义语句的格式是

$$\text{Sreg}=[O_1,O_2,\cdots\cdots];$$

Sreg 是用户选定的,泛指一般状态的标识符。该语句的含义是定义一个寄存器集合$(O_n, O_{n-1}, \cdots\cdots O_0)$,是用集合中寄存器的状态来表示电路的状态,就可以在语句中用十进制数表示状态,例如用 2 表示状态[1,0]。也可以用给状态标识赋值表示状态。例如表达式

$$S=2$$

表示状态[1,0]。

上面举的例子是最简单的同步时序电路,它无条件地从一种状态转移到另一种状态。常见的情况是电路满足一定条件时才从一种状态转移到另一种状态,否则保持原状态不变,图 3.67 就是一个例子。如图 3.67 所示,转移条件可以用一组逻辑变量的表达式为 1 或 0 表示,它等效于这组逻辑变量中,每一变量取某一指定值。例如

$$\overline{A} \cdot B = 1 \quad 等效于 \quad [B, A] = [1, 0]$$
$$A \cdot B = 1 \quad 等效于 \quad [B, A] = [1, 1]$$

可以想到,转移条件也可以用十进制数表示,当然,也需要在说明节中给予定义。若选定 y 表示转移条件,则在定义了 A 和 B(引脚或节点)之后,应再定义 y,

$$y = [B, A]$$

然而上述定义只是说明 y 是由变量 B 和 A 决定的转移条件。要表达具体的转移条件,还需要用数字来表示。按照逻辑表示式的两种基本形式,规定了两种关系符号。用十进制数表示逻辑式是从变量与积项(与运算)的关系导出的,它们的对应关系用符号"=="表示。例如若转移条件为

$$B \cdot A = 1$$

可表为 $y == 3$。

转移条件的另一种基本式是和项(或运算)。例如转移条件为

$$B + A = 1$$

上式总可表为与—非式,即

$$B + A = \overline{\overline{B} \cdot \overline{A}}$$

这种对应关系用符号"!="表示,即

$$y != 0$$

转移条件的一般表达式是积项和,即:既不是一个积项,也不是一个和项,例如

$$B \cdot A = \overline{B} \cdot \overline{A} = 1$$

该式不能用以上两个关系符中的任一个来表示。但该式的逻辑意义是两积项中只要有一个积项为 1 状态就转移。因此,可以认为有两个状态转移条件,如

图 3.68 所示,两个条件中只要有一个成立,可以认为图中的 S_n 有两个独立的转移条件 $y==3$ 和 $y==0$,只要二者中有一项为真,S_n 就转移为 S_m。

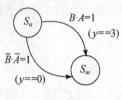

以上说明了用十进制数码表示状态和转移条件的方法。在画状态图时,最好用赋有常数值(十进制数)的标识符表示状态,而不是直接用数码。在这种情况下应该定义每一个状态标识符。定义语句的格式为:

sreg = [O_3,O_2,O_1,O_0];   "定义状态寄存器集合
$S_0 = 0$;$S_1 = 1$;$S_2 = 2$;$S_3 = 3$;   "状态标识符赋值

图 3.68

3.9.2 状态转移语句格式与 Goto 语句

用状态图设计电路,就是通过描述状态转移情况,说明电路的结构。描述状态转移的语句格式是:

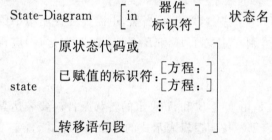

state-Diagram 是关键字;状态名是指表示状态的寄存器集合或其标识符;[方程:]是指定义原状态信号的合法方程(可省略);转移语句是指 goto 语句、case 语句和 If-Then-Else 语句。

goto 语句的结构是:
转移条件表达式;
转移条件表达式;
      ⋮
goto 新状态;
下面举例说明之。

图 3.66 中的两级计数器是无条件转移的状态机,因而没有转移条件。若状态寄存器集合为[O_1,O_0],则设计文件可写成

················
S = [O_1,O_0]
state-Diagram[O_1,O_0]
state 3： S = 3   "原状态为 S = 3

```
        goto  0    "新状态为 S = 0
     state 1:   S = 1
        goto  2
     State 0:   S = 0
        goto  1
     state 2:   S = 2
        goto  3
```

这个例子说明,在描述状态变化时不需要按实际的状态转移顺序来写,但应说明每一个可能的状态的转移情况。

图 3.69 是按条件转移的状态机,它的转移条件决定于两组不同的输入信号

$y=[A,B]$;

$w=[C,D]$;

在该图中,有的转移路径上标了两项转移条件,是指两项条件同时满足时才发生转移。例如若电路原状态为 4,仅当 $y==3$、同时 $w==1$,才转移到状态 2。按照图 3.69,该电路可表达为

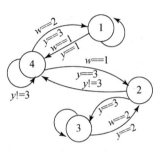

图 3.69 按条件转移的状态机

```
S = [O_1, O_0];
State-Diagram   S
    state 1:  w == 1;
             y == 1;
             goto 4;
    state 3:  w == 2;
             y == 2;
             goto 2;
    state 2:  y == 3;
             goto 3;
    state 2:  y! = 3;
             goto 4;
    state 4:  w == 2;
             y == 3;
             goto 1;
    state 4:  w == 1;
             y == 3;
             goto 2;
```

以上这个例子说明：

（1）对于每一条转移路径，应有一条包括原状态、转移条件（组）和新状态的完整的语句描述；

（2）若原状态可以有几条不同的转移路径，则每一条路径应该用一条完整的语句描述。例如图 3.69 中的状态 2 和状态 4。

应该注意，所谓"不同路径"不仅是新状态不同。还包括在用规定的关系符表示时，呈现为转移条件是互相独立的路径。例如图 3.68 中的 S_n，就是经由两条不同的路径转移到 S_m。

还应注意，在图 3.69 中，有些原状态可以在一定条件（保持条件）下保持状态不变。从逻辑上说，不满足转移条件就必保持原状态。所以，保持条件不需要再作表达。

3.9.3 case 语句和 If-Then-Else 语句

case 语句适用于一个状态有几条不同的转移路径（包括保持原状态）的情况，它的一般结构形式是

```
case    转移条件表达式 1：新状态 1；
        转移条件表达式 2：新状态 2；
                ⋮
endcase；
```

例如，对于图 3.69 中的状态 2 可表达为

```
state 2： S = 2              "原状态方程
         case    y == 3：3；   "新状态为 3
                 y！= 3：4；   "新状态为 4
         endcase；
```

若一个原状态有几条转移路径，且转移条件有相同的部分。case 语句允许把各路径相同的转移条件写在"case"前面，"case"后面只写不同的那一部分。例如在图 3.69 中，$y==3$ 是状态 4 的两条路径的转移条件的相同部分，$W==2$ 和 $W==1$ 则是不同的部分。对于状态 4 的转移情况，用 case 语句可表达为

```
state 4：  y == 3；
          case   w == 2： 1；
                 w == 1： 2；
          endcase；
```

在一种状态有几条转移路径时，case 语句可能比 goto 语句简便。

If-Then-Else 语句也是适用于多条转移路径（包括保持原状态）的语句，它

的基本结构形式是：

If 转移条件表达式 Then 新状态 1
Else[新状态 2;]
………

它的语意是：若(If)转移条件成立,则(Then)转移到新状态 1,否则……。

一种最简单的情况是只有两条转移条件互斥的转移路径(包括保持原状态)。例如图 3.69 中的 state 2 只有两条转移路径,转移条件分别为 $y==3$ 和 $y!=3$。对于 state 2 的转移,可表达为

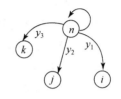

图 3.70 有多条转移路径的状态图

```
state 2: If y == 3 Then 3
         Else  4;
```

对于有多条转移路径的情况,在 Else 后面有不止一个状态。在这种情况下,在 EIse 后面可链接另一个 If-Then-Else 语句,链接的数目没有限制,但最后一个语句必须以分号结尾。例如对于图 3.70 中的 state n 可表述为

```
state  n: If  y = y₁ • then  i;
         else
           if  y = y₂ • Then  j;
         else
           if  y = y₃ • Then  k;
         else  n;
```

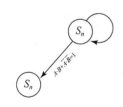

图 3.71 转移条件举例

在一个转移语句段中,不限定只用一种语句,可按电路的每一种状态的转移情况,分别用不同的语句表达。

前面着重说明转移条件可以用十进制数表示,但也可以用逻辑运算式表示。转移条件总可表示为一组输入信号的逻辑运算式等于 1。例如在图 3.71 中,转移条件为

A$!B=1

在用十进制数表示这一条件时,应视为有两条路径。在转移语句中,需要用有更简练的方法表示转移条件。ABEL 允许用加圆括号的方法表示转移条件。例如

(A&!B)   表示   A& !B=1
(B)   表示   B=1

图 3.71 中的 state n 可表述为

```
state n: if (A &! B) then m
         else n;
```

这种方法有更大的灵活性和广泛的适应性。

3.9.4 With-Endwith 语句

前面所述的转移语句,是描述基本的状态机的语句,它以状态寄存器输出端的信号作为电路的输出信号。实际的状态机除了有决定状态转移的基本状态机之外,还有由组合电路和寄存器组成的外围电路,如图 3.72 所示。例如计数器常有译码电路(组合电路),在一些设备中还有用于指示某种特殊状态的寄存器。

如图 3.72 所示,外围电路和基本的状态机可视为两级电路。但在一些 PLD 中,两级可在一片器件中,或寄存器集合的输出仅是内部的节点信号,外围电路的输出才是引脚信号,必须表述在设计文件的一个模块中。与此相应,需要有与转移语句衔接的、说明外围电路的语句。With-Endwith 语句就是在转移语句后,描述外围电路的语句,该语句的结构是:

```
转移语句  新状态表达式
   with   方程;
          [方程];
          ⋮
[endwith]
```

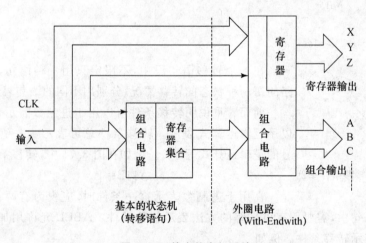

图 3.72 基本状态机系统

这里的"方程"是指外围电路输出信号的方程,也是通常说的状态机的输出信号的方程。

With-Endwith 语句,应是紧接着转移语句中每一个新状态表达式后面的附加语句。在 case 语句和 if-then-else 语句中,它是套在转移语句中的子语句:例如

```
state n: if y = = 1 then m
    with  X: = 1;
          Y: = 0;
          A = 1
          B = 0
    endwith
    else m - 1  with
          X: =  0;
          Y: = 1;
          A = 0
          B = 1
    endwith;
```

应该注意,在有外围电路时,外围电路的组合输出和寄存器输出,也是定义状态机状态的信号。在这种情况下,状态转移语句中的"定义原状态的方程"组中,应包括外围电路输出信号的方程。

【思考题】

1. 若要设计一状态机其结构如附图 3.73 所示,图中标出了输入信号和输出信号的标识符,以下是设计文件:

(1) 按照文件的说明节:

(Ⅰ) 标出器件上各引脚的标识符(20 引脚),说明在该器件中实际用了几个寄存器单元、几个组合电路单元,还有几个闲置单元?

(Ⅱ) 基本状态机与外围电路之间的连线在何处?

(Ⅲ) 设计者用什么方法表示状态和转移条件?

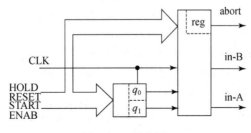

图 3.73　思考题 1

(2) 按照逻辑功能描述节:

（Ⅰ）设计者用了什么语句？在各状态转移语句中，各方程、表达式的性质与作用各是什么？

（Ⅱ）简述从外部观察该状态机是怎样运行的。in-B、in-C、abort有什么功能？

(3) 按照测试矢量节：

（Ⅰ）设计者是怎样设计测试信号的？

（Ⅱ）你自己有何见解？

2. 试论述状态图的描述已说明了输入信号、反馈信号和输出信号，因而完全体现了逻辑方程与真值表。

```
modle sequence        flag   ´- r3´
title  ´state machine example   D.B. Pellerin·FutureNet´;
    d1    device   ´p16r4´;

q1, q0              pin 14, 15;
clock, enab, start, hold, reset   pin 1, 11, 4, 2, 3
abort               pin 17
in_B, in_C          pin 12, 13;
sreg            =   [q1,q0];

"State Values…
A = 0;    B = 1;    C = 2;

state diagram sreg;
    State A:            "Hold in state A until start is active.
        in_B = 0;
        in_C = 0;
        IF ( start &! reset )  THEN  B  WITH  abort:= 0;
        ELSE  A  WITH  abort:= abort;

    State B:            "Advance to state C unless reset
        in_B = 1;       "or hold to active. Turn on abort
        in_C = 0;       "indicator if reset.
        IF  (reset)     THEN  A  WITH  abort:= 1
        ELSE  IF  (hold)  THEN  B  WITH  abort:= 0;
        ELSE  C  WITH  abort:= 0;

    State C:            "Go back to A unless hold is active.
        in_B = 0;       "Reset overrides hold.
        in_C = 1;
        IF  (hold &! reset)  THEN  C  WITH  abort:= 0;
```

```
            ELSE  A  WITH  abort:=0;
test_vectors  ([clock,enab,start,reset,hold]-> [sreg,abort,in_B,in_C])
            [.P.,   0,0,0,0]-> [A,0,0,0];
            [.C.,   0,0,0,0]-> [A,0,0,0];
            [.C.,   0,1,0,0]-> [B,0,1,0];
            [.C.,   0,0,0,0]-> [C,0,0,1];

            [.C.,   0,1,0,0]-> [A,0,0,0];
            [.C.,   0,1,0,0]-> [B,0,1,0];
            [.C.,   0,0,1,0]-> [A,1,0,0];
            [.C.,   0,0,0,0]-> [A,1,0,0];

            [.C.,   0,1,0,0]-> [B,0,1,0];
            [.C.,   0,0,0,1]-> [B,0,1,0];
            [.C.,   0,0,0,1]-> [B,0,1,0];
            [.C.,   0,0,0,0]-> [C,0,0,1];
end
```

参 考 书 目

1. 王楚,沈伯弘.数字逻辑电路.北京：高等教育出版社.
2. 赵保经,朱介炎.简明 CMOS 集成电路手册.上海：上海科学技术出版社.
3. 韩力,李晋炬,齐春东.EDA 工具 Protel98 及其设计应用.北京：北京理工大学出版社.

附 录

74LS00
四2-输入与非门

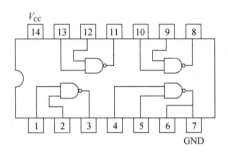

附图1 连线框图

附表1 推荐工作条件

符号	参数	最小	典型	最大	单位
V_{CC}	电源电压	4.75	5.0	5.25	V
T_A	工作环境温度	0	25	70	℃
I_{OH}	高电平输出电流			−0.4	mA
I_{OL}	低电平输出电流			8.0	mA

附表 2　在推荐工作环境温度范围内的直流电器特性（除非另有说明）

符号	参数	极限 最小	极限 典型	极限 最大	单位	测试条件
V_{IH}	高电平输入电压	2.0			V	所有输入端输入高电平
V_{IL}	低电平输入电压			0.8	V	所有输入端输入低电平
V_{IK}	输入箝位电压		−0.65	−1.5	V	$V_{CC}=MIN$, $I_{IN}=-18$ mA
V_{OH}	高电平输出电压	2.7	3.5		V	$V_{CC}=MIN$, $I_{OH}=MAX$, $V_{IN}=V_{IH}$ 或 V_{IL} 按真值表
V_{OL}	低电平输出电压		0.25	0.4	V	$I_{OL}=4.0$ mA, $V_{CC}=V_{CC}$ MIN, $V_{IN}=V_{IL}$ 或 V_{IH} 按真值表
			0.35	0.5	V	$I_{OL}=8.0$ mA
I_{IH}	高电平输入电流			20	A	$V_{CC}=MAX$, $V_{IN}=2.7$ V
				0.1	mA	$V_{CC}=MAX$, $V_{IN}=7.0$ V
I_{IL}	低电平输入电流			−0.4	mA	$V_{CC}=MAX$, $V_{IN}=0.4$ V
I_{OS}	短路输出电流（注1）	−20		−100	mA	$V_{CC}=MAX$
I_{CC}	电源电流 全部输出高电平 全部输出低电平			1.6 4.4	mA	$V_{CC}=MAX$

注1：一次短路的输出端不应多于1个，短路的持续时间不应超过1秒。

附表 3　动态开关特性（$T_A=25℃$）

符号	参数	极限 最小	极限 典型	极限 最大	单位	测试条件
t_{PLH}	关断延迟时间,输入到输出		9.0	15	ns	$V_{CC}=5.0$ V CL$=15$ pF
t_{PHL}	开启延迟时间,输入到输出		10	15	ns	

74LS85
四位数值比较器

附表 4　推荐工作环境条件

符号	参数	最小	典型	最大	单位
V_{CC}	电源电压	4.75	5.0	5.25	V
T_A	工作环境温度	0	25	70	℃
I_{OH}	高电平输出电流			−0.4	mA
I_{OL}	低电平输出电流			8.0	mA

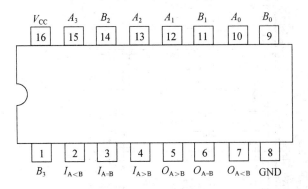

附图 2　DIP 封装（顶视）

管脚名称

$A_0 - A_3, B_0 - B_3$　　　　　并行输入端

$I_{A=B}$　　　　　　　　　　$A=B$ 使能输入端

$I_{A<B}$　　　　　　　　　　$A<B$，使能输入端

$I_{A>B}$　　　　　　　　　　$A>B$，使能输入端

$O_{A>B}$　　　　　　　　　　$A>B$ 输出端

$O_{A<B}$　　　　　　　　　　$A<B$ 输出端

$O_{A=B}$　　　　　　　　　　$A=B$ 输出端

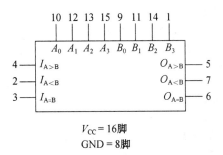

V_{CC} = 16 脚
GND = 8 脚

附图 3　逻辑符号

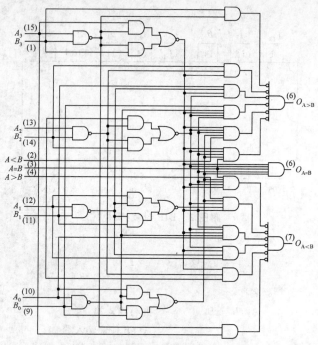

附图 4　功能框图

附表 5　真值表

比较输入端				级联输入端			输出端		
A_3, B_3	A_2, B_2	A_1, B_1	A_0, B_0	$I_{A>B}$	$I_{A<B}$	$I_{A=B}$	$O_{A>B}$	$O_{A<B}$	$O_{A=B}$
$A_3 > B_3$	X	X	X	X	X	X	H	L	L
$A_3 < B_3$	X	X	X	X	X	X	L	H	L
$A_3 = B_3$	$A_2 > B_2$	X	X	X	X	X	H	L	L
$A_3 = B_3$	$A_2 < B_2$	X	X	X	X	X	L	H	L
$A_3 = B_3$	$A_2 = B_2$	$A_1 > B_1$	X	X	X	X	H	L	L
$A_3 = B_3$	$A_2 = B_2$	$A_1 < B_1$	X	X	X	X	L	H	L
$A_3 = B_3$	$A_2 = B_2$	$A_1 = B_1$	$A_0 > B_0$	X	X	X	H	L	L
$A_3 = B_3$	$A_2 = B_2$	$A_1 = B_1$	$A_0 < B_0$	X	X	X	L	H	L
$A_3 = B_3$	$A_2 = B_2$	$A_1 = B_1$	$A_0 = B_0$	H	L	L	H	L	L
$A_3 = B_3$	$A_2 = B_2$	$A_1 = B_1$	$A_0 = B_0$	L	H	L	L	H	L
$A_3 = B_3$	$A_2 = B_2$	$A_1 = B_1$	$A_0 = B_0$	X	X	H	L	L	H
$A_3 = B_3$	$A_2 = B_2$	$A_1 = B_1$	$A_0 = B_0$	H	H	L	L	L	L
$A_3 = B_3$	$A_2 = B_2$	$A_1 = B_1$	$A_0 = B_0$	L	L	L	H	H	L

H＝高电平

L＝低电平

X＝任意

附 录

附表6 在推荐工作环境温度范围内的直流电器特性(除非另有说明)

符号	参数	极限			单位	测试条件
		最小	典型	最大		
V_{IH}	高电平输入电压	2.0			V	所有输入端输入高电平
V_{IL}	低电平输入电压			0.8	V	所有输入端输入低电平
V_{IK}	输入箝位电压		−0.65	−1.5	V	$V_{CC}=$MIN, $I_{IN}=-18$ mA
V_{OH}	高电平输出电压	2.7	3.5		V	$V_{CC}=$MIN, $I_{OH}=$MAX, $V_{IN}=V_{IH}$ 或 V_{IL} 按真值表
V_{OL}	低电平输出电压		0.25	0.4	V	$I_{OL}=4.0$ mA, $V_{CC}=V_{CC}$ MIN, $V_{IN}=V_{IL}$ 或 V_{IH} 按真值表
			0.35	0.5	V	$I_{OL}=8.0$ mA
I_{IH}	高电平输入电流			20	A	$V_{CC}=$MAX, $V_{IN}=2.7$ V
				0.1	mA	$V_{CC}=$MAX, $V_{IN}=7.0$ V
I_{IH}	高电平输入电流 A<B,A>B 其他输入端			20 60	μA	$V_{CC}=$MAX, $V_{IN}=2.7$ V
	A<B,A>B 其他输入端			0.1 0.3	mA	$V_{CC}=$MAX, $V_{IN}=7.0$ V
I_{IL}	Input LOW Current A<B, A>B 其他输入端			−0.4 −1.2		$V_{CC}=$MAX, $V_{IN}=0.4$ V
I_{OS}	短路输出电流(注1)	−20		−100	mA	$V_{CC}=$MAX
I_{CC}	电源电流			20	mA	$V_{CC}=$MAX

注1:一次短路的输出端不应多于1个,短路的持续时间不应超过1秒。

附表7 动态开关特性($T_A=25$℃, $V_{CC}=5.0$ V)

符号	参数	极限			单位	测试条件
		最小	典型	最大		
t_{PLH} t_{PHL}	任一 A 或 B 到 A<B,A>B		24 20	36 30	ns	
t_{PLH} t_{PHL}	任一 A 或 B 到 $A=B$		27 23	45 45	ns	
t_{PLH} t_{PHL}	$A<B$ 或 $A=B$ 到 $A>B$		14 11	22 17	ns	$V_{CC}=5.0$ V $C_L=15$ pF
t_{PLH} t_{PHL}	$A=B$ 到 $A=B$		13 13	20 26	ns	
t_{PLH} t_{PHL}	$A>B$ 或 $A=B$ 到 $A<B$		14 11	22 17	ns	

74LS86
二输入异或门

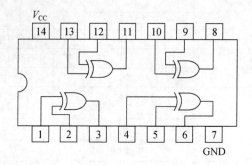

附图5 连线框图

附表8 真值表

输入		输出
A	B	Z
L	L	L
L	H	H
H	L	H
H	H	L

附表9 推荐工作条件

符号	参数	最小	典型	最大	单位
V_{CC}	电源电压	4.75	5.0	5.25	V
T_A	工作环境温度	0	25	70	℃
I_{OH}	高电平输出电流			−0.4	mA
I_{OL}	低电平输出电流			8.0	mA

附 录

附表10 在推荐工作环境温度范围内的直流电器特性(除非另有说明)

符号	参数	极限 最小	极限 典型	极限 最大	单位	测试条件
V_{IH}	高电平输入电压	2.0			V	所有输入端输入高电平
V_{IL}	低电平输入电压			0.8	V	所有输入端输入低电平
V_{IK}	输入箝位电压		−0.65	−1.5	V	$V_{CC}=$ MIN, $I_{IN}=-18$ mA
V_{OH}	高电平输出电压	2.7	3.5		V	$V_{CC}=$ MIN, $I_{OH}=$ MAX, $V_{IN}=V_{IH}$ 或 V_{IL} 按真值表
V_{OL}	低电平输出电压		0.35	0.5	V	$V_{CC}=V_{CC}$ MIN, $I_{OL}=8.0$ mA, $V_{IN}=V_{IL}$ 或 V_{IH} 按真值表
I_{IH}	高电平输入电流			40	μA	$V_{CC}=$ MAX, $V_{IN}=2.7$ V
				0.2	mA	$V_{CC}=$ MAX, $V_{IN}=7.0$ V
I_{IL}	低电平输入电流			−0.8	mA	$V_{CC}=$ MAX, $V_{IN}=0.4$ V
I_{OS}	短路输出电流(注1)	−20		−100	mA	$V_{CC}=$ MAX
I_{CC}	电源电流			10	mA	$V_{CC}=$ MAX

注1:一次短路的输出端不应多于1个,短路的持续时间不应超过1秒。

附表11 动态开关特性($T_A=25℃$)

符号	参数	极限 最小	极限 典型	极限 最大	单位	测试条件
t_{PLH} t_{PHL}	传输延迟时间,其他输入低电平		12 10	23 17	ns	$V_{CC}=5.0$ V $C_L=15$ pF
t_{PLH} t_{PHL}	传输延迟时间,其他输入低电平		20 13	30 22	ns	

74LS138
3—8线译码器/分配器

附表12 推荐工作条件

符号	参数	最小	典型	最大	单位
V_{CC}	电源电压	4.75	5.0	5.25	V
T_A	工作环境温度	0	25	70	℃
I_{OH}	高电平输出电流			−0.4	mA
I_{OL}	低电平输出电流			8.0	mA

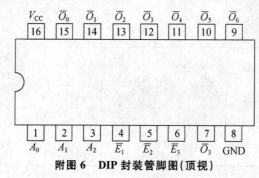

附图6 DIP封装管脚图(顶视)

管脚名称		附表13 负载(注1)	
		高电平	低电平
$A_0 - A_2$	地址输入端	0.5 U.L.	0.25 U.L.
$\overline{E_1}, \overline{E_2}$	使能端(低电平有效)	0.5 U.L.	0.25 U.L.
E_3	使能端(高电平有效)	0.5 U.L.	0.25 U.L.
$\overline{O_0} - \overline{O_7}$	输出端(低电平有效)	10 U.L.	5 U.L.

注:1. TTL负载单位(U.L.)=40 μA 高电平/1.6mA 低电平。

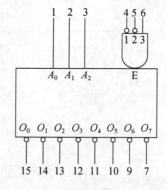

V_{CC} = 16脚
GND = 8脚

附图7 逻辑符号

附 录

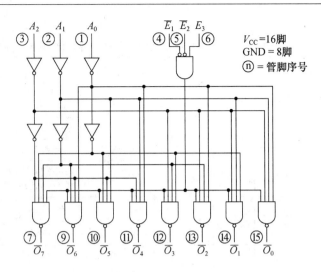

附图 8　功能框图

附表 14　真值表

输入端						输出端							
$\overline{E}_1$	$\overline{E}_2$	E_3	A_0	A_1	A_2	$\overline{O}_0$	$\overline{O}_1$	$\overline{O}_2$	$\overline{O}_3$	$\overline{O}_4$	$\overline{O}_5$	$\overline{O}_6$	$\overline{O}_7$
H	X	X	X	X	X	H	H	H	H	H	H	H	H
X	H	X	X	X	X	H	H	H	H	H	H	H	H
X	X	L	X	X	X	H	H	H	H	H	H	H	H
L	L	H	L	L	L	L	H	H	H	H	H	H	H
L	L	H	H	L	L	H	L	H	H	H	H	H	H
L	L	H	L	H	L	H	H	L	H	H	H	H	H
L	L	H	H	H	L	H	H	H	L	H	H	H	H
L	L	H	L	L	H	H	H	H	H	L	H	H	H
L	L	H	H	L	H	H	H	H	H	H	L	H	H
L	L	H	L	H	H	H	H	H	H	H	H	L	H
L	L	H	H	H	H	H	H	H	H	H	H	H	L

H＝高电平

L＝低电平

X＝任意

209

附表15 在推荐工作环境温度范围内的直流电器特性(除非另有说明)

符号	参数	极限			单位	测试条件
		最小	典型	最大		
V_{IH}	高电平输入电压	2.0			V	所有输入端输入高电平
V_{IL}	低电平输入电压			0.8	V	所有输入端输入低电平
V_{IK}	输入箝位电压		−0.65	−1.5	V	$V_{CC}=\text{MIN}$, $I_{IN}=-18$ mA
V_{OH}	高电平输出电压	2.7	3.5		V	$V_{CC}=\text{MIN}$, $I_{OH}=\text{MAX}$, $V_{IN}=V_{IH}$ 或 V_{IL} 按真值表
V_{OL}	低电平输出电压		0.25	0.4	V	$I_{OL}=4.0$ mA, $V_{CC}=V_{CC}\text{ MIN}$, $V_{IN}=V_{IL}$ 或 V_{IH} 按真值表
			0.35	0.5	V	$I_{OL}=8.0$ mA
I_{IH}	高电平输入电流			20	A	$V_{CC}=\text{MAX}$, $V_{IN}=2.7$ V
				0.1	mA	$V_{CC}=\text{MAX}$, $V_{IN}=7.0$ V
I_{IL}	低平输入电流			−0.4	mA	$V_{CC}=\text{MAX}$, $V_{IN}=0.4$ V
I_{OS}	短路输出电流(注1)	−20		−100	mA	$V_{CC}=\text{MAX}$
I_{CC}	电源电流			10	mA	$V_{CC}=\text{MAX}$

注1:一次短路的输出端不应多于1个,短路的持续时间不应超过1秒。

附表16 动态开关特性($T_A=25$℃)

符号	参数		极限			单位	测试条件
			最小	典型	最大		
t_{PLH} t_{PHL}	传输延迟时间 地址到输出		2 2	13 27	20 41	ns	
t_{PLH} t_{PHL}	传输延迟时间 地址到输出		3 3	18 26	27 39	ns	$V_{CC}=5.0$ V $C_L=15$ pF
t_{PLH} t_{PHL}	传输延迟时间 使能到输出	$\overline{E}_1$ 或 $\overline{E}_2$	2 2	12 21	18 32	ns	
t_{PLH} t_{PHL}	传输延迟时间 传输延迟时间	E_3	3 3	17 25	26 38	ns	

74LS151
八输入数据选择器/多路开关

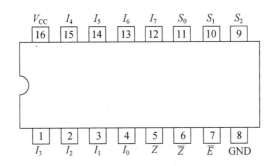

附图 9　DIP 封装管脚图(顶视)

管脚名称		附表 17　负载(注1)	
		高电平	低电平
$S_0 - S_2$	选择输入端	0.5 U.L.	0.25 U.L.
$\overline{E}$	使能端(低电平效)	0.5 U.L.	0.25 U.L.
$I_0 - I_7$	多路输入端	0.5 U.L.	0.25 U.L.
Z	多路输出端	10 U.L.	5 U.L.
$\overline{Z}$	反向多路输出端	10 U.L.	5 U.L.

注1：ITTL 负载单位(U.L.)＝40 μA 高电平/1.6 mA 低电平。

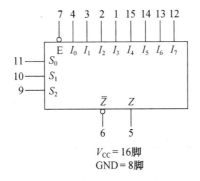

V_{CC} = 16 脚
GND = 8 脚

附图 10　逻辑符号

211

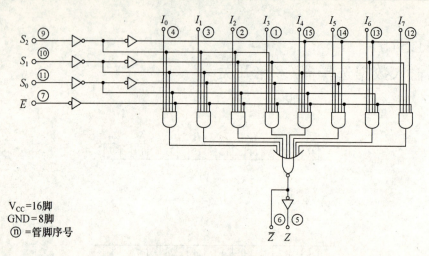

V_{CC}=16脚
GND=8脚
⑪=管脚序号

附图 11 功能框图

附表 18 真值表

$\overline{E}$	S_2	S_1	S_0	I_0	I_1	I_2	I_3	I_4	I_5	I_6	I_7	$\overline{Z}$	Z
H	X	X	X	X	X	X	X	X	X	X	X	H	L
L	L	L	L	L	X	X	X	X	X	X	X	H	L
L	L	L	L	H	X	X	X	X	X	X	X	L	H
L	L	L	H	X	L	X	X	X	X	X	X	H	L
L	L	L	H	X	H	X	X	X	X	X	X	L	H
L	L	H	L	X	X	L	X	X	X	X	X	H	L
L	L	H	L	X	X	H	X	X	X	X	X	L	H
L	L	H	H	X	X	X	L	X	X	X	X	H	L
L	L	H	H	X	X	X	H	X	X	X	X	L	H
L	H	L	L	X	X	X	X	L	X	X	X	H	L
L	H	L	L	X	X	X	X	H	X	X	X	L	H
L	H	L	H	X	X	X	X	X	L	X	X	H	L
L	H	L	H	X	X	X	X	X	H	X	X	L	H
L	H	H	L	X	X	X	X	X	X	L	X	H	L
L	H	H	L	X	X	X	X	X	X	H	X	L	H
L	H	H	H	X	X	X	X	X	X	X	L	H	L
L	H	H	H	X	X	X	X	X	X	X	H	L	H

H=高电平
L=低电平
X=任意

附表19 在推荐工作环境温度范围内的直流电器特性(除非另有说明)

符号	参数	极限			单位	测试条件	
		最小	典型	最大			
V_{IH}	高电平输入电压	2.0			V	所有输入端输入高电平	
V_{IL}	低电平输入电压			0.8	V	所有输入端输入低电平	
V_{IK}	输入箝位电压		−0.65	−1.5	V	$V_{CC}=$MIN, $I_{IN}=-18$ mA	
V_{OL}	低电平输出电压		0.25	0.4	V	$I_{OL}=4.0$ mA	$V_{CC}=V_{CC}$ MIN, $V_{IN}=V_{IL}$ 或 V_{IH} 按真值表
			0.35	0.5	V	$I_{OL}=8.0$ mA	
I_{IH}	高电平输入电流			20	A	$V_{CC}=$MAX, $V_{IN}=2.7$ V	
				0.1	mA	$V_{CC}=$MAX, $V_{IN}=7.0$ V	
I_{IL}	低平输入电流			−0.4	mA	$V_{CC}=$MAX, $V_{IN}=0.4$ V	
I_{OS}	短路输出电流（注1）	−20		−100	mA	$V_{CC}=$MAX	
I_{CC}	电源电流			10	mA	$V_{CC}=$MAX	

注1：一次短路的输出端不应多于1个,短路的持续时间不应超过1秒。

B 系列 CMOS 逻辑门

B 系列逻辑门是采用 P 和 N 沟道增强模式构造于单片集成芯片结构内而成的器件。它们主要应用于那些对于低功耗或噪声抑制有较高要求的地方。

- 电源电压范围＝3.0～18 Vdc
- 所有输出端加驱动
- 可以在额定温度范围内驱动两个低功耗 TTL 负载或一个低功耗肖特基 TTL 负载
- 全部输入端加了双二极管保护,其中特别的: 4011 和 4081 有三个二极管保护

4001B	四 2-输入或非门
4002B	二 4-输入或非门
4011B	四 2-输入与非门
4012B	二 4-输入与非门
4023B	三 3-输入与非门
4025B	三 3-输入或非门
4068B	八输入或非门
4071B	四 2-输入或非门
4072B	二 4-输入或门
4073B	三 3-输入与门
4075B	三 3-输入与或门
4078B	八输入或非门
4081B	四 2-输入与门
4082B	二 4-输入与门

附表 20　最大额定范围*（电压对地参考）

符号	参数	数值	单位
V_{DD}	直流电源电压	$-0.5\sim+18.0$	V
V_{in}，V_{out}	输入或输出电压(直流或瞬时)	$-0.5\sim V_{DD}+0.5$	V
I_{in}，I_{out}	输入或输出电流(直流或瞬时),每管脚	±10	mA
P_D	功耗,每个封装	500	mW
T_{stg}	存储温度范围	$-65\sim+150$	℃
T_L	焊接温度(8 秒焊接)	260	℃

* 最大范围即指超过那些数值会使器件发生损坏

这些器件自备的保护电路可防护高压静电或电场的损害。无论如何必须警惕避免对于这一高阻抗电路应用任何高于最大电压范围的电压。正确的操作是，V_{in} 和 V_{out} 应被限定在 $V_{SS}\leqslant(V_{in}$ 或 $V_{out})\leqslant V_{DD}$ 范围内。未用到的输入端应置于一个合适的逻辑电压(例如,无论是 V_{SS} 或 V_{DD} 都可以),未用到的输出端必须被悬空。

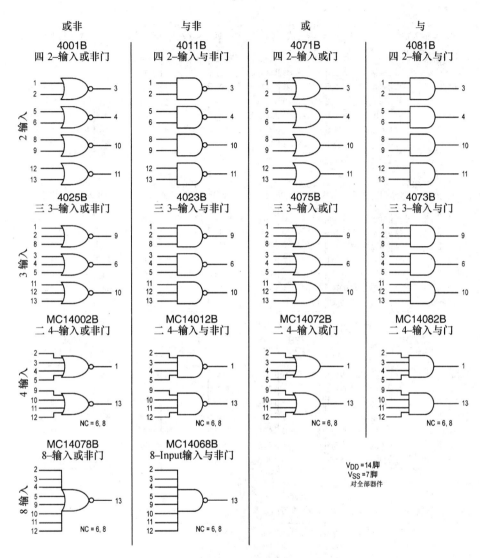

附图 12 逻辑框图

附图 13 管脚图

附表 21　直流电气特性（电压参考于 V_{SS} 端）

特性	符号	V_{DD} Vdc	−55℃ 最小	−55℃ 最大	25℃ 最小	25℃ 典型#	25℃ 最大	125℃ 最小	125℃ 最大	单位
输出电压　　　"0"电平 $V_{in}=V_{DD}$ 或 0	V_{OL}	5.0 10 15	— — —	0.05 0.05 0.05	— — —	0 0 0	0.05 0.05 0.05	— — —	0.05 0.05 0.05	Vdc
$V_{in}=0$ 或 V_{DD}　"1"电平	V_{OH}	5.0 10 15	4.95 9.95 14.95	— — —	4.95 9.95 14.95	5.0 10 15	— — —	4.95 9.95 14.95	— — —	Vdc
输入电压　　　"0"电平 ($V_O=4.5$ Vdc) ($V_O=9.0$ Vdc) ($V_O=13.5$ Vdc)	V_{IL}	5.0 10 15	— — —	1.0 2.0 2.5	— — —	2.25 4.50 6.75	1.0 2.0 2.5	— — —	1.0 2.0 2.5	Vdc
($V_O=0.5$ Vdc)　"1"电平 ($V_O=1.0$ Vdc) ($V_O=1.5$ Vdc)	I_{IH}	5.0 10 15	4.0 8.0 12.5	— — —	4.0 8.0 12.5	2.75 5.50 8.25	— — —	4.0 8.0 12.5	— — —	Vdc
输出驱动电流 ($V_{OH}=2.5$ Vdc)　Source ($V_{OH}=4.6$ Vdc) ($V_{OH}=9.5$ Vdc) ($V_{OH}=13.5$ Vdc)	I_{OH}	5.0 5.0 10 15	−1.2 −0.25 −0.62 −1.8	— — — —	−1.0 −0.2 −0.5 −1.5	−1.7 −0.36 −0.9 −3.5	— — — —	−0.7 −0.14 −0.35 −1.1	— — — —	mAdc
($V_{OL}=0.4$ Vdc)　Sink ($V_{OL}=0.5$ Vdc) ($V_{OL}=1.5$ Vdc)	I_{OL}	5.0 10 15	0.64 1.6 4.2	— — —	0.51 1.3 3.4	0.88 2.25 8.8	— — —	0.36 0.9 2.4	— — —	mAdc
输入电流	I_{in}	15	—	±0.1	—	±0.00001	±0.1	—	±1.0	μAdc
输入电容($V_{in}=0$)	C_{in}	—	—	—	—	5.0	7.5	—	—	pF
静态电流(Per Package)	I_{DD}	5.0 10 15	— — —	0.25 0.5 1.0	— — —	0.0005 0.0010 0.0015	0.25 0.5 1.0	— — —	7.5 15 30	μAdc
总电源电流**†（动态加静态，每个门 $C_L=50$ pF）	I_T	5.0 10 15	$I_T=(0.3\ \mu A/kHz)f+I_{DD}/N$ $I_T=(0.6\ \mu A/kHz)f+I_{DD}/N$ $I_T=(0.8\ \mu A/kHz)f+I_{DD}/N$							μAdc

\# 被标以"典型"的数据不是用于设计参考，只是给出一个芯片可能达到的性能指示。

** 公式给出的仅仅是在 25℃时的典型特性。

† 对于计算负载不同于 50 pF 其他值时的总电源电流：

$$I_T(C_L)=I_T(50\ pF)+(C_L-50)\ Vfk$$

这里：I_T 用 μA 值（每封装），C_L 用 pF，$V=(V_{DD}-V_{SS})$用电压，f 用 kHz 是输入频率，以及 k=0.001× 每个封装工作的门数。

附表22 动态开关特性*（$C_L=50$ pF，$T_A=25℃$）

特性	符号	V_{DD} Vdc	最小	典型#	最大	单位
输出上升时间,所有 B-系列门 $t_{TLH}=(1.35\text{ ns/pF})C_L+33$ ns $t_{TLH}=(0.60\text{ ns/pF})C_L+20$ ns $t_{TLH}=(0.40\text{ ns/PF})C_L+20$ ns	t_{TLH}	5.0 10 15	— — —	100 50 40	200 100 80	ns
输出下降时间,所有 B-系列门 $t_{TLH}=(1.35\text{ ns/pF})C_L+33$ ns $t_{TLH}=(0.60\text{ ns/pF})C_L+20$ ns $t_{TLH}=(0.40\text{ ns/PF})C_L+20$ ns	t_{THL}	5.0 10 15	— — —	100 50 40	200 100 80	ns
传播延迟时间 　MC14001B，MC14011B only 　$t_{PLH}, t_{PHL}=(0.90\text{ ns/pF})C_L+80$ ns 　$t_{PLH}, t_{PHL}=(0.36\text{ ns/pF})C_L+32$ ns 　$t_{PLH}, t_{PHL}=(0.26\text{ ns/pF})C_L+27$ ns 　All Other 2, 3, and 4 Input Gates 　$t_{PLH}, t_{PHL}=(0.90\text{ ns/pF})C_L+115$ ns 　$t_{PLH}, t_{PHL}=(0.36\text{ ns/pF})C_L+47$ ns 　$t_{PLH}, t_{PHL}=(0.26\text{ ns/pF})C_L+37$ ns 　8-Input Gates (MC14068B，MC14078B) 　$t_{PLH}, t_{PHL}=(0.90\text{ ns/pF})C_L+155$ ns 　$t_{PLH}, t_{PHL}=(0.36\text{ ns/pF})C_L+62$ ns 　$t_{PLH}, t_{PHL}=(0.26\text{ ns/pF})C_L+47$ ns	t_{PLH}, t_{PHL}	5.0 10 15 5.0 10 15 5.0 10 15	— — — — — — — — —	125 50 40 160 65 50 200 80 60	250 100 80 300 130 100 350 150 110	ns

* 公式给出的仅仅是在 25℃时的典型特性。
\# 被标以"典型"的数据不是用于设计参考,只是给出一个芯片可能达到的性能指标。

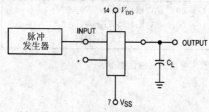

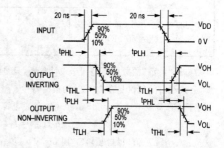

- 所有未用的 AND, NAND 门输入端必须连到 V_{DD}。
- 所有未用的 OR, NOR 门输入端必须连到 V_{SS}。

附图14 开关时间测试电路和波形图

4013B
双 D 触发器

4013B 双 D 触发器是采用 P 和 N 沟道增强模式构造于单片集成芯片内而成的器件。

每个触发器有独立的数据(D)、预置(S)、清除(R)和时钟(C)输入端以及互补的输出端(Q 和 $\overline{Q}$)。这些器件可能被用于移位寄存器元件或作为 T 型触发器应用于计数和栓锁电路中。

- 可静态工作。
- 全部输入端有二极管保护。
- 电源电压范围=3.0～18 Vdc。
- 时钟边沿触发设计。
  无论时钟电平为高或低,其逻辑状态保持不确定性,信息仅在时钟脉冲的正向边沿被传送到输出端。
- 可以在额定温度范围内驱动两个低功耗 TTL 负载或一个低功耗肖特基 TTL 负载。

附表 23　最大额定范围(电压参考于 V_{SS})(注 1)

符号	参数	数值	单位
V_{DD}	直流电源电压	$-0.5\sim+18.0$	V
V_{in}, V_{out}	输入或输出电压(直流或瞬时)	$-0.5\sim V_{DD}+0.5$	V
I_{in}, I_{out}	输入或输出电流(直流或瞬时)每管脚	± 10	mA
P_D	功耗,每个封装(注 2)	500	mW
T_A	环境温度范围	$-55\sim+125$	℃
T_{stg}	存储温度范围	$-65\sim+150$	℃
T_L	焊接温度(8 秒焊接)	260	℃

注 1. 最大范围即指超过那些数值会使器件发生损坏。
注 2. 温度使得额定值降低:塑料"P 和 D/DW"封装:-7.0 mW/℃ 从 65℃ 到 125℃。

这些器件自备的保护电路可防护高压静电或电场的损害。无论如何必须警惕避免对于这一高阻抗电路应用任何高于最大电压范围的电压。正确的操作是,V_{in} 和 V_{out} 应被限定在 $V_{SS} \leqslant (V_{in}$ 或 $V_{out}) \leqslant V_{DD}$ 范围内。未用到的输入端应置于一个合适的逻辑电压(例如,无论是 V_{SS} 或 V_{DD} 都可以),未用到的输出端必须被悬空。

附表 24 真值表

输入端				输出端	
Clock†	Data	Reset	Set	Q	$\overline{Q}$
↗	0	0	0	0	1
↗	1	0	0	1	0
↘	X	0	0	Q	$\overline{Q}$	不变
X	X	1	0	0	1
X	X	0	1	1	0
X	X	1	1	1	1

X＝无关

†＝电平改变

附图 15 管脚图

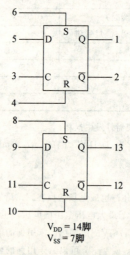

V_{DD} = 14 脚
V_{SS} = 7 脚

附图 16 逻辑框图

附表 25　直流电气特性(电压参考于 V_{SS} 端)

特性	符号	V_{DD} Vdc	-55℃ 最小	-55℃ 最大	25℃ 最小	25℃ 典型(注3)	25℃ 最大	125℃ 最小	125℃ 最大	单位
输出电压 "0" Level $V_{in}=V_{DD}$ 或 0	V_{OL}	5.0 10 15	— — —	0.05 0.05 0.05	— — —	0 0 0	0.05 0.05 0.05	— — —	0.05 0.05 0.05	Vdc
$V_{in}=0$ 或 V_{DD}　"1" Level	V_{OH}	5.0 10 15	4.95 9.95 14.95	— — —	4.95 9.95 14.95	5.0 10 15	— — —	4.95 9.95 14.95	— — —	Vdc
输入电压　"0" Level ($V_O=4.5$ 或 0.5 Vdc) ($V_O=9.0$ 或 1.0 Vdc) ($V_O=13.5$ 或 1.5 Vdc)	V_{IL}	5.0 10 15	— — —	1.5 3.0 4.0	— — —	2.25 4.50 6.75	1.5 3.0 4.0	— — —	1.5 3.0 4.0	Vdc
($V_O=0.5$ 或 4.5 Vdc) "1" Level ($V_O=1.0$ 或 9.0 Vdc) ($V_O=1.5$ 或 13.5 Vdc)	V_{IH}	5.0 10 15	3.5 7.0 11	— — —	3.5 7.0 11	2.75 5.50 8.25	— — —	3.5 7.0 11	— — —	Vdc
输出驱动电流 ($V_{OH}=2.5$ Vdc)　　源 ($V_{OH}=4.6$ Vdc) ($V_{OH}=9.5$ Vdc) ($V_{OH}=13.5$ Vdc)	I_{OH}	5.0 5.0 10 15	-3.0 -0.64 -1.6 -4.2	— — — —	-2.4 -0.51 -1.3 -3.4	-4.2 -0.88 -2.25 -8.8	— — — —	-1.7 -0.36 -0.9 -2.4	— — — —	mAdc
($V_{OL}=0.4$ Vdc)　　接收 ($V_{OL}=0.5$ Vdc) ($V_{OL}=1.5$ Vdc)	I_{OL}	5.0 10 15	0.64 1.6 4.2	— — —	0.51 1.3 3.4	0.88 2.25 8.8	— — —	0.36 0.9 2.4	— — —	mAdc
输入电流	I_{in}	15	—	±0.1	—	±0.00001	±0.1	—	±1.0	μAdc
输入电容($V_{in}=0$)	C_{in}	—	—	—	—	5.0	7.5	—	—	pF
静态电流(每封装)	I_{DD}	5.0 10 15	— — —	1.0 2.0 4.0	— — —	0.002 0.004 0.006	1.0 2.0 4.0	— — —	30 60 120	μAdc
总电源电流(注4)(注5) (动态加静态,每封装)($C_L=$ 50 pF 这时全部输出端全部驱 动处于开关状态)	I_T	5.0 10 15			$I_T=(0.75$ μA/kHz$)f+I_{DD}$ $I_T=(1.5$ μA/kHz$)f+I_{DD}$ $I_T=(2.3$ μA/kHz$)f+I_{DD}$				μAdc

注 3. 被标以"典型"的数据不是用于设计参考,只是给出一个芯片可能达到的性能指示。
注 4. 公式给出的仅仅是在 25℃时的典型特性。
注 5. 对于计算负载不同于 50 pF 其他值时的总电源电流:
$$I_T(C_L)=I_T(50\ \text{pF})+(C_L-50)\ \text{Vfk}。$$
这里: I_T 用 μA 值(每个封装), C_L 用 pF, V=($V_{DD}-V_{SS}$)用电压, f 用 kHz 是输入频率,以及 k=0.002。

附表 26　动态开关特性(7) ($C_L=50$ pF, $T_A=25$℃)

特性	符号	VDD	最小	典型(注7)	最大	单位
输出上升和下降时间 t_{TLH}, $t_{THL}=(1.5$ ns/pF$)C_L+25$ ns t_{TLH}, $t_{THL}=(0.75$ ns/pF$)C_L+12.5$ ns t_{TLH}, $t_{THL}=(0.55$ ns/pF$)C_L+9.5$ ns	t_{TLH}, t_{THL}	5.0 10 15	— — —	100 50 40	200 100 80	ns
传播延迟时间 Clock to Q, $\overline{Q}$ t_{PLH}, $t_{PHL}=(1.7$ ns/pF$)C_L+90$ ns t_{PLH}, $t_{PHL}=(0.66$ ns/pF$)C_L+42$ ns t_{PLH}, $t_{PHL}=(0.5$ ns/pF$)C_L+25$ ns	t_{PLH} t_{PHL}	5.0 10 15	— — —	175 75 50	350 150 100	
Set to Q, Q t_{PLH}, $t_{PHL}=(1.7$ ns/pF$)C_L+90$ ns t_{PLH}, $t_{PHL}=(0.66$ ns/pF$)C_L+42$ ns t_{PLH}, $t_{PHL}=(0.5$ ns/pF$)C_L+25$ ns	t_{PLH} t_{PHL}	5.0 10 15	— — —	175 75 50	350 150 100	ns
Reset to Q, Q t_{PLH}, $t_{PHL}=(1.7$ ns/pF$)C_L+265$ ns t_{PLH}, $t_{PHL}=(0.66$ ns/pF$)C_L+67$ ns t_{PLH}, $t_{PHL}=(0.5$ ns/pF$)C_L+50$ ns		5.0 10 15	— — —	225 100 75	450 200 150	
建立时间(注 8)	t_{su}	5.0 10 15	40 20 15	20 10 7.5	— — —	ns
保持时间(注 8)	t_h	5.0 10 15	40 20 15	20 10 7.5	— — —	ns
时钟脉冲宽度	t_{WL}, t_{WH}	5.0 10 15	250 100 70	125 50 35	— — —	ns
时钟脉冲频率	f_{cl}	5.0 10 15	— — —	4.0 10 14	2.0 5.0 7.0	MHz
时钟脉冲上升和下降时间	t_{TLH} t_{THL}	5.0 10 15	— — —	— — —	15 5.0 4.0	ns
设置和清除脉冲宽度	t_{WL}, t_{WH}	5.0 10 15	250 100 70	125 50 35	— — —	ns

注 6. 公式给出的仅仅是在 25℃时的典型特性。

注 7. 被标以"典型"的数据不是用于设计参考,只是给出一个芯片可能达到的性能指标。

注 8. 数据必须被正当地表述为:5 V 供电时为 250 ns,10 V 供电时为 100 ns,以及 15 V 供电时为 70 ns。

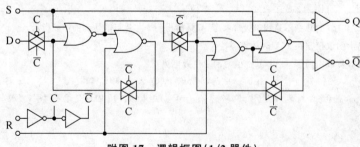

附图 17　逻辑框图(1/2 器件)

4042B
四位透明锁存器

4042B 四位透明锁存器是采用 P 和 N 沟道增强模式构造于单片集成芯片内而成的器件。

每个锁存器有一个独立的数据输入,但全部四个锁存器共享一个时钟。

时钟极性(高或低)被用做闸门,数据通过锁存器时应用极性输入端可以被翻转。呈现在数据输入端的信息在由极性输入端决定了的时钟高/低电平中被传送到输出端 Q 和 $\overline{Q}$。

当极性输入端是处于逻辑"0"状态,数据在时钟低电平期间被传送,而当极性输入端是处于逻辑"1"状态,传送发生在时钟高电平期间。

- 数据输入端带缓冲
- 公用时钟
- 时钟极性控制
- Q 和 $\overline{Q}$ 输出
- 双二极管保护
- 电源电压范围=3.0~18 Vdc
- 可以在额定温度范围内驱动两个低功耗 TTL 负载或一个低功耗肖特基负载

附表 27　最大额定范围(电压参考于 V_{SS})(注 1)

符号	参数	数值	单位
V_{DD}	直流电源电压	$-0.5\sim+18.0$	V
V_{in}, V_{out}	输入或输出电压(直流或瞬时)	$-0.5\sim V_{DD}+0.5$	V
I_{in}, I_{out}	输入或输出电流(直流或瞬时)每管脚	± 10	mA
P_D	功耗,每个封装(注2)	500	mW
T_A	环境温度范围	$-55\sim+125$	℃
T_{stg}	存储温度范围	$-65\sim+150$	℃
T_L	焊接温度(8 秒焊接)	260	℃

注 1. 最大范围既指超过那些数值会使器件发生损坏。
注 2. 温度使得额定值降低:塑料"P 和 D/DW"封装:-7.0 mW/℃从 65℃到 125℃。

这些器件自备的保护电路可防护高压静电或电场的损害。无论如何必须警惕避免对于这一高阻抗电路应用任何高于最大电压范围的电压。正确的操作是,V_{in} 和 V_{out} 应被限定在 V_{SS} $\leqslant(V_{in}$ 或 $V_{out})\leqslant V_{DD}$ 范围内。未用到的输入端应置于一个合适的逻辑电压(例如,无论是 V_{SS} 或 V_{DD} 都可以),未用到的输出端必须被悬空。

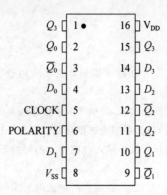

附图 18　管脚图

附表 28　真值表

时钟	极性	Q
0	0	数据
1	0	锁定
1	1	数据
0	1	锁定

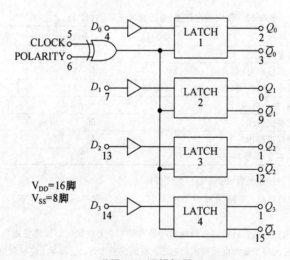

附图 19　逻辑框图

附 录

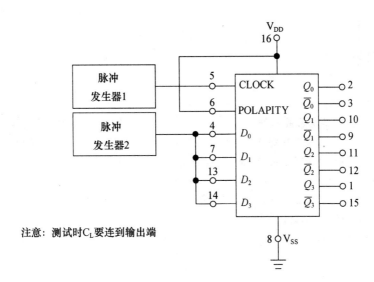

附图 20　交流和功率测试电路

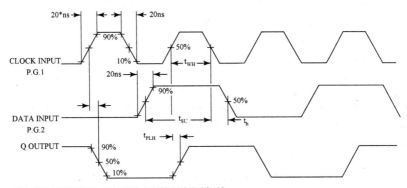

*输入时钟上升时间是20ns只为了最大上升时间测试的要求而定.

附图 21　动态测试电路和时序图（Clock 到 Output）

4069UB
六反相器

4069UB 六反向器是采用 P 和 N 沟道增强模式构造于单片集成芯片内而成的器件。这些反向器主要应用在那些要求低功耗以及高噪声抑制的场合。六反向器中的每一个可表征一个最小化的传输延迟单元。

- 电源电压范围＝3.0～18 Vdc
- C 可以在额定温度范围内驱动两个低功耗 TTL 负载或一个低功耗肖特基负载
- 所有输入端有三个二极管保护
- 符合 JEDEC UB 规定

附表 29　最大额定范围(电压参考于 V_{SS})(注 1)

符号	参数	数值	单位
V_{DD}	直流电源电压	$-0.5\sim+18.0$	V
V_{in}, V_{out}	输入或输出电压(直流或瞬时)	$-0.5\sim V_{DD}+0.5$	V
I_{in}, I_{out}	输入或输出电流(直流或瞬时)每管脚	±10	mA
P_D	功耗,每个封装(注 2)	500	mW
T_A	环境温度范围	$-55\sim+125$	℃
T_{stg}	存储温度范围	$-65\sim+150$	℃
T_L	焊接温度(8 秒焊接)	260	℃

注 1. 最大范围即指超过那些数值会使器件发生损坏

注 2. 温度使得额定值降低：塑料"P 和 D/DW"封装：-7.0 mW/℃ 从 65℃ 到 125℃

这些器件自备的保护电路可防护高压静电或电场的损害。无论如何必须警惕避免对于这一高阻抗电路应用任何高于最大电压范围的电压。正确的操作是,V_{in} 和 V_{out} 应被限定在 $V_{SS} \leqslant (V_{in}$ 或 $V_{out}) \leqslant V_{DD}$ 范围内。未用到的输入端应置于一个合适的逻辑电压(例如,无论是 V_{SS} 或 V_{DD} 都可以),未用到的输出端则必须被悬空。

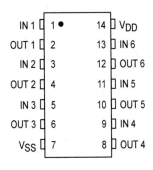

附图 22　管脚图

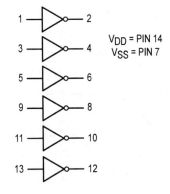

附图 23　逻辑框图

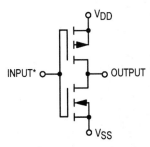

*所有输入端的双二极管保护未画出

附图 24　电路原理图(1/6 电路)

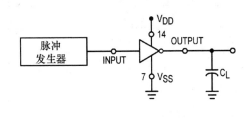

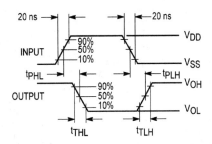

附图 25　开关时间测试电路和波形图

附表 30　电气特性(电压参考于 V_{SS} 端)

特性		符号	V_{DD} Vdc	−55℃ 最小	−55℃ 最大	25℃ 最小	25℃ 典型(注3)	25℃ 最大	125℃ 最小	125℃ 最大	单位
输出电压 $V_{in}=V_{DD}$	"0" Level	V_{OL}	5.0 10 15	— — —	0.05 0.05 0.05	— — —	0 0 0	0.05 0.05 0.05	— — —	0.05 0.05 0.05	Vdc
$V_{in}=0$	"1" Level	V_{OH}	5.0 10 15	4.95 9.95 14.95	— — —	4.95 9.95 14.95	5.0 10 15	— — —	4.95 9.95 14.95	— — —	Vdc
输入电压 ($V_O=4.5$ Vdc) ($V_O=9.0$ Vdc) ($V_O=13.5$ Vdc)	"0" Level	V_{IL}	5.0 10 15	— — —	1.0 2.0 2.5	— — —	2.25 4.50 6.75	1.0 2.0 2.5	— — —	1.0 2.0 2.5	Vdc
($V_O=0.5$ Vdc) ($V_O=1.0$ Vdc) ($V_O=1.5$ Vdc)	"1" Level	V_{IH}	5.0 10 15	4.0 8.0 12.5	— — —	4.0 8.0 12.5	2.75 5.50 8.25	— — —	4.0 8.0 12.5	— — —	Vdc
输出驱动电流 ($V_{OH}=2.5$ Vdc) ($V_{OH}=4.6$ Vdc) ($V_{OH}=9.5$ Vdc) ($V_{OH}=13.5$ Vdc)	源	I_{OH}	5.0 5.0 10 15	−3.0 −0.64 −1.6 −4.2	— — — —	−2.4 −0.51 −1.3 −3.4	−4.2 −0.88 −2.25 −8.8	— — — —	−1.7 −0.36 −0.9 −2.4	— — — —	mAdc
($V_{OL}=0.4$ Vdc) ($V_{OL}=0.5$ Vdc) ($V_{OL}=1.5$ Vdc)	接收	I_{OL}	5.0 10 15	0.64 1.6 4.2	— — —	0.51 1.3 3.4	0.88 2.25 8.8	— — —	0.36 0.9 2.4	— — —	mAdc
输入电流		I_{in}	15	—	±0.1	—	±0.00001	±0.1	—	±1.0	μAdc
输入电容($V_{in}=0$)		C_{in}	—	—	—	—	5.0	7.5	—	—	pF
静态电流(每封装)		I_{DD}	5.0 10 15	— — —	0.25 0.5 1.0	— — —	0.0005 0.0010 0.0015	0.25 0.5 1.0	— — —	7.5 15 30	μAdc
总电源电流(动态加静态,每封装)(C_L =50 pF 所有输出端,所有驱动处于开关状态)(注4,5)		I_T	5.0 10 15				$I_T=(0.3\ \mu A/kHz)f+I_{DD}/6$ $I_T=(0.6\ \mu A/kHz)f+I_{DD}/6$ $I_T=(0.9\ \mu A/kHz)f+I_{DD}/6$				μAdc
输出上升和下降时间($C_L=50$ pF) $t_{TLH}, t_{THL}=(1.35\ ns/pF)C_L+33$ ns $t_{TLH}, t_{THL}=(0.60\ ns/pF)C_L+20$ ns $t_{TLH}, t_{THL}=(0.40\ ns/pF)C_L+20$ ns (注4)		t_{TLH}, t_{THL}	5.0 10 15				100 50 40	200 100 80			ns
传输延迟时间($C_L=50$ pF) $t_{PLH}, t_{PHL}=(0.90\ ns/pF)C_L+20$ ns $t_{PLH}, t_{PHL}=(0.36\ ns/pF)C_L+22$ ns $t_{PLH}, t_{PHL}=(0.26\ ns/pF)C_L+17$ ns (注4)		t_{PLH}, t_{PHL}	5.0 10 15				65 40 30	125 75 55			ns

注 3. 被标以"典型"的数据不是用于设计参考,只是给出一个芯片可能达到的性能指示。

注 4. 公式给出的仅仅是在 25℃时的典型特性。

注 5. 对于计算负载不同于 50 pF 其他值时的总电源电流:

$$I_T(C_L)=I_T(50\ pF)+(C_L-50)\ Vfk$$

这里:I_T 用 μA 值(每个封装),C_L 用 pF,$V=(V_{DD}-V_{SS})$ 用电压,f 用 kHz 是输入频率,以及 k=0.002。

4510B
BCD码加/减计数器

- 所有输入端有二极管保护
- 电源电压范围=3.0~18 Vdc
- 内部高速同步
- 时钟边沿触发设计—计数发生在时钟脉冲的正向边沿
- 异步预置允许操作
- 可以在额定温度范围内驱动两个低功耗 TTL 负载或一个低功耗肖特基负载

附表31 最大额定范围*（电压参考于V_{SS}）

符号	参数	数值	单位
V_{DD}	直流电源电压	－0.5~+18.0	V
V_{in}, V_{out}	输入或输出电压（直流或瞬时）	－0.5~V_{DD}+0.5	V
I_{in}, I_{out}	输入或输出电流（直流或瞬时）每管脚	±10	mA
P_D	功耗，每个封装†	500	mW
T_{stg}	存储温度范围	－65~+150	℃
T_L	焊接温度（8秒焊接）	260	℃

* 最大范围即指超过那些数值会使器件发生损坏

† 温度使得额定值降低：

塑料"P 和 D/DW"封装：－7.0 mW/℃从 65℃到 125℃

陶瓷"L"封装：－12 mW/℃从 100℃到 125℃

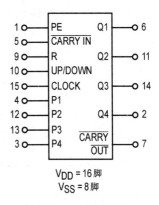

V_{DD} = 16 脚
V_{SS} = 8 脚

附图26 逻辑框图

附表32 真值表

$\overline{\text{Carry In}}$	Up/Down	Preset Enable	Reset	Clock	作用
1	X	0	0	X	不计数
0	1	0	0	⤴	加计数
0	0	0	0	⤴	减计数
X	X	1	0	X	置数
X	X	X	1	X	清除

X＝任意

注：当加计数时，$\overline{\text{Carry Out}}$信号正常为高电平，仅在 Q_1 和 Q_4 高时变低电平；当减计数时，$\overline{\text{Carry Out}}$仅在 Q_1 直到 Q_4 低电平时变为低电平（$\overline{\text{Carry In}}$都为低电平）。

这些器件自备的保护电路可防护高压静电或电场的损害。无论如何必须警惕避免对于这一高阻抗电路应用任何高于最大电压范围的电压。正确的操作是，V_{in} 和 V_{out} 应被限定在 $V_{SS} \leqslant (V_{in}$ 或 $V_{out}) \leqslant V_{DD}$ 范围内。未用到的输入端应置于一个合适的逻辑电压（例如，无论是 V_{SS} 或 V_{DD} 都可以），未用到的输出端必须被悬空。

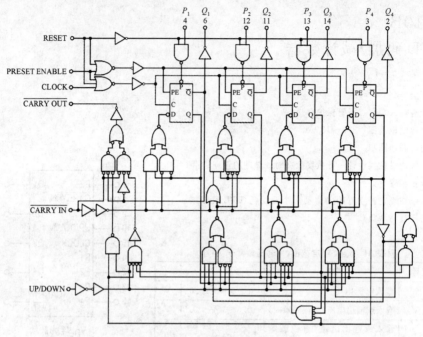

附图 27 功能框图

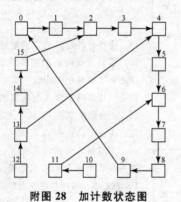

附图 28 加计数状态图

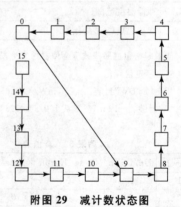

附图 29 减计数状态图

管脚描述

输入端

P_1,P_2,P_3,P_4,预置输入端(Pins 4,12,13,3)—当 PE 置为高电平这些输入端上的数据被取入计数器。

$\overline{\text{Carry In}}$,(Pin 5)—低电平有效,用于级联时的输入端,通常连接到前级的 $\overline{\text{Carry Out}}$。当为高电平时,时钟被封锁。

Clock,(Pin 15)—BCD 数据是增还是减依赖于计数方向同样依赖于此信号的正相平移。

输出端

Q_1,Q_2,Q_3,Q_4,BCD 码输出端(Pins 6,11,14,2)—BCD 数据呈现在这些输出端,Q_1 作为数据最低位。

$\overline{\text{Carry Out}}$,(Pin 7)—用在级联时,此管脚通常连接到下一级的 $\overline{\text{Carry In}}$。此同步输出端是低电平有效并且也可以用做终端计数指示。

控制端

PE,Preset Enable(Pin 1)—从预置输入端异步读取数据。此管脚是高电平有效并且在高电平时将禁止时钟。

R,Reset,(Pin 9)—异步清除 Q 输出端到低电平状态。此管脚是高电平有效并且在高电平时将禁止时钟。

Up/Down,(Pin 10)—控制计数方向:高电平为加计数,低电平为减计数。

电源管脚

V_{SS},电源电压的负极,(Pin 8)—此管脚通常连接到地。

V_{DD},电源电压的正极,(Pin 16)—此管脚连接到一个范围从 3.0 Vdc 到 18.0 Vdc 的正向电源电压。

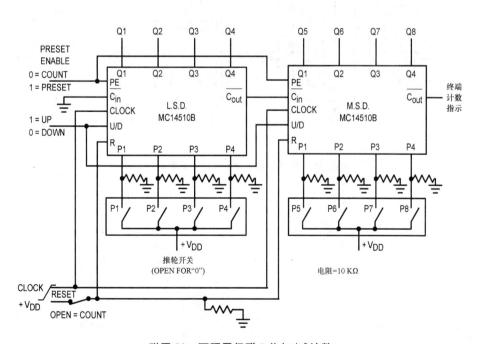

附图 30　可预置级联 8 位加/减计数

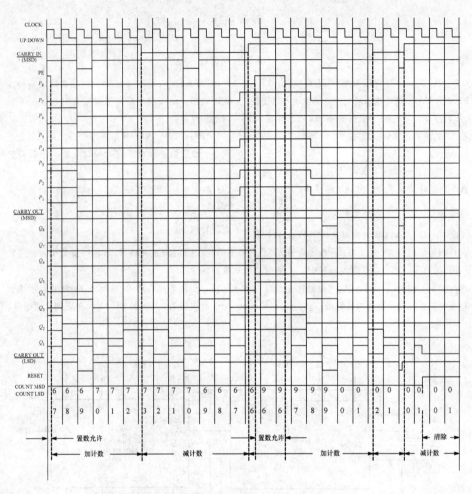

附图 31　可预置级联 8 位加/减计数时序图

4511B
BCD 到七段码
锁存/译码/驱动

- 低逻辑电路功耗
- 高输出电流（大于 25 mA）
- 代码锁存
- 有消隐输入端
- 提供点亮测试
- 所有非法输入消隐
- 有调制亮度能力
- 分时（多路）组合灵活
- 电源电压范围＝3.0～18 V
- 可以在额定温度范围内驱动两个低功耗 TTL 负载或一个低功耗肖特基负载或两个 HTL 负载
- 所有输入端都有三个二极管保护

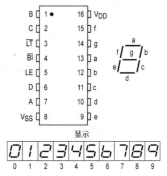

附图 32 管脚图

附表 33 最大额定范围*（电压对地参考）

参数	符号	数值	单位
直流电源电压	V_{DD}	$-0.5\sim+18$	V
输入电压,所有输入端	V_{in}	$-0.5\sim V_{DD}+0.5$	V
直流电流消耗每输入管脚	I	10	mA
操作温度范围	T_A	$-55\sim+125$	℃
功耗,每个封装（注2）	P_D	500	mW
存储温度范围	T_{stg}	$-65\sim+150$	℃
最大输出驱动电流（原）每输出端	I_{OHmax}	25	mA
最大连续输出功率（原）每输出端（注1）	P_{OHmax}	50	mW

注 1：$P_{OHmax}=I_{OH}(V_{DD}-V_{OH})$。

注 2：T 温度使得额定值降低：
  塑料"P 和 D/DW"封装：-7.0 mW/℃ 从 65℃ 到 125℃
  陶瓷"L"封装：-12 mW/℃ 从 100℃ 到 125℃。

*最大范围即指超过那些数值会使器件发生损坏。

附表 34 真值表

输入值							输出值							
LE	BI	LT	D	C	B	A	a	b	c	d	e	f	g	Display
X	X	0	X	X	X	X	1	1	1	1	1	1	1	8
X	0	1	X	X	X	X	0	0	0	0	0	0	0	Blank
0	1	1	0	0	0	0	1	1	1	1	1	1	0	0
0	1	1	0	0	0	1	0	1	1	0	0	0	0	1
0	1	1	0	0	1	0	1	1	0	1	1	0	1	2
0	1	1	0	0	1	1	1	1	1	1	0	0	1	3
0	1	1	0	1	0	0	0	1	1	0	0	1	1	4
0	1	1	0	1	0	1	1	0	1	1	0	1	1	5
0	1	1	0	1	1	0	0	0	1	1	1	1	1	6
0	1	1	0	1	1	1	1	1	1	0	0	0	0	7
0	1	1	1	0	0	0	1	1	1	1	1	1	1	8
0	1	1	1	0	0	1	1	1	1	0	0	1	1	9
0	1	1	1	0	1	0	0	0	0	0	0	0	0	Blank
0	1	1	1	0	1	1	0	0	0	0	0	0	0	Blank
0	1	1	1	1	0	0	0	0	0	0	0	0	0	Blank
0	1	1	1	1	0	1	0	0	0	0	0	0	0	Blank
0	1	1	1	1	1	0	0	0	0	0	0	0	0	Blank
0	1	1	1	1	1	1	0	0	0	0	0	0	0	Blank
1	1	1	X	X	X	X	*							*

X＝无关

* D 依赖 BCD 码在先前 LE＝0 时的应用

4516
二进制加减计数器

- 所有输入端有二极管保护
- 电源电压范围＝3.0～18 Vdc
- 内部高速同步
- 时钟边沿触发设计－计数发生在时钟脉冲的正向边沿
- 独立清除端
- 异步预置允许操作
- 可以在额定温度范围内驱动两个低功耗 TTL 负载或一个低功耗肖特基 TTL 负载

附表35 最大额定范围*（电压参考于 V_{SS}）

符号	参数	数值	单位
V_{DD}	直流电源电压	$-0.5\sim+18.0$	V
V_{in}, V_{out}	输入或输出电压（直流或瞬时）	$-0.5\sim V_{DD}+0.5$	V
I_{in}, I_{out}	输入或输出电流（直流或瞬时）每管脚	± 10	mA
P_D	功耗，每个封装†	500	mW
T_{stg}	存储温度范围	$-65\sim+150$	℃
T_L	焊接温度（8秒焊接）	260	℃

* 最大范围既指超过那些数值会使器件发生损坏。

† 温度使得额定值降低：
  塑料"P 和 D/DW"封装：-7.0 mW/℃ 从 65℃ 到 125℃
  陶瓷"L"封装：-12 mW/℃ From 100℃ To 125℃

附表36 真值表

Carry In	Up/Down	Preset Enable	Reset	Clock	作用
1	X	0	0	X	不计数
0	1	0	0	⌐	加计数
0	0	0	0	⌐	减计数
X	X	1	0	X	置数
X	X	X	1	X	清除

X＝任意

注：当加计数时，$\overline{\text{Carry Out}}$信号正常为高电平，仅在 Q_0 直到 Q_3 都为高电平并且 $\overline{\text{Carry In}}$ 为低电平时才变为低电平。当减计数时，$\overline{\text{Carry Out}}$ 仅在 Q_0 直到 Q_3 并且 $\overline{\text{Carry In}}$ 都为低电平时才变为低电平。

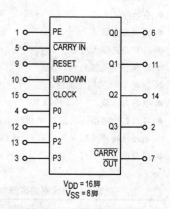

附图33 逻辑框图

这些器件自备的保护电路可防护高压静电或电场的损害。无论如何必须警惕避免对于这一高阻抗电路应用任何高于最大电压范围的电压。正确的操作是，V_{in} 和 V_{out} 应被限定在 $V_{SS} \leqslant (V_{in}$ 或 $V_{out}) \leqslant V_{DD}$ 范围内。未用到的输入端应置于一个合适的逻辑电压（例如，无论是 V_{SS} 或 V_{DD} 都可以），未用到的输出端必须被悬空。

4520B
双二进制加计数器

- 所有输入端有二极管保护
- 电源电压范围＝3.0～18 Vdc
- 内部对于内外高速进行同步
- 时钟边沿触发设计—计数发生在时钟脉冲的正向边沿
- 可以在额定温度范围内驱动两个低功耗 TTL 负载或一个低功耗肖特基 TTL 负载

附表37 最大额定范围*（电压参考于 V_{SS}）

符号	参数	数值	单位
V_{DD}	直流电源电压	$-0.5\sim+18.0$	V
V_{in}, V_{out}	输入或输出电压（直流或瞬时）	$-0.5\sim V_{DD}+0.5$	V
I_{in}, I_{out}	输入或输出电流（直流或瞬时）每管脚	± 10	mA
P_D	功耗，每个封装†	500	mW
T_{stg}	存储温度范围	$-65\sim+150$	℃
T_L	焊接温度（8秒焊接）	260	℃

*最大范围即指超过那些数值会使器件发生损坏．

†温度使得额定值降低：

塑料"P 和 D/DW"封装：-7.0 mW/℃ 从 65℃ 到 125℃

陶瓷"L"封装：-12 mW/℃ 从 100℃ 到 125℃

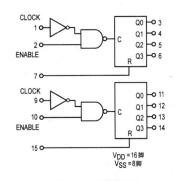

附图 34 逻辑框图

附表38 真值表

Clock	Enable	Reset	作用
⤴	1	0	加计数
0	⤵	0	加计数
⤵	X	0	不变
X	⤴	0	不变
⤴	0	0	不变
1	⤵	0	不变
X	X	1	Q_0 到 $Q_3=0$

X＝任意

这些器件自备的保护电路可防护高压静电或电场的损害。无论如何必须警惕避免对于这一高阻抗电路应用任何高于最大电压范围的电压。正确的操作是，V_{in} 和 V_{out} 应被限定在 $V_{SS} \leqslant (V_{in}$ 或 $V_{out}) \leqslant V_{DD}$ 范围内。未用到的输入端应置于一个合适的逻辑电压（例如，无论是 V_{SS} 或 V_{DD} 都可以），未用到的输出端必须被悬空。

MC14522B，MC14526B
可预置4位减计数器

MC14522B是BCD计数器而MC14526B是二进制计数器
- 电源电压范围＝3.0～18 Vdc
- 时钟边沿触发设计——计数发生在时钟脉冲的正向边沿或Inhibit的下降沿
- 异步预置允许操作
- 可以在额定温度范围内驱动两个低功耗TTL负载或一个低功耗肖特基TTL负载

附表39 最大额定范围*（电压参考于V_{SS}）

符号	参数	数值	单位
V_{DD}	直流电源电压	－0.5～＋18.0	V
V_{in}, V_{out}	输入或输出电压（直流或瞬时）	－0.5～V_{DD}＋0.5	V
I_{in}, I_{out}	输入或输出电流（直流或瞬时）每管脚	±10	mA
P_D	功耗，每个封装†	500	mW
T_{stg}	存储温度范围	－65～＋150	℃
T_L	焊接温度（8秒焊接）	260	℃

*最大范围即指超过那些数值会使器件发生损坏。
†温度使得额定值降低：
　塑料"P和D/DW"封装：－7.0 mW/℃ 从65℃到125℃。
　陶瓷"L"封装：－12 mW/℃ 从100℃到125℃。

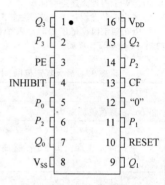

附图35 管脚图

附表40 真值表

输入端					输出端	功能
Clock	Reset	Inhibit	Preset Enable	Cascade Feedback	"0"	
X	H	X	L	L	L	异步清除*
X	H	X	H	L	H	异步清除
X	H	X	X	H	L	异步清除
X	L	X	H	X	L	异步置数
↗	L	H	L	X	L	计数抑制
L	L	↘	L	X	L	计数抑制
↘	L	L	L	L	L	不变**（inactive edge）
↗	L	L	L	L	L	不变**（inactive edge）
↗	L	↗	L	L	L	减计数**
↗	L	↘	L	L	L	减计数**

X＝任意

注：
*当reset变高可是PE和CF都为低，则输出"0"为低。
**当reset为低，如果CF为高并且计数为0000，则输出"0"为高。

这些器件自备的保护电路可防护高压静电或电场的损害。无论如何必须警惕避免对于这一高阻抗电路应用任何高于最大电压范围的电压。正确的操作是，V_{in}和V_{out}应被限定在$V_{SS}\leqslant(V_{in}$或$V_{out})\leqslant V_{DD}$范围内。未用到的输入端应置于一个合适的逻辑电压（例如，无论是V_{SS}或V_{DD}都可以），未用到的输出端必须被悬空。

附表 41 动态开关特性* ($C_L=50$ pF，$T_A=25$℃)

特性	符号	VDD	最小	典型♯	最大	单位
输出上升和下降时间 t_{TLH}, $t_{THL}=(1.5$ ns/pF$)C_L+25$ ns t_{TLH}, $t_{THL}=(0.75$ ns/pF$)C_L+12.5$ ns t_{TLH}, $t_{THL}=(0.55$ ns/pF$)C_L+9.5$ ns	t_{TLH}, t_{THL} (图 5)	5.0 10 15	— — —	100 50 40	200 100 80	ns
传输延迟时间(Inhibit 用做拒绝时钟沿) Clock 或 Inhibit 到 Q t_{PLH}, $t_{PHL}=(1.7$ ns/pF$)C_L+465$ ns t_{PLH}, $t_{PHL}=(0.66$ ns/pF$)C_L+197$ ns t_{PLH}, $t_{PHL}=(0.5$ ns/pF$)C_L+135$ ns	t_{PLH}, t_{PHL} (图 5,6)	5.0 10 15	— — —	550 225 160	1100 450 320	ns
Clock 或 Inhibit 到"0" t_{PLH}, $t_{PHL}=(1.7$ ns/pF$)C_L+155$ ns t_{PLH}, $t_{PHL}=(0.66$ ns/pF$)C_L+87$ ns t_{PLH}, $t_{PHL}=(0.5$ ns/pF$)C_L+65$ ns		5.0 10 15	— — —	240 130 100	480 260 200	
传输延迟时间 Pn 到 Q	t_{PLH}, t_{PHL} (图 7)	5.0 10 15	— — —	260 120 100	520 240 200	ns
传输延迟时间 Reset 到 Q	t_{PHL} (图 8)	5.0 10 15	— — —	250 110 80	500 220 160	ns
传输延迟时间 Preset Enable 到"0"	t_{PHL}, t_{PLH} (图 9)	5.0 10 15	— — —	220 100 80	440 200 160	ns
Clock 或 Inhibit 脉冲宽度	t_w (图 5,6)	5.0 10 15	250 100 80	125 50 40	— — —	ns
Clock 脉冲频率(用 PE=low)	f_{max} (图 5,6)	5.0 10 15	— — —	2.0 5.0 6.6	1.5 3.0 4.0	MHz
Clock 或 Inhibit 上升和下降时间	t_r, t_f (图 5,6)	5.0 10 15	— — —	— — —	15 5 4	s
建立 Time Pn 到 Preset Enable	t_{su} (图 10)	5.0 10 15	90 50 40	40 15 10	— — —	ns
保持时间 Preset Enable 到 Pn	t_h (图 10)	5.0 10 15	30 30 30	-15 -5 0	— — —	ns
Preset Enable 脉冲宽度	t_w (图 10)	5.0 10 15	250 100 80	125 50 40	— — —	ns
Reset 脉冲宽度	t_w (图 8)	5.0 10 15	350 250 200	175 125 100	— — —	ns
Reset 撤除 Time	t_{rem} (图 8)	5.0 10 15	10 20 30	-110 -30 -20	— — —	ns

* 公式给出的仅仅是在 25℃时的典型特性。
♯ 被标以"典型"的数据不是用于设计参考,只是给出一个芯片可能达到的性能指示。

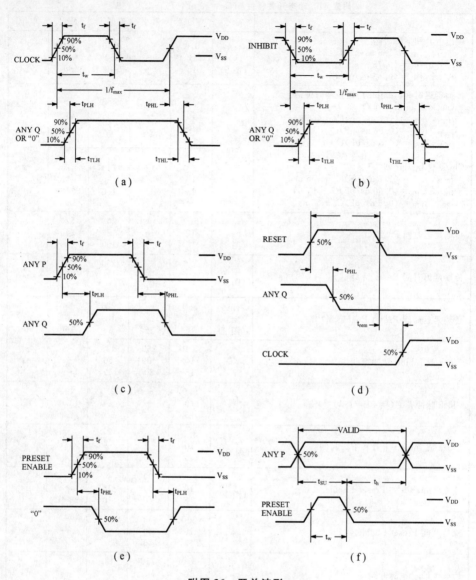

附图36 开关波形

管脚描述

Preset Enable (Pin 3)——如果 Reset 为低,一个 high level on the Preset Enable 端出现的高电平会使得计数器异步读取到 P_0,P_1,P_2 和 P_3 上设置好的数值。

Inhibit (Pin 4)——一个 Inhibit 上输入的高电平会禁止计数器上的时钟。随着 Clock 端 (pin 6) 保持为高,Inhibit 会用来拒绝时钟沿的输入。

Clock (Pin 6)——计数器会随着时钟的每一个上升沿而工作。见功能表上关于其他输入端的电平要求。

Reset (Pin 10)——一个 Reset 上的高电平异步的强制 Q_0,Q_1,Q_2 和 Q_3 为低,如果 Cascade Feedback 为高,会导致"0"输出端变高。

"0" (Pin 12)——当计数器达到最终计数值 ($Q_0 = Q_1 = Q_2 = Q_3 = $ 低),如果 Cascade Feedback 为高并且 Preset Enable 为低,"0"(零)输出端会发出一个时钟周期宽的脉冲。当预置一个非全零的值时,"0"输出端会在 Preset Enable 的上升沿后有效(当 Cascade Feedback 为高时)。见功能表。

Cascade Feedback (Pin 13)——如果 Cascade Feedback 输入端为高,当计数为全零时,"0"输出端会产生一个高电平。如果 Cascade Feedback 为低,"0"输出依赖于 Preset Enable 输入的电平。见功能表。

P_0,P_1,P_2,P_3 (Pins 5,11,14,2)——这些是预置数据输入端。P_0 是最低位。

Q_0,Q_1,Q_2,Q_3 (Pins 7,9,15,1)——这些是同步计数输出端。Q_0 是最低位。

V_{SS} (Pin 8)——电源电压负极。此管脚通常接地。

V_{DD} (Pin 16)——电源电压正极。V_{DD} 范围从 3 到 18 V 相对于 V_{SS} 端。

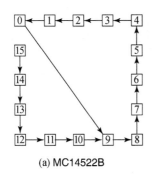
(a) MC14522B

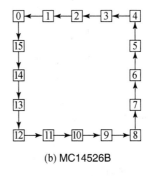
(b) MC14526B

附图 37 状态框图

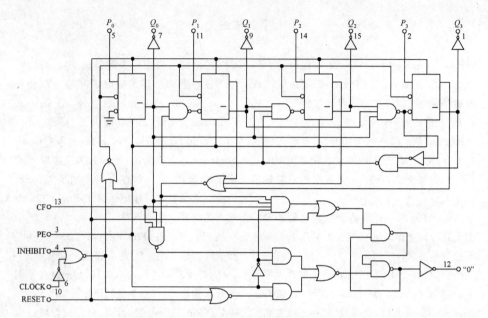

附图38　MC14522B 逻辑框图（BCD 减计数）

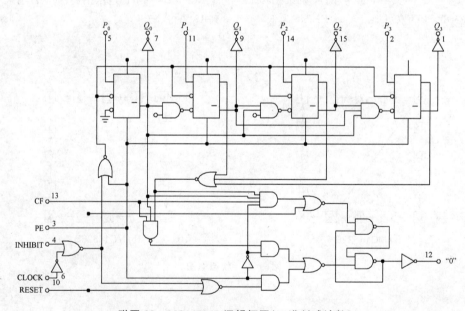

附图39　MC14526B 逻辑框图（二进制减计数）

MC14528B
双单稳态多频振荡器

MC14528B 是一个双封装可重复触发,可清除的单稳态多频振荡器。它可以被一个输入脉冲的任一边沿触发,并产生一个有宽范围宽度的输出脉冲,其持续时间由外部时间元件,C_X 和 R_X 所确定。

- 可利用独立清除端
- 全部输入端有二极管保护
- 可被脉冲前沿触发
- 电源电压范围=3.0～18 Vdc
- 可以在额定温度范围内驱动两个低功耗 TTL 负载或一个低功耗肖特基 TTL 负载

附表 42 最大额定范围*（电压参考于 V_{SS}）

符号	参数	数值	单位
V_{DD}	直流电源电压	$-0.5\sim+18.0$	V
V_{in}, V_{out}	输入或输出电压(直流或瞬时)	$-0.5\sim V_{DD}+0.5$	V
I_{in}, I_{out}	输入或输出电流(直流或瞬时)每管脚	± 10	mA
P_D	功耗,每个封装†	500	mW
T_{stg}	存储温度范围	$-65\sim+150$	℃
T_L	焊接温度(8 秒焊接)	260	℃

* 最大范围即指超过那些数值会使器件发生损坏。

† 温度使得额定值降低:
塑料"P 和 D/DW"封装：-7.0 mW/℃ 从 65℃ 到 125℃
陶瓷"L"封装：-12 mW/℃ 从 100℃ 到 125℃。

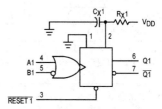

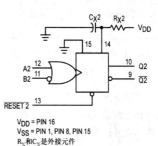

V_{DD} = PIN 16
V_{SS} = PIN 1, PIN 8, PIN 15
R_X 和 C_X 是外接元件

附图 40 方框图

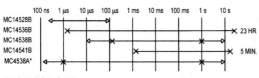

*限定工作电压(2-6V)

总输出脉冲宽度范围
推荐脉冲宽度范围

附图 41 单触发选择指南

附表 43　电器特性（电压参考于 V_{SS}）

特性		符号	V_{DD} Vdc	−55℃ 最小	−55℃ 最大	25℃ 最小	25℃ 典型♯	25℃ 最大	125℃ 最小	125℃ 最大	单位
输出电压　"0" Level $V_{in}=V_{DD}$ 或 0		V_{OL}	5.0 10 15	— — —	0.05 0.05 0.05	— — —	0 0 0	0.05 0.05 0.05	— — —	0.05 0.05 0.05	Vdc
"1" Level $V_{in}=0$ 或 V_{DD}		V_{OH}	5.0 10 15	4.95 9.95 14.95	— — —	4.95 9.95 14.95	5.0 10 15	— — —	4.95 9.95 14.95	— — —	Vdc
输入电压　"0" Level ($V_O=4.5$ 或 0.5 Vdc) ($V_O=9.0$ 或 1.0 Vdc) ($V_O=13.5$ 或 1.5 Vdc)		V_{IL}	5.0 10 15	— — —	1.5 3.0 4.0	— — —	2.25 4.50 6.75	1.5 3.0 4.0	— — —	1.5 3.0 4.0	Vdc
"1" Level ($V_O=0.5$ 或 4.5 Vdc) ($V_O=1.0$ 或 9.0 Vdc) ($V_O=1.5$ 或 13.5 Vdc)		V_{IH}	5.0 10 15	3.5 7.0 11	— — —	3.5 7.0 11	2.75 5.50 8.25	— — —	3.5 7.0 11	— — —	Vdc
输出驱动电流 ($V_{OH}=2.5$ Vdc) ($V_{OH}=4.6$ Vdc) ($V_{OH}=9.5$ Vdc) ($V_{OH}=13.5$ Vdc)	源	I_{OH}	5.0 5.0 10 15	−1.2 −0.64 −1.6 −4.2	— — — —	−1.0 −0.51 −1.3 −3.4	−1.7 −0.88 −2.25 −8.8	— — — —	−0.7 −0.36 −0.9 −2.4	— — — —	mAdc
($V_{OL}=0.4$ Vdc) ($V_{OL}=0.5$ Vdc) ($V_{OL}=1.5$ Vdc)	接受	I_{OL}	5.0 10 15	0.64 1.6 4.2	— — —	0.51 1.3 3.4	0.88 2.25 8.8	— — —	0.36 0.9 2.4	— — —	mAdc
输入电流		I_{in}	15	—	±0.1	—	±0.00001	±0.1	—	±1.0	μAdc
输入电容($V_{in}=0$)		C_{in}	—	—	—	—	5.0	7.5	—	—	pF
静态电流（每封装）		I_{DD}	5.0 10 15	— — —	5.0 10 20	— — —	0.005 0.010 0.015	5.0 10 20	— — —	150 300 600	μAdc
**总电源电流带一个外接负载电容 $e(C_L)$ 并且在外接延时电容(C_X)情况下，可用公式一		I_T	—	\multicolumn{7}{c|}{$I_T(C_L,C_X) = [(C_L+0.36C_X)V_{DD}f + 2\times10^{-8} R_X C_X(V_{DD}-2)2f] \times 10^{-3}$ 这里：I_T 单位取 μA（每电路），C_l 和 C_X 单位取 pF，R_X 单位取 MΩ，V_{DD} 单位取 Vdc，f 单位取 kHz 是输入信号频率。}							μAdc

♯ 被标以"典型"的数据不是用于设计参考，只是给出一个芯片可能达到的性能指示。

** 公式给出的仅仅是在 25℃时的典型特性。

　　这些器件自备的保护电路可防护高压静电或电场的损害。无论如何必须警惕避免对于这一高阻抗电路应用任何高于最大电压范围的电压。正确的操作是，V_{in} 和 V_{out} 应被限定在 $V_{SS} \leq V_{in}$ 或 $V_{out} \leq V_{DD}$ 范围内。未用到的输入端置于一个合适的逻辑电压（例如，无论是 V_{SS} 或 V_{DD} 都可以）。未用到的输出端必须被悬空。

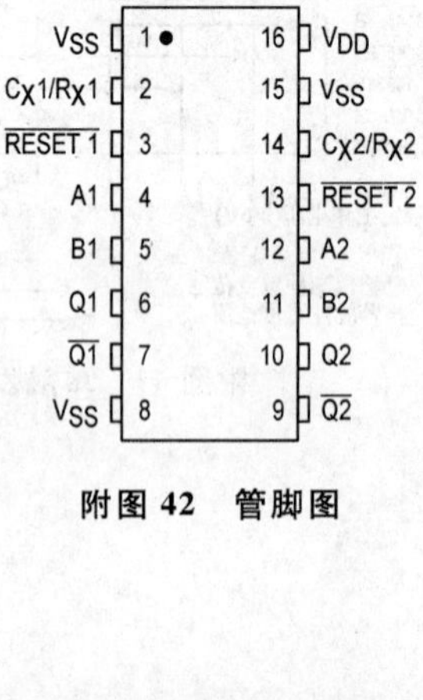

```
V_SS     1 ●   16  V_DD
C_X1/R_X1 2    15  V_SS
RESET 1  3    14  C_X2/R_X2
A1       4    13  RESET 2
B1       5    12  A2
Q1       6    11  B2
Q1̄       7    10  Q2
V_SS     8     9  Q2̄
```

附图 42　管脚图

附表 44 动态开关特性** ($C_L=50$ pF,$T_A=25℃$)

特性	符号	C_X pF	R_X k	V_{DD} Vdc	最小	典型#	最大	单位
输出上升和下降时间 t_{TLH},$t_{THL}=(1.5$ ns/pF$)C_L+25$ ns t_{TLH},$t_{THL}=(0.75$ ns/pF$)C_L+12.5$ ns t_{TLH},$t_{THL}=(0.55$ ns/pF$)C_L+9.5$ ns	t_{TLH}, t_{THL}	—	—	5.0 10 15	— — —	100 50 40	200 100 80	ns
关断,开通延迟时间——A 或 B 到 Q 或 $\overline{Q}$ t_{PLH},$t_{PHL}=(1.7$ ns/pF$)C_L+240$ ns t_{PLH},$t_{PHL}=(0.66$ ns/pF$)C_L+87$ ns t_{PLH},$t_{PHL}=(0.5$ ns/pF$)C_L+65$ ns	t_{PLH}, t_{PHL}	15	5.0	5.0 10 15	— — —	325 120 90	650 240 180	ns
关断,开通延迟时间——A 或 B 到 Q 或 $\overline{Q}$ t_{PLH},$t_{PHL}=(1.7$ ns/pF$)C_L+620$ ns t_{PLH},$t_{PHL}=(0.66$ ns/pF$)C_L+257$ ns t_{PLH},$t_{PHL}=(0.5$ ns/pF$)C_L+185$ ns	t_{PLH}, t_{PHL}	1000	10	5.0 10 15	— — —	705 290 210	— — —	ns
输入脉冲宽度—A 或 B	t_{WH}	15	5.0	5.0 10 15	150 75 55	70 30 30	— — —	ns
	t_{WL}	1000	10	5.0 10 15	— — —	70 30 30	— — —	
输出脉冲宽度——Q 或 $\overline{Q}$ (对于 $C_X<0.01$ μF 使用适当电源电压图表.)	t_W	15	5.0	5.0 10 15	— — —	550 350 300	— — —	ns
输出脉冲宽度——Q 或 $\overline{Q}$ (对于 $C_X>0.01$ μF 用公式: $t_W=0.2\ R_X C_X \ln[V_{DD}-V_{SS}])$†	t_W	10,000	10	5.0 10 15	15 10 15	30 50 55	45 90 95	μs
同一封装两电路间脉冲宽度匹配情况	$t1-t2$	10,000	10	5.0 10 15	— — —	6.0 8.0 8.0	25 35 35	%
Reset 传输延迟——$\overline{Reset}$ 到 Q 或 $\overline{Q}$	t_{PLH}, t_{PHL}	15 1000	5.0 10	5.0 10 15 5.0 10 15	— — — — — —	325 90 60 1000 300 250	600 225 170 — — —	ns
再触发时间	t_{rr}	15 1000	5.0 10	5.0 10 15 5.0 10 15	0 0 0 0 0 0	— — — — — —	— — — — — —	ns
外部时间电阻	R_X	—	—	5.0	—	1000		kΩ
外部时间电容	C_X	—	—	无极限*				μF

†R_X 单位取欧姆,C_X 取法拉,V_{DD} 和 V_{SS} 取伏特,PW_{out} 取秒。
* 如果 $C_X>15$ μF,使用放电保护二极管 D_X,由 Fig.9。
** 公式给出的仅仅是 25℃ 时的典型特性。
# 被标以"典型"的数据不是用于设计参考,只是给出一个芯片可能达到的性能指示。

附表 45 功能表

Inputs			Outputs	
$\overline{Reset}$	A	B	Q	$\overline{Q}$
H H	⌐ L	H ⌐	⊓ ⊓	⊔ ⊔
H H	⌐ H	L ⌐	不触发 不触发	
H H	L, H H	L, H ⌐	不触发 不触发	
L	X	X	L	H
⌐	X	X	不触发	

ADC0808/ADC0809
八输入 8 位微处理器兼容 A/D 转换器

特征

- 容易与微处理器接口连接
- 操作配合 5 V_{DC} 与模拟范围可调电压基准
- 不必调整零及满标度
- 地址逻辑控制八通道多路开关
- 单 5 V 供电时有 0 V 到 5 V 输入范围
- 输出符合 TTL 电平规范

关键规格

- 分辨率　　　　　8 Bits
- 总和误差　　　　±1/2 LSB and ±1 LSB
- 单电源供电　　　5 V_{DC}
- 低功耗　　　　　15 mW
- 转换时间　　　　100 μs

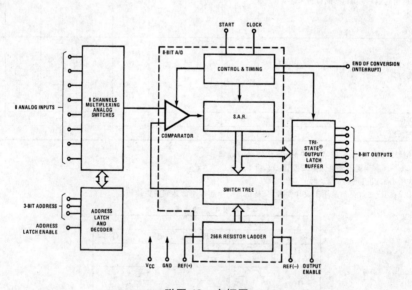

附图 43　方框图

附　录

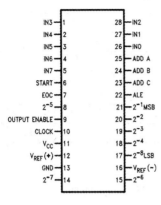

附图 44　管脚图

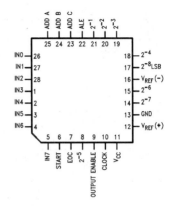

附图 45　MCC（Molded Chip Carrier）封装

附表 46　分类资料

	温度范围	−40～+85℃			−55～+125℃
误差	±1/2 LSB Unadjusted	ADC0808CCN	ADC0808CCV	ADC0808CCJ	ADC0808CJ
	±1 LSB Unadjusted	ADC0809CCN	ADC0809CCV		
	外型封装	N28A Molded DIP	V28A Molded Chip Carrier	J28A Ceramic DIP	J28A Ceramic DIP

附表47 数字电平直流特性

符号	参数	条件	最小	典型	最大	单位
数字输出与EOC(中断)						
$V_{OUT(1)}$	逻辑"1"输出电压	$V_{CC}=4.75$ V $I_{OUT}=-360\ \mu A$ $I_{OUT}=-10\ \mu A$	2.4			V(min)
$V_{OUT(0)}$	逻辑"0"输出电压	$I_O=1.6$ mA			0.45	V
$V_{OUT(0)}$	逻辑"0"输出电压 EOC	$I_O=1.2$ mA			0.45	V
I_{OUT}	三态输出电流	$V_O=5$ V $V_O=0$	-3		3	μA μA

数字电平及直流规格:ADC0808CCN,ADC0808CCV,ADC0809CCN and ADC0809CCV,4.75 V_{CC} 5.25 V,-40℃ T_A+85℃ 除非特别注明。

附表48 动态开关特性

符号	参数	条件	最小	典型	最大	单位
t_{WS}	最小启动脉冲宽度			100	200	ns
t_{WALE}	最小ALE脉冲宽度			100	200	ns
t_s	最小地址建立时间			25	50	ns
t_H	最小地址保持时间			25	50	ns
t_D	模拟多用户延迟时间来自ALE	$R_S=0$		1	2.5	μs
t_{H1},t_{H0}	OE控制到Q逻辑状态	$C_L=50$ pF,RL=10 k		125	250	ns
t_{1H},t_{0H}	OE控制到高阻	$C_L=10$ pF,RL=10 k		125	250	ns
t_c	转换时间	$f_c=640$ kHz,	90	100	116	μs
f_c	时钟频率		10	640	1280	kHz
t_{EOC}	EOC延迟时间		0		$8+2\ \mu S$	时钟周期
C_{IN}	输入电容	在控制端		10	15	pF
C_{OUT}	三态输出电容	在三态输出端		10	15	pF

时间规格 $V_{CC}=V_{REF}(+)=5$ V,$V_{REF}(-)=GND$,$t_r=t_f=20$ ns 和 $T_A=25$℃ 除非特别注明。

功能描述

多路开关。器件容纳了八通道单终端模拟信号开关。一个特定的通道被地址译码所选定。

附表 49　选定通道

选择模拟通道	地址线		
	C	B	A
IN0	L	L	L
IN1	L	L	H
IN2	L	H	L
IN3	L	H	H
IN4	H	L	L
IN5	H	L	H
IN6	H	H	L
IN7	H	H	H

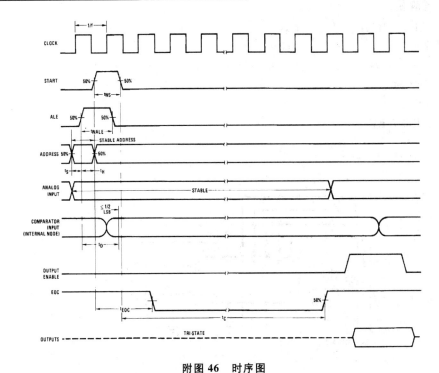

附图 46　时序图

DAC0830/DAC0832
8 位微处理器兼容、双寄存器数模转换器

特征
- 输入端可按双寄存器、单寄存器或数字数据流直通方式工作
- 容易交换并且管脚兼容于 12-bit DAC1230 系列
- 可直接接口于所有流行微处理器
- 只能用零点和满额调试专门的调整线性。最好不要直接的试验线性。
- 工作电压在±10 V 可完全在四象限乘法运算
- 能用于电压开关模式
- 逻辑输入端符合 TTL 电平规范（1.4 V 逻辑开启）
- 如果需要，可以"单机"操作（不用微处理器）
- 可以用 20-脚 small-outline 或 molded chip carrier 封装

关键规格
- 电流建立时间： 1 μs
- 分辨率： 8 bits
- 线性： 8,9,或 10 bits(推荐温度内)
- 温度增益： 0.0002% FS/℃
- 低功耗： 20 mW
- 单电源供电： 5～15 V_{DC}

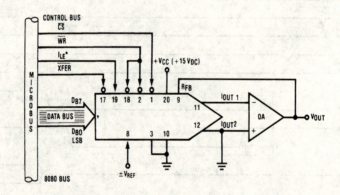

附图 47 典型应用

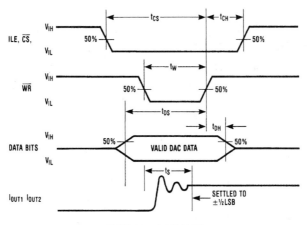

附图 48 开关波形

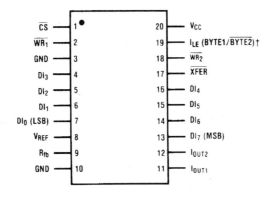

附图 49 双列直插和 SOP 封装

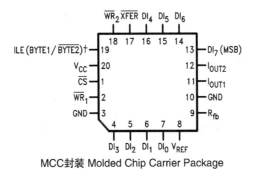

MCC封装 Molded Chip Carrier Package

附图 50 管脚图(顶视)

74HC00
四 2-输入与非门
高性能硅栅极 CMOS

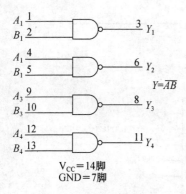

$Y = \overline{AB}$

附图 51　逻辑框图

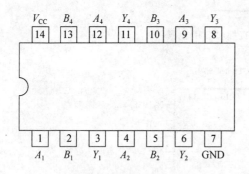

附图 52　管脚图(顶视)

附表 50　功能表

输入端		输出端
A	B	Y
L	L	H
L	H	H
H	L	H
H	H	L

附表51 最大额定范围

符号	参数	数值	单位
V_{CC}	直流电源电压（对地参考）	$-0.5 \sim +7.0$	V
V_{in}	直流输入电压（对地参考）	$-0.5 \sim V_{CC}+0.5$	V
V_{out}	直流输出电压（对地参考）	$-0.5 \sim V_{CC}+0.5$	V
I_{in}	每管脚直流输入电流	±20	mA
I_{out}	每管脚直流输出电流	±25	mA
I_{CC}	V_{CC}和GND端，直流电源电流	±50	mA
P_D	静止空气中的功耗　　DIP封装† 　　　　　　　　　　SOIC封装† 　　　　　　　　　　TSSOP封装†	750 500 450	mW
T_{stg}	存储温度	$-65 \sim +150$	℃
T_L	焊接温度，距目标1毫米经10秒 塑料DIP，SOIC或TSSOP封装	260	℃

附表52 推荐工作条件

符号	参数	最小	最大	单位
V_{CC}	直流电源电压（对地参考）	2.0	6.0	V
V_{in}, V_{out}	直流输入电压输出电压（对地参考）	0	V_{CC}	V
T_A	工作环境温度，所有典型封装	−55	+125	℃
t_r, t_f	输入上升和下降时间　　$V_{CC}=2.0$ V 　　　　　　　　　　　$V_{CC}=4.5$ V 　　　　　　　　　　　$V_{CC}=6.0$ V	0 0 0	1000 500 400	ns

附表53 直流电气特性(电压参考于地端)

符号	参数	测试条件	V_{CC} V	保障极限			单位
				$-55\sim25℃$	$\leqslant85℃$	$\leqslant125℃$	
V_{IH}	最小高电平输入电压	$V_{out}=0.1\ V$ 或 $V_{CC}-0.1\ V$ $\|I_{out}\|\leqslant20\ \mu A$	2.0 3.0 4.5 6.0	1.50 2.10 3.15 4.20	1.50 2.10 3.15 4.20	1.50 2.10 3.15 4.20	V
V_{IL}	最大低电平输入电压	$V_{out}=0.1\ V$ 或 $V_{CC}-0.1\ V$ $\|I_{out}\|\leqslant20\ \mu A$	2.0 3.0 4.5 6.0	0.50 0.90 1.35 1.80	0.50 0.90 1.35 1.80	0.50 0.90 1.35 1.80	V
V_{OH}	最小高电平输出电压	$V_{in}=V_{IH}$ 或 V_{IL} $\|I_{out}\|\leqslant20\ \mu A$	2.0 4.5 6.0	1.9 4.4 5.9	1.9 4.4 5.9	1.9 4.4 5.9	V
		$V_{in}=V_{IH}$ 或 V_{IL} $\|I_{out}\|\leqslant2.4\ mA$ $\|I_{out}\|\leqslant4.0\ mA$ $\|I_{out}\|\leqslant5.2\ mA$	3.0 4.5 6.0	2.48 3.98 5.48	2.34 3.84 5.34	2.20 3.70 5.20	
V_{OL}	最大低电平输出电压	$V_{in}=V_{IH}$ 或 V_{IL} $\|I_{out}\|\leqslant20\ \mu A$	2.0 4.5 6.0	0.1 0.1 0.1	0.1 0.1 0.1	0.1 0.1 0.1	V
		$V_{in}=V_{IH}$ 或 V_{IL} $\|I_{out}\|\leqslant2.4\ mA$ $\|I_{out}\|\leqslant4.0\ mA$ $\|I_{out}\|\leqslant5.2\ mA$	3.0 4.5 6.0	0.26 0.26 0.26	0.33 0.33 0.33	0.40 0.40 0.40	
I_{in}	最大输入泄漏电流	$V_{in}=V_{CC}$ 或 GND	6.0	±0.1	±1.0	±1.0	μA
I_{CC}	最大静态电源电流(每封装)	$V_{in}=V_{CC}$ 或 GND $I_{out}=0\ \mu A$	6.0	1.0	10	40	μA

附表54 开关特性($C_L=50\ pF$,输入 $t_r=t_f=6\ ns$)

符号	参数	V_{CC} V	保障极限			单位
			$-55\sim25℃$	$\leqslant85℃$	$\leqslant125℃$	
t_{PLH}, t_{PHL}	最大传输延迟时间,输入 A 或 B 到输出 Y	2.0 3.0 4.5 6.0	75 30 15 13	95 40 19 16	110 55 22 19	ns
t_{TLH}, t_{THL}	最大输出转换时间,所有输出	2.0 3.0 4.5 6.0	75 27 15 13	95 32 19 16	110 36 22 19	ns
C_{in}	最大输入电容		10	10	10	pF

符号	参数					单位
CPD	功耗电容(每驱动)*	典型值:25℃, $V_{CC}=5.0\ V$, $V_{EE}=0\ V$ 22				pF

74HC74
双 D 型触发器(带预置和清除端)
高性能硅栅极 CMOS

74HC74 与 LS74 的管脚排列是一样的。它的设计输入端与标准 CMOS 输出端相兼容;配有上拉电阻,使它们与肖特基 TTL 输出端相兼容。

这一设计包括两个具有独立的预置、清零以及时钟输入端的 D 触发器。D 端的信息在时钟的下一个确定边沿被传送到相应的 Q 端。Q 与 $\overline{Q}$ 因彼此的栓锁结构而同时响应。预置端和清零端应是异步的。

特征描述
- 输出驱动能力:10 个肖特基 TTL 负载
- 输出端可直接接口于 CMOS,NMOS 和 TTL
- 工作电压范围:2.0~6.0 V
- 低输入电流:1.0 μA
- CMOS 带来的高噪声抑制性能

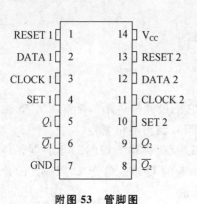

附图 53　管脚图

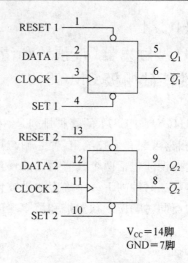

V_{CC}=14脚
GND=7脚

附图 54　逻辑框图

附表 55　功能表

输入				输出	
Set	Reset	Clock	Data	Q	$\overline{Q}$
L	H	X	X	L	H
H	L	X	X	H	L
L	L	X	X	H*	H*
H	H	↑	H	H	L
H	H	↑	L	L	H
H	H	L	X	不变	
H	H	H	X	不变	
H	H	↓	X	不变	

*此状态是不稳定的；即当预置和清除输入回到不作用时，它将不能存在。

74HC/HCT123
双可再触发单稳态多谐振荡器(带清除端)

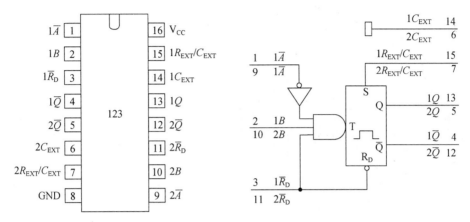

附图 55　管脚图(顶视)　　　　附图 56　逻辑符号

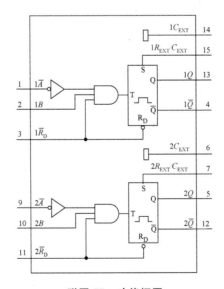

附图 57　功能框图

附表 56 功能表

输入			输出	
$n\overline{R}_D$	$n\overline{A}$	nB	nQ	$n\overline{Q}$
L	X	X	L	H
X	H	X	L$^{(1)}$	H$^{(1)}$
X	X	L	L$^{(1)}$	H$^{(1)}$
H	L	↑	⊓	⊔
H	↓	H	⊓	⊔
↑	L	H	⊓	⊔

H = 高电平
L = 低电平
X = 无关
↑ = 低向高过渡
↓ = 高向低过渡
⊓ = 一个正脉冲
⊔ = 一个负脉冲

74HC125，74HC126
四总线缓冲器(三态输出)
高性能硅栅极 CMOS

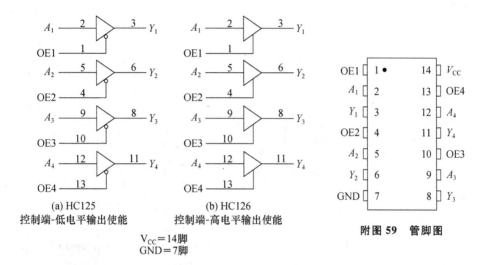

(a) HC125 控制端-低电平输出使能

(b) HC126 控制端-高电平输出使能

V_{CC}=14脚
GND=7脚

附图 58　逻辑框图

附图 59　管脚图

附表 57　功能表

HC125		
输入		输出
A	OE	Y
H	L	H
L	L	L
X	H	Z

HC126		
输入		输出
A	OE	Y
H	H	H
L	H	L
X	L	Z

MC74HC160A, MC74C162A
可预置 BCD 计数器
高性能 硅栅极 CMOS

HC160A 和 HC162A 是可预置数 BCD 计数器分别带有异步和同步清除端。

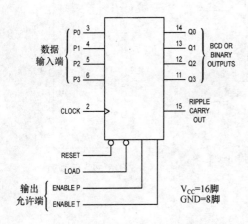

附图60 逻辑框图

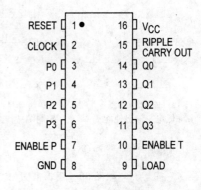

附图61 管脚图

附表58 器件/模式表

器件	计数模式	清除模式
HC160	BCD	异步
HC162	BCD	同步

附表59 功能表

输入端					输出
Clock	Reset*	Load	Enable P	Enable T	Q
↑	L	X	X	X	清零
↑	H	L	X	X	取预置数
↑	H	H	H	H	计数
↑	H	H	L	X	不计数
↑	H	H	X	L	不计数

* 仅对 HC162A。HC160A 是一种异步清零设备 e

H=高电平

L=低电平

X=任意

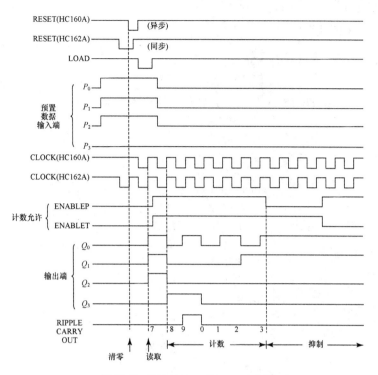

附图 62　HC160A,HC162A 时序图

波形图时序过程说明：

1. 清除输出端为零。

2. 预置到 BCD 码 7。

3. 计数 8,9,0,1,2 和 3。

4. 抑制。

74HC161,74HC163
可预置计数器
高性能硅栅极 CMOS

HC161A 和 HC163A 分别具有异步与同步清除端,可运行四位二进制计数运算。

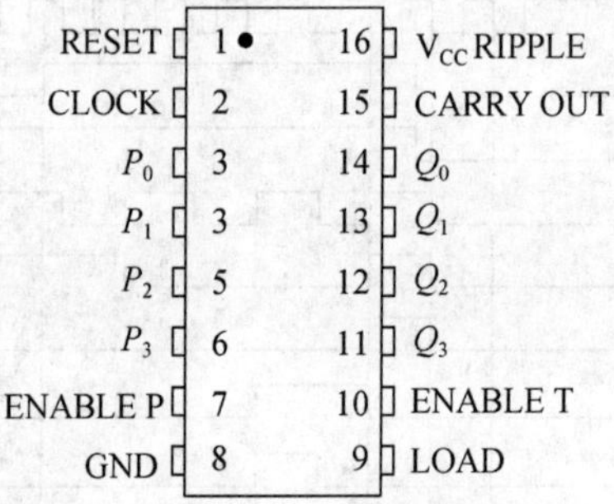

```
RESET  [ 1   16 ] V_CC RIPPLE
CLOCK  [ 2   15 ] CARRY OUT
P_0    [ 3   14 ] Q_0
P_1    [ 3   13 ] Q_1
P_2    [ 5   12 ] Q_2
P_3    [ 6   11 ] Q_3
ENABLE P [ 7  10 ] ENABLE T
GND    [ 8    9 ] LOAD
```

附图 63　管脚图

附表 60　功能表

Inputs					输出
Clock	Reset*	Load	Enable P	Enable T	Q
↗	L	X	X	X	清零
↗	H	L	X	X	取预置数
↗	H	H	H	H	计数
↗	H	H	L	X	不计数
↗	H	H	X	L	不计数

* 仅对 HC163A,HC161A 是一种异步清零设备。

H=高电平,L=低电平,X=任意

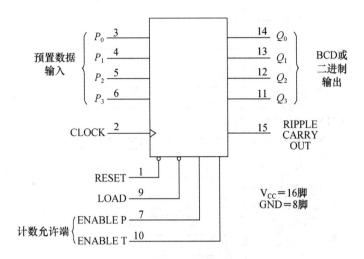

附图 64　逻辑框图

附表 61　器件/模式表

设备	计数模式	清零模式
HC161A	二进制	异步
HC163A	二进制	同步

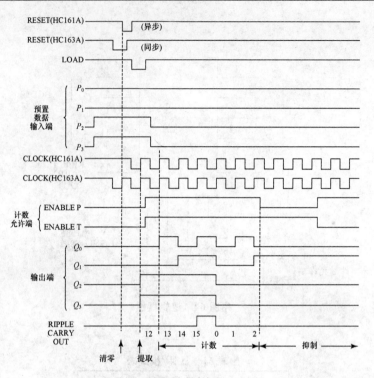

附图 65 时序图

波形图时序过程说明：

1. 清除输出端为零。
2. 预置到二进制码 12。
3. 计数 13,14,15,0,1 和 2。
4. 抑制。

74HC244A
八缓冲器/线驱动器/线接收器(非反向三态输出)
高性能硅栅极 CMOS

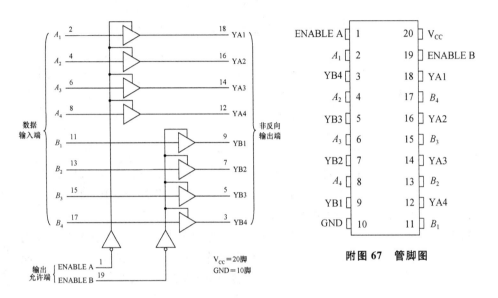

附图66　逻辑框图

附图67　管脚图

附表62　功能表

输入端		输出端
Enable A, Enable B	A, B	YA, YB
L	L	L
L	H	H
H	X	Z

Z=高阻抗

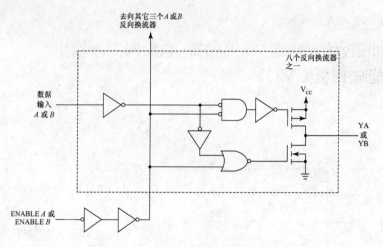

附图 68　逻辑描述

输入端
A1，A2，A3，A4，B1，B2，B3，B4
（管脚 2，4，6，8，11，13，15，17）

　　数据输入管脚。数据施加在这些管脚上,当输出端被允许时以非反向的形式出现在相应的 Y 输出端。

控制端
Enable A，Enable B（管脚 1，19）

　　输出允许端（低电平有效）。当一个低电平被施加在这些管脚上,输出端被允许并且这些设备实现非反向驱动的功能。而当一个高电平被施加,输出端呈现高阻状态。

输出端
YA1，YA2，YA3，YA4，YB1，YB2，YB3，YB4（管脚 18，16，14，12，9，7，5，3）

　　设备输出端。依赖于输出允许端的状态,这些输出端或者表现为非反向输出状态,或者表现为高阻状态。

74HC541A
八缓冲器/线驱动器/线接收器(非反向三态输出)
高性能硅栅极 CMOS

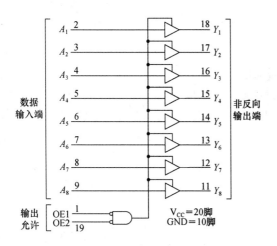

附表 63 功能表

输入			输出 Y
OE1	OE2	A	
L	L	L	L
L	L	H	H
H	X	X	Z
X	H	X	Z

Z=高阻抗
X=任意

附图 69 逻辑框图

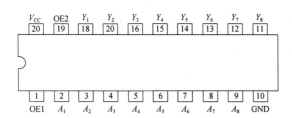

附图 70 管脚图(顶视)

管脚描述

输入端

A1,A2,A3,A4,A5,A6,A7,A8(管脚 2,3,4,5,6,7,8,9)—数据输入管脚。数据施加在这些管脚上,当输出端被允许时以非反向的形式出现在相应的 Y 输出端。

控制端

OE1,OE2(管脚 1,19)—输出允许端(低电平有效)。当一个低电平被施加在这些管脚上,输出端被允许并且这些设备实现非反向驱动的功能。而当一个高电平被施加,输出端呈现高阻状态。

输出端

Y1,Y2,Y3,Y4,Y5,Y6,Y7,Y8(管脚 18,17,16,15,14,13,12,11)—设备输出端。依赖于输出允许端的状态,这些输出端或者表现为非反向输出状态,或者表现为高阻状态。

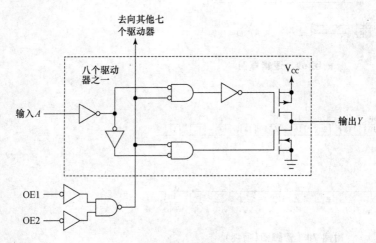

附图 71　逻辑描述

74HC573A
八透明锁存器(三态输出)
高性能硅栅极 CMOS

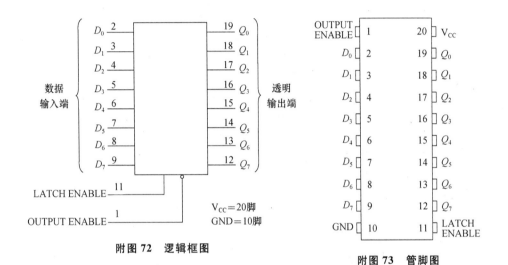

附图 72　逻辑框图

附图 73　管脚图

附表 64　功能表

输入端			输出
Output Enable	Latch Enable	D	Q
L	H	H	H
L	H	L	L
L	L	X	不变
H	X	X	Z

X＝任意

Z＝高阻抗

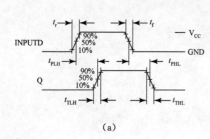
(a)

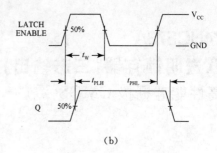
(b)

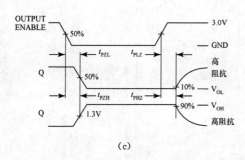
(c)

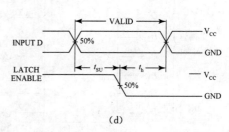
(d)

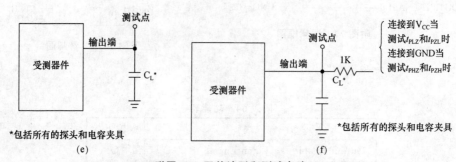

附图 74　开关波形和测试电路

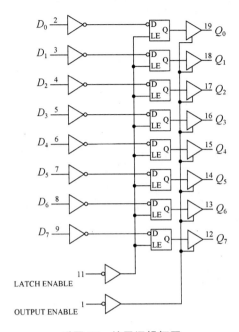

附图 75 扩展逻辑框图